示范性高等院校应用型规划教材

现代通信网概论

主　编　朱里奇　刘　嵩
副主编　杜芸芸　曹　艳　黄艳华

内容提要

本书通过阐述现代通信网的基本架构、基本原理、基本技术，以帮助读者迅速建立起"通信网络"的整体概念，并力求充分反映现代通信网的发展趋势。

全书共分8章，分别介绍了通信网的拓扑结构和分层体系结构、关键技术；涉及了公用固定电话网、GSM和CDMA移动通信网、常见的数据通信网、接入网的基本概念；讨论了物联网的基本概念、主要技术、应用和发展。

本书可以作为高等职业技术教育通信工程、信息技术、计算机科学等专业的教材，也可以作为通信工程及相关领域技术人员的参考用书。

图书在版编目(CIP)数据

现代通信网概论/朱里奇，刘嵩主编. —天津：天津大学出版社，2013. 8 (2015.7 重印)

示范性高等院校应用型规划教材

ISBN 978-7-5618-4792-3

Ⅰ. ①现… Ⅱ. ①朱… ②刘… Ⅲ. ①通信网－高等学校－教材 Ⅳ. ①TN915

中国版本图书馆 CIP 数据核字(2013)第205498号

出版发行 天津大学出版社
地　　址 天津市卫津路92号天津大学内(邮编:300072)
电　　话 发行部:022-27403647
网　　址 publish. tju. edu. cn
印　　刷 天津泰宇印务有限公司
经　　销 全国各地新华书店
开　　本 185mm×260mm
印　　张 11.5
字　　数 287千
版　　次 2013年9月第1版
印　　次 2015年7月第2次
定　　价 26.00元

凡购本书，如有缺页、倒页、脱页等质量问题，烦请向我社发行部门联系调换

版权所有　侵权必究

前　言

“现代通信网概论”对于通信专业是一门很关键的专业基础课程，起着先导与引领的重要作用。本书系统地阐述了现代通信网的基本原理、基本技术，较充分地反映了现代通信网发展的趋势，使读者对通信系统有一个较为清晰的框架概念。书中内容的选取注重适应高职学生的认知水平，力求从身边熟知和感兴趣的通信网络环境和实例入手，选用已被广泛使用、最具代表性且相对稳定的各类网络系统的基础理论，同时努力反映现代通信网的发展走向，是进一步深入学习和掌握现代通信新技术的基础。

全书共分8章。第1章从总体上对现代通信网进行了介绍，并对通信网络技术标准化组织作了必要的介绍。第2章介绍了现代通信中采用的关键技术，包括通信终端、传输技术、交换技术。第3章介绍了支撑网络所涉及的信令网、同步网及管理网的结构和基础知识。第4章讨论了公用固定电话通信网的要求、特点、结构、编号计划、业务等内容。第5章以GSM和CDMA网络为重点，介绍了移动通信网的结构、无线传输和接续、移动性管理过程等内容。第6章介绍了常用的数据通信网，并分析了数据通信网和计算机网络的相互关系。第7章主要介绍了接入网的基本概念、有线宽带接入方式和无线宽带接入方式。第8章讨论了物联网的基本概念、主要技术、主要应用和发展。

全书内容紧凑，力求形成一个较为清晰、完整的体系，避免简单堆砌和罗列，以帮助读者迅速建立起“通信网络”的整体概念，同时增强其对飞速发展的通信技术本质的认识，消除纷繁多样的网络技术所造成的混乱印象。

本书的参考学时数为40学时。

本书第1章由汉口学院通信工程学院余海璐编写，第2章由湖北民族学院信息工程学院刘嵩编写，第3章由武汉体育学院体育工程与信息技术学院杜芸芸编写，第4、5章由武汉职业技术学院朱里奇编写，第6章由武汉职业技术学院黄艳华编写，第7、8章由武汉职业技术学院曹艳编写。全书由朱里奇统稿并定稿。武汉职业技术学院强世锦教授对本书进行了详细的审阅。

本书在编写过程中得到了编者所在单位的全力支持，同时得到了天津大学出版社的帮助和强有力的支持，在此表示衷心的感谢。

由于编者水平有限，疏漏和不足之处在所难免，恳请广大读者批评指正。

编　者

目　录

第 1 章　通信网概述

近年来,通信技术与通信产业一直以异乎寻常的高速度持续发展,通信网已深入社会生活的各个层面,通信与能源、交通一起,成为现代社会三大基础结构之一,是现代信息社会运行机体的神经系统。通信网的作用和意义已经超越了它原有的范畴,和水、电、文字、交通工具一样,成为人类社会生活中不可分割的一部分。它不仅将我们带进信息时代,而且深刻地影响和改变着我们的生活方式,通信网的广泛使用已成为这个时代的显著标志。

通信从本质上讲就是实现信息传递功能的一门科学技术,它要将大量有用的信息无失真、高效率地进行传输,同时还要在传输过程中抑制无用信息和有害信息。

1.1　通信网的基本概念

1.1.1　信息、消息和信号

信息在不同的场合有不同的定义。从工程观点讲,信息是客观存在的各个事物、可能存在的各种状态及其随时间所发生的各种变化的反映。任何地方都有信息存在,人们在各种社会活动中,通过现象获取信息,并逐步地认识事物的属性。

信息是抽象的,必须借助于载体以便于人们进行信息的交换、传递和存储。携带信息的载体称为消息,它是信息的物质表现。消息是某事件发生与否的论断,传递或交换消息也就意味着传递或交换了信息。

为了使消息适于在通信系统中传输和处理,需要将其变换为电(或光)的形式,这种形式称为电(或光)信号,简称信号。电信号最常用的形式是电流或电压。

1.1.2　模拟信号和数字信号

按照信号的变化规律,可将其分为模拟信号和数字信号。常见的语音和图像可以分别表示为函数形式,比如 $u(t)$ 是语音函数,$f(x,y,t)$ 是图像函数,t 表示时间,x 和 y 表示空间坐标。因为它们的自变量 t、x 和 y 的取值是连续的,函数值也是连续的,所以这种信号称为模拟信号(有时也称为连续信号),其示例如图 1.1 所示。

如果信号的幅度随时间的变化呈现离散的、有限的状态,则这种信号称为数字信号。数字信号的参量取值是离散变化的,其示例如图 1.2 所示。

数字信号的主要特点是状态的离散性,因此这些离散值就可以用二进制数或 N 进制数表示。二进制数的“1”和“0”具体用什么样的电信号来传送,是非常灵活的。例如,可以用电压的通与断、电压极性的正与负、正弦振荡频率的高与低、正弦振荡的相位是否反转等形式表示。

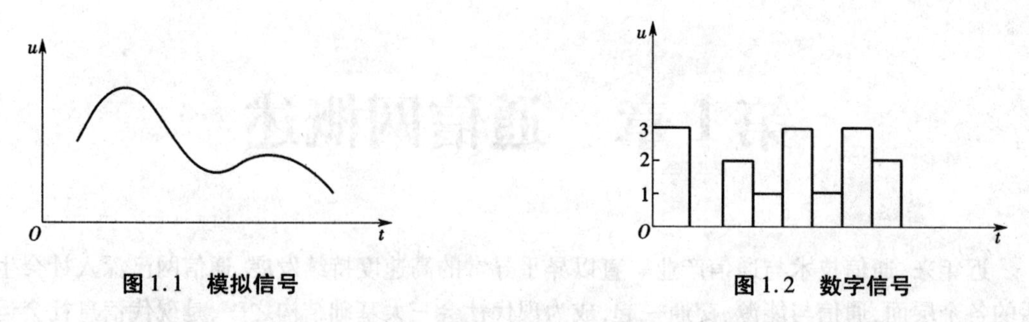

图 1.1 模拟信号　　图 1.2 数字信号

在保证足够高精度的前提下,模拟信号可以转换为数字信号。这种转换称为模数(A/D)转换,相反的转换称为数模(D/A)转换。模数转换大致分为三个步骤:取样、量化和编码。

通信系统中采用数字信号进行传输和处理,不但可以实现高质量的长距离传输,而且在交换、业务等方面也带来了新的根本性的变化。传输有限状态的数字信号,不仅可以在接收端通过取样、判决来恢复原始信号,还可以通过纠错编码来进一步提高抗干扰能力。通过再生中继消除噪声积累,实现远距离高质量传输;便于对数字信息进行处理并进行统一化编码,实现综合业务数字化;采用复杂的非线性、长周期码序列对信号进行加密,安全性强;数字通信设备向着集成化、智能化、微型化、低功耗和低成本化发展。但数字通信占用带宽较大,取得同模拟通信同样质量的话音传输需占用 20 ~ 64 kHz。

1.1.3 通信、通信系统、通信网

通信是指利用电信号或光信号的形式传送,发射或者接收语音、文字、数据、图像以及其他形式信息的活动。

通信活动中所需要的一切技术设备的总和称为通信系统。实际应用中存在各种类型的通信系统,它们在具体的功能和结构上各不相同,然而都可以抽象成如图 1.3 所示的模型,其基本组成包括信源、发送器、信道、接收器和信宿五部分。

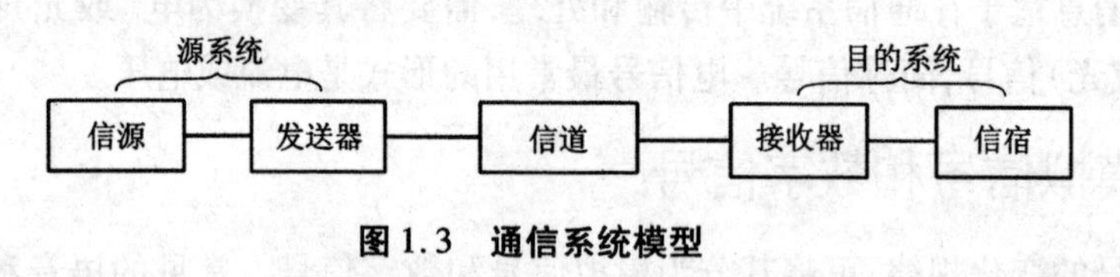

图 1.3 通信系统模型

上述通信系统只是一个点到点的通信模型,要想实现多用户间的通信,则需要一个合理的拓扑结构将多个用户有机地连接在一起,并定义标准的通信协议,以使它们能协同,这样就形成了一个通信网。

简单的通信网如图 1.4 所示。交换点能完成接续交换任务;用户终端(图中以电话机为例)对应表示系统模型中的信源和信宿,还包括了发送器和接收器;终端与交换点之间的连线,对应表示通信系统模型的信道,也称为传输链路。

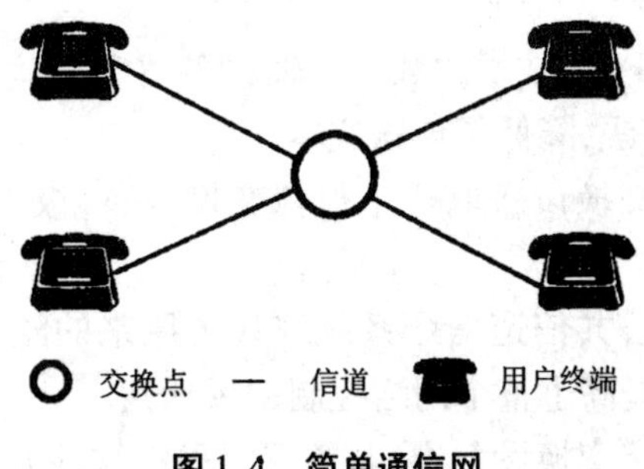

图 1.4　简单通信网

1.2　通信网的发展

早在远古时代,人们曾利用烽火、狼烟、金鼓、旗语等作为表现信息和传递信息的手段,其表现能力极为有限。文字的发明使能传送的信息种类飞速增加。印刷术的出现使得向多人传递相同信息的手段发生了划时代的变化,使得信息流传大江南北,并世代相传。

在 1876 年贝尔发明电话以后的很短时间里,人们已经开始意识到电话线应该汇接到一个中心,在中心点上建立两个电话的线路连接,这就是以人工交换台为基础的电话通信网。1878 年第一台交换机投入使用,以此作为现代通信网的开端,它已经过了 130 多年的发展。这期间由于交换技术、信令技术、传输技术、业务实现方式的发展,通信网大致经历了三个发展阶段。

1.2.1　第一阶段

1880—1970 年为第一阶段,是典型的模拟通信网时代,网络的主要特征是模拟化、单业务、单技术。这一时期电话通信网占统治地位,电话业务也是网络运营商主要的业务和收入来源,其主要的技术特点如下。

1)交换技术:由于话音业务量相当稳定,且所需带宽不大,因此网络采用控制技术相对简单的电路交换技术,为用户业务静态分配固定的带宽资源。

2)信令技术:网络采用模拟的随路信令系统。

3)传输技术:终端设备、交换设备和传输设备基本是模拟设备,传输系统采用 FDM 技术、铜线介质,网络上传输的是模拟信号。

4)业务实现方式:网络通常只提供单一电话业务,并且业务逻辑和控制系统是在交换节点中用硬件逻辑电路实现的,网络几乎不提供任何新业务。

在这一时期,信息开始以电磁信号的形式实现远距离传输,但成本高、可靠性差、通信的服务质量差。以自动交换、数字传输体系、卫星通信等为代表的数字通信方式开始出现,但基本处于试验阶段。

1.2.2　第二阶段

1970—1994 年为第二阶段,是骨干通信网由模拟网向数字网转变的阶段。这一时期,数字技术和计算机技术在网络中被广泛应用,除传统 PSTN 网络外,还出现了多种不同的业务网,其主要的技术特点如下。

1)数字传输技术:基于 PCM 技术的数字传输设备逐步取代了模拟传输设备,彻底解决了长途信号传输质量差的问题,降低了传输成本。

2)数字交换技术:数字交换设备取代了模拟交换设备,极大地提高了交换的速度和可靠性。

3)公共信道信令技术:公共信道信令系统取代了原来的随路信令系统,实现了话路系统与信令系统之间的分离,提高了整个网络控制的灵活性。

4)业务实现方式:在数字交换设备中,业务逻辑采用软件方式来实现,使在不改变交换设备硬件的前提下提供新业务成为可能。

在这一时期,电话业务仍然是网络运营商主要的业务和收入来源,骨干通信网仍是面向话音业务来优化设计的,因此电路交换技术仍然占主导地位。

基于分组交换的数据通信网技术在这一时期发展已成熟,TCP/IP、X. 25、帧中继等都是在这期间出现并发展成熟的,但数据业务量与话音业务量相比,所占份额还很小,因此实际运行的数据通信网大多是构建在电话网的基础设施之上的。另外,光纤技术、移动通信技术、智能网技术也是在此期间出现的。

在这一时期,形成了以 PSTN 为基础,Internet、移动通信网等多种业务网络交叠并存的结构。由于不同业务网所采用的技术、标准和协议各不相同,使得网络之间的资源和业务很难共享和互通。因此在 20 世纪 80 年代末,人们开始研究如何实现一个多业务、单技术的综合业务网,其主要的成果是 N-ISDN、B-ISDN 和 ATM 技术。

1.2.3 当前阶段

从 1995 年一直到目前,这一时期是信息通信技术发展的黄金时期,是新技术、新业务产生最多的时期。在这一阶段,骨干通信网实现了全数字化,骨干传输网实现了光纤化,同时数据通信业务迅速增长,独立于业务网的传输网也已形成。由于电信政策的改变,电信市场由垄断转向全面的开放和竞争。在技术方面,对网络结构产生重大影响的主要有以下三方面。

1. 计算机技术

硬件方面,计算成本下降,计算能力大大提高;软件方面,OO 技术、分布处理技术、数据库技术已发展成熟,极大地提高了大型信息处理系统的处理能力,降低了其开发成本。其影响是使 PC 得以普及,智能网(IN)、电信管理网得以实现,这些为下一步的网络智能以及业务智能奠定了基础。另外,终端智能化使得许多原来由网络执行的控制和处理功能可以转移到终端来完成,骨干网的功能可由此而得到简化,从而提高了其稳定性和信息吞吐能力。

2. 光传输技术

大容量光传输技术的成熟和成本的下降,使得基于光纤的传输系统在骨干网中迅速普及并取代了铜线技术。实现宽带多媒体业务,在网络带宽上已不存在问题了。

3. Internet

1995 年后,基于 IP 技术的 Internet 的迅速发展和普及,使得数据业务的增长速率远远超过电话业务。如今,数据业务已全面超越电话业务,成为运营商的主营业务和主要收入来源。这使得重组网络结构、实现综合业务网成为这一时期最迫切的问题。

在1995以前,SDH和ATM还被认为是宽带综合数字业务网(B-ISDN)的基本技术,在1995年以后,ATM已受到了宽带IP网的挑战。宽带IP网的基础是先进的密集波分复用(DWDM)光纤技术和多协议标签交换(MPLS)技术。随着相关的标准及技术的发展和成熟,下一代网络将是基于IP的宽带综合业务网。

1.3 通信网的构成要素与基本结构

1.3.1 交换式网络

要实现一个通信网,最简单直观的方法就是在任意两个用户之间提供点到点的连接,从而构成一个网状网络结构,如图1.5所示。该方法中每一对用户之间都需要独占一个永久的通信线路,通信线路使用的物理媒介可以是铜线、光纤或无线信道。然而该方法并不适用于构建大型广域通信网,其主要原因如下。

1)用户数目众多时,构建网状网络成本太高,任意一个用户到其他$N-1$个用户都要有一个直达线路。

2)每一对用户之间独占一个永久的通信线路,信道资源无法共享,会造成巨大的资源浪费。

3)这样的网络结构难以实施集中的控制和管理。

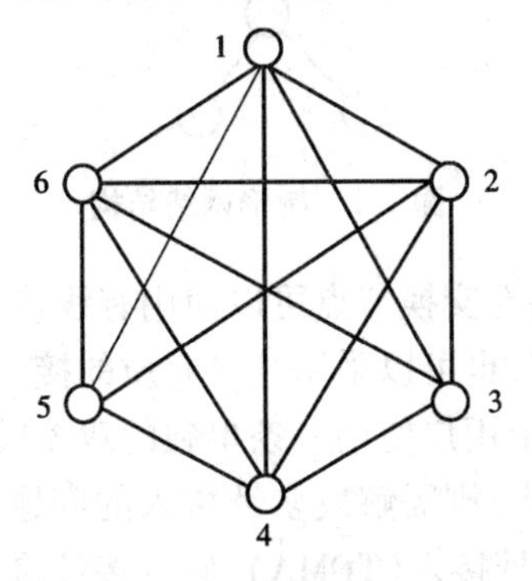

图1.5　网状网络结构

为解决上述问题,现代通信网普遍采用了交换技术,即在网络中引入交换节点,组建交换式网络。在交换式网络中,用户终端都通过用户线与交换节点相连,交换节点之间通过中继线相连,任何两个用户之间的通信都要通过交换节点进行转接交换。在网络中,交换节点负责用户的接入、业务量的集中、用户通信连接的创建、信道资源的分配、用户信息的转发以及必要的网络管理与控制功能的实现。在网络拓扑结构上,就形成如图1.6所示的星形网络结构。

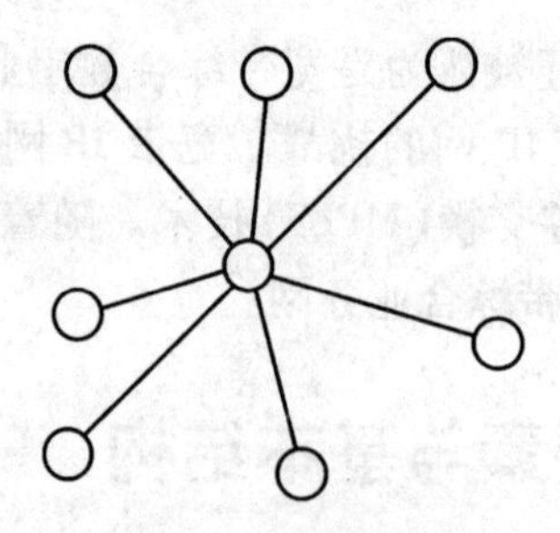

图 1.6　星形网络结构

树形网络结构如图 1.7 所示。树形结构可以看成是星形拓扑结构的扩展。在树形网络中,节点按层次进行连接,信息交换主要在上、下节点之间进行。树形结构主要应用于用户接入网和主从方式同步网中。

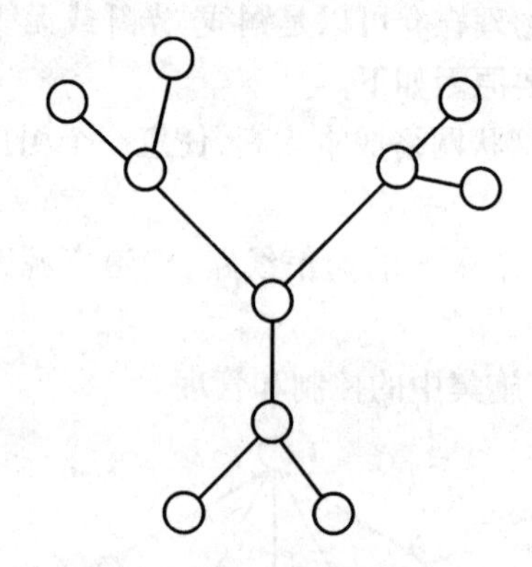

图 1.7　树形网络结构

在交换式网络中,用户终端至交换节点可以使用有线接入方式,也可以采用无线接入方式;可以采用点到点的接入方式,也可以采用共享介质的接入方式。传统有线电话网中使用有线、点到点的接入方式,即每个用户使用一条单独的双绞线接入交换节点。如果多个用户采用共享介质方式接入交换节点,则需解决多址接入的问题。目前常用的多址接入方式有频分多址接入(FDMA)、时分多址接入(TDMA)、码分多址接入(CDMA)、随机多址接入等。

另外,为了提高中继线路的利用率,降低通信成本,现代通信网采用复用技术,即将一条物理线路的全部带宽资源分成多个逻辑信道,让多个用户共享一条物理线路。复用技术大致可分为静态复用和动态复用(又叫统计复用)两大类。静态复用技术包括频分多路复用和同步时分复用两类;动态复用主要指动态时分复用(统计时分复用)技术。

1.3.2　通信网的构成要素

1. 通信网的硬件

一个完整的通信网包括硬件和软件。通信网的硬件一般由终端设备、传输设备和转接交换系统三部分电信设备构成,它们是构成通信网的物理实体。

(1)终端设备

终端设备是通信网最外围的设备。它将用户要发送的各种形式的信息转变为适合于相关电信业务网传送的电磁信号或数据包等;同时,它也将从通信网络中收到的电磁信号、光信号及数据包等转变为用户可识别的信息。

(2)传输系统

传输系统是信息传递的通道。它将用户终端设备、转接交换系统(节点)及转接交换系统(节点)相互之间连接起来,形成网络。

(3)转接交换系统

转接交换系统是通信网的核心。它的基本功能是完成接入交换节点链路的汇集、转接接续和分配。电话网转接交换设备的基本功能是汇集、转接和分配。对于主要用于计算机通信的数据业务网,由于数据终端或计算机终端可有各种不同的速率,为了提高传输链路的利用率,将流入信息流进行存储,然后再转发到所需要的链路上去。这种方式叫作存储转发方式。

2. 通信网的软件

通信网的软件是指通信网为能很好地完成信息的传递和转接交换所必需的一整套协议和标准,包括网络结构、网内信令、协议和接口以及技术体制、技术标准等,是通信网实现电信服务和运行支撑的重要组成部分。

1.3.3 通信网的基本功能

在我们日常的工作和生活中,经常接触和使用各种类型的通信网,如电话网、计算机网络、Internet(国际互联网)等。不同的网络虽然在传输信息的类型、传输的方式、所提供服务的种类等方面各不相同,但是它们都实现了以下四个主要的网络功能。

1. 信息传输

它是通信网的基本任务,传送的信息主要分为三大类:用户信息、信令信息、管理信息。信息传输主要由交换节点和传输系统完成。

2. 信息处理

网络对信息的处理方式对最终用户是不可见的,主要目的是增强通信的有效性、可靠性和安全性,信息最终的语义解释一般由终端应用来完成。

3. 信令机制

它是通信网上任意两个通信实体之间为实现某一通信任务,进行控制信息交换的机制,如电话网上的 No. 7 信令、Internet 上的各种路由信息协议、TCP 连接建立协议等均属此范畴。

4. 网络管理

它负责网络的运营管理、维护管理、资源管理,以保证网络在正常和故障情况下的服务质量。它是整个通信网中最具智能的部分。已形成的网络管理标准有电信管理网标准 TMN 系列、计算机网络管理标准 SNMP 等。

1.3.4 通信网的基本构成

从功能的角度看,一个完整的现代通信网可分为相互依存的三部分:业务网、传送网、支撑网,如图 1.8 所示。

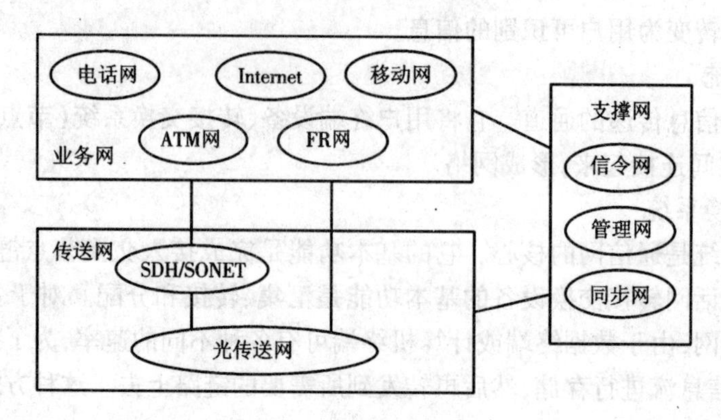

图 1.8 完整的现代通信网

1. 业务网

业务网负责向用户提供各种通信业务,如基本话音、数据、多媒体、VPN 等,采用不同交换技术的交换节点设备通过传送网互联在一起就形成了不同类型的业务网。

构成一个业务网的主要技术要素有以下几方面内容:网络拓扑结构、交换节点技术、编号计划、信令技术、路由选择、业务类型、计费方式、服务性能保证机制等,其中交换节点设备是构成业务网的核心要素。

目前主要的业务网有:公共电话网、公共移动电话网、智能网、分组交换网、帧中继网、数字数据网、计算机局域网、Internet、ATM 网等。

2. 传送网

传送网是随着光传输技术的发展,在传统传输系统的基础上引入管理和交换智能后形成的。传送网独立于具体业务网,负责按需为交换节点与业务节点之间的互联分配电路,在这些节点之间提供信息的透明传输通道,它还包含相应的管理功能,如电路调度、网络性能监视、故障切换等。构成传送网的主要技术要素有传输介质、复用体制、传送网节点技术等。

目前主要的传送网有同步光纤网(SDH/SONET)和光传送网(OTN)两种类型。

3. 支撑网

支撑网负责提供业务网正常运行所必需的信令、同步、网络管理、业务管理、运营管理等功能,以提供用户满意的服务质量。支撑网包含以下三部分。

(1)同步网

它处于数字通信网的底层,负责实现网络节点设备之间和节点设备与传输设备之间信号的时钟同步、帧同步以及全网的网同步,保证地理位置分散的物理设备之间数字信号的正确接收和发送。

(2)信令网

对于采用公共信道信令体制的通信网,存在一个逻辑上独立于业务网的信令网,它负责在网络节点之间传送业务相关或无关的控制信息流。

(3)管理网

管理网的主要目标是通过实时和近实时来监视业务网的运行情况,并相应地采取各种控制和管理手段,以达到在各种情况下充分利用网络资源、保证通信的服务质量的目的。

另外,从网络的物理位置分布来划分,通信网还可以分成用户驻地网(CPN)、接入网和核心网三部分,其中用户驻地网是业务网在用户端的自然延伸,接入网也可以看成传送网在核心网之外的延伸,而核心网则包含业务、传送、支撑等网络功能要素。

1.4　通信网络技术标准化

随着通信网的规模越来越大以及移动通信、国际互联网业务的发展,国际间的通信越来越普及,这需要相应的标准化机构对全球网络的设计和运营进行统一的协调和规划,以保证不同运营商、不同国家间网络业务可以互联互通。目前与通信领域相关的主要标准化机构有国际电信联盟、国际标准化组织、Internet 结构委员会等。

1.4.1　国际电信联盟

国际电信联盟(International Telecommunication Union,ITU)成立于1932年,1947年成为联合国的一个专门机构,是由各国政府的电信管理机构组成的,目前会员国有170多个,总部设在日内瓦。原则上,ITU 只负责为国际间的通信制定标准、提出建议,但实际上相关的国际标准通常都适用于国内网。

为适应现代电信网的发展,1993年ITU机构进行了重组,目前常设机构有以下三个。

1. ITU - T

电信标准化部门,其前身是国际电报电话咨询委员会(CCITT),负责研究通信技术准则、业务、资费、网络体系结构等,并发表相应的建议书。

2. ITU - R

无线电通信部门,研究无线通信的技术标准、业务等,同时也负责登记、公布、调整会员国使用的无线频率,并发表相应的建议书。

3. ITU - D

电信发展部门,负责组织和协调技术合作及援助活动,以促进电信技术在全球的发展。

在上述三个部门中,ITU - T 主要负责电信标准的研究和制定,是最为活跃的部门。其具体的标准化工作由 ITU - T 相应的研究组 SG(Study Group)来完成。ITU - T 主要由13个研究组组成,每组有自己特定的研究领域,4年为一个研究周期。

为适应新技术的发展和电信市场竞争的需要,目前,ITU - T 的标准化进程已大大加快,从以前的平均4~10年形成一个标准,缩短到9~12个月。ITU - T 制定并被广泛使用的著名标准有:局间公共信道信令标准 SS7、综合业务数字网标准 ISDN、电信管理网标准 TMN、光传输体制标准 SDH、多媒体通信标准 H.323 系列等。

1.4.2　国际标准化组织

国际标准化组织(International Organization for Standardization,ISO)正式成立于1947年。它的总部设在瑞士日内瓦,是联合国的甲级咨询组织,并和100多个国家的标准化组织及国际组织就标准化问题进行合作,它是国际电工委员会(IEC)的姐妹组织。

ISO 的宗旨是"促进国际间的相互合作和工业标准的统一",其目的是为了促进国际间的商品交换和公共事业,在知识、科学、技术和经济活动中相互合作,促进世界范围内的标准化及有关活动的发展。ISO 的标准化工作包括了除电气和电子工程以外的所有领域。

ISO 的组织机构包括全体大会、主要官员、成员团体、通信成员、捐助成员、政策发展委员会、理事会、ISO 中央秘书处、特别咨询组、技术管理局、标样委员会、技术咨询组、技术委员会等。

ISO 的技术工作是高度分散的，分别由 2 700 多个技术委员会(TC)、分技术委员会(SC)和工作组(WG)承担，其中与信息相关的技术委员会是 JTC1(Joint Technical Committee 1)。

国际标准由技术委员会(TC)和分技术委员会(SC)经过六个阶段形成：申请阶段、预备阶段、委员会阶段、审查阶段、批准阶段、发布阶段。若在开始阶段得到的文件比较成熟，则可省略其中的一些阶段。

ISO 制定的信息通信领域最著名的标准/建议有开放系统互联参考模型 OSI/RM、高级数据链路层控制协议 HDLC 等。

1.4.3 Internet 结构委员会

Internet 结构委员会(Internet Architecture Board，IAB)的主要任务是负责设计、规划和管理 Internet，其工作重点是 TCP/IP 协议族及其扩充。它的前身是 1979 年由美国国防部先进研究项目局(DARPA)建立的 ICCB(Internet Control and Configuration Board，因特网控制与配置委员会)。

IAB 最初主要受美国政府机构的财政支持，为适应 Internet 的发展，1992 年，一个完全中立的专业机构 ISOC(Internet Society)成立，它由公司、政府代表、相关研究机构组成。ISOC 成立后，IAB 的工作转到 ISOC 的管理下进行。

IAB 由 IETF 和 IRTF 两个机构组成。

1)IETF(Internet Engineering Task Force)：负责制定 Internet 相关的标准，目前主要的 IP 标准均由 IETF 主导制定。

2)IRTF(Internet Research Task Force)：负责与 Internet 相关的长期研究任务。

IAB 保留对 IETF 和 IRTF 等两个机构建议的所有事务的最终裁决权，并负责向 ISOC 委员会汇报工作。

Internet 及 TCP/IP 相关标准建议均以 RFC(Request for Comments)的形式在网上公开发布，协议的标准化过程遵循 1996 年定义的 RFC 2026，形成一个标准的周期，约为 10 个月。IETF 制定的标准有用于 Internet 的网际通信协议 TCP/IP 协议族以及目前正在制定的下一代 IP 骨干网通信协议 MPLS。

第2章　现代通信网基础技术

2.1　现代通信终端

2.1.1　固定电话机

固定电话机是固定电话通信的终端设备,是使用最普遍和最方便的一种通信工具之一。伴随着时代的进步,电话机在品种、质量和数量上都有了较大的发展和提高。

1. 组成原理

按照电话机的基本任务,它由通话设备、信号设备和转换设备三个基本部分组成。固定电话机的基本组成示意图如图2.1所示。

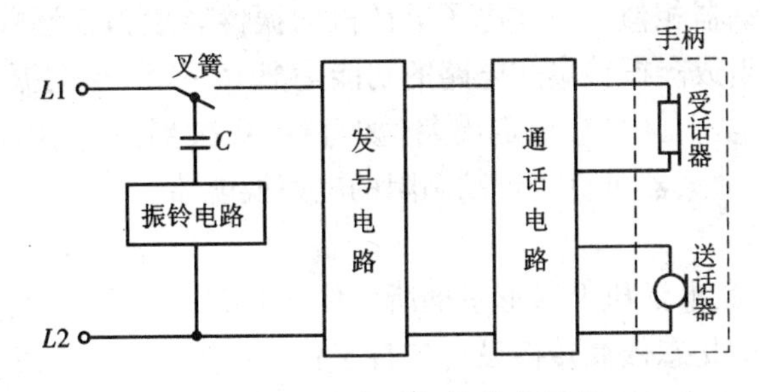

图2.1　固定电话机的基本组成

(1)通话设备

通话设备包括送话器、受话器及相关电路,是电话机达到电话通信目的的主要设备。

送话器是把语音转换成语音电流的器件,按使用材料可分为炭精送话器、压电陶瓷送话器和驻极体式送话器等。炭精送话器是使用历史最长的送话器,现已被淘汰。压电陶瓷送话器用具有压电效应的陶瓷片做振动膜,用户讲话时,膜片在声压作用下产生形变,吸附在陶瓷片表面的电荷随极化强弱充放电,形成语音电流。驻极体式送话器用驻极体(一种带电荷的电介质)做振动膜,用户讲话时,膜片在声压作用下产生振动,改变其两侧的电荷密度,从而形成微小的电压变化,经放大后变成语音电流。

受话器是把语音电流转换成声音的器件,一般有电磁式、动圈式和压电式等类型。电磁式受话器主要由永久磁铁、振动膜片、铁芯和线圈等零件组成。当无话音电流通过线圈时,仅有永久磁铁的固定磁通对振动膜片产生吸力,使铁质振动膜片微向铁芯弯曲;当线圈内通过话音电流时,因话音电流是交变电流,膜片就根据电流变化规律而振动并发出声音。动圈式受话器主要由永久磁铁、极靴、线圈、振动膜片等零件组成,线圈和振动膜片连在一起,且线圈套于永久磁铁与极靴的间隙中。线圈平时置于恒定的磁场中,当线圈通过话音电流时,在磁场的作用下线圈将垂直于磁场移动,并带动振动膜片。压电陶瓷受话器是利用逆压电效应工作的,在话音电流的作用下,陶瓷片发生形变而发出声音。

老式电话机通话电路中有感应线圈,它是在铁芯上绕有2或3组线圈的电话变量器,与送话器、受话器和平衡网络相连接,组成通话电路。恰当选择感应线圈的匝数比和平衡网络的阻抗,可提高送话器、受话器的工作效率,减少通话时的侧音,改善通话质量。目前,电话机的通话电路多数由集成电路芯片实现,芯片内已集成了电话变量器、平衡网络等功能,不再需要感应线圈和平衡网络电路。

(2)信号设备

信号设备包括发信设备和收信设备。发信设备即发号电路,用户通过拨号盘或键盘拨打出被叫用户的号码或其他信息。发信时,话机处于摘机状态。收信设备即振铃电路,其任务是接收交换机送来的铃流电流,通过话机中的电铃或扬声器发出振铃声。

转盘拨号盘(或按键盘)用于向交换机发送被叫用户号码。按键盘里的脉冲通断装置将表示被叫号码的直流脉冲信号发往交换机,按键盘与相应的发号集成电路配合发出直流脉冲信号或双音多频(DTMF)信号。按键盘一般由12个按键和开关接点组成,其中10个为数字键,2个为特殊功能键,分别为“*”、“#”键。

振铃器用于接收交换机送来的呼叫振铃信号。老式话机采用电磁式交流铃,其结构和工作原理与电磁式受话器相似。新式电子电话机的振铃装置为音调式振铃器,由振铃集成电路和电声换能器件组成。振铃集成电路的功能是把15~25 Hz的振铃电压转换为几百到上千赫兹的两种音频电压,并且按一定周期(如每秒10次)轮流送出。振铃集成电路内部含有转换器和放大器,放大器可直接带动高阻的电声换能器。

(3)转换设备

转换设备也称叉簧,电话机上弓形手柄所压住的开关就是叉簧,它主要起转换作用。电话机的摘机状态和挂机状态依靠转换设备交替工作,并经过用户线使交换机识别。挂机状态,即处于收信状态,这时的话机可作为被叫,可以接收交换机送来的铃流电流;而用户摘机后,叉簧往上弹,话机状态得到转换,由收信状态变为通话状态(作为被叫)或听拨音、拨号、通话(作为主叫)等状态。转换设备的两种状态是互不相容的。

叉簧其实就是开关,它由手柄机(电话听筒)是否放置在电话机上来完成开关的接通与断开。叉簧开关的作用是挂机时将振铃电路接在外线上;摘机时断开振铃电路将通话电路接在外线上,并完成直流环路,向交换机发出表示要打电话的用户启呼信号。

2. 种类和功能

按电话机与电话局之间电话线路上传输信号的形式,电话机可分为模拟式和数字式两类。模拟式电话机传送的是模拟信号,数字式电话机传送的是数字信号。到目前为止,绝大多数电话机属于模拟电话机。数字电话机除了具有模拟电话机的功能外,还具有发送、接收和处理文字、数据和图像等信息的功能。

按使用方式,电话机可分为桌式、墙式、墙桌两用式和携带式电话机等。

按制式,电话机可分为磁石式、共电式和自动式电话机等。

(1)磁石式电话机

磁石式电话机是通话电源和呼叫信号电源完全自备的电话机。通话电源一般采用1.5~3 V的原电池,呼叫信号装置采用手摇发电机,向对方用户(另一磁石电话机)或磁石交换机发送 90 V 左右、16 ~ 25 Hz 的交流信号作为呼叫信号。

磁石式电话机对传输线路要求低，不经交换机转接就可直接通话，适用于野战条件下或无供电情况下的电话通信。

(2)共电式电话机

共电式电话机是由共电交换机集中供给通话电源和呼叫信号电源的电话机。电源电压通常为直流 24 V。信号部分采用交流电铃与电容器串联跨接在线路上，随时接收交换机送来的呼叫信号。利用叉簧接点的断开与闭合，向交换机发送直流呼叫信号。共电式电话机结构简单、使用方便，适用于团体内部的电话通信。

磁石式电话机本身只能实现一对一固定的电话通信，在磁石交换机和共电交换机话务员的帮助下，磁石式电话机和共电式电话机可实现与其他磁石式电话机和共电式电话机用户的电话通信。也就是说，磁石式电话机和共电式电话机都没有自动选择被叫用户的功能，它们已被自动式电话机所代替，仅在一些特殊场合使用。

(3)自动式电话机

自动式电话机有转盘拨号式和按钮(键)式自动电话机两种。转盘拨号式自动电话机通过拨号转盘向自动交换机发出表示被叫号码的直流脉冲信号；按钮(键)式自动电话机上的按钮(键)与相应的发号集成电路配合，发出直流脉冲信号或双音多频(DTMF)信号给自动交换机，实现自动选择被叫用户的功能。自动电话机使用的电源也是自动电话交换机集中供给的，电源电压通常为 48 V 或 60 V。自动电话机使用方便，应用范围广泛。

随着科学技术的进步和物质文化水平的提高，越来越多的具有新服务功能的电话机已进入人们的生活。

2.1.2　移动电话机

移动电话机又称手机，是在移动通信网中使用的一种终端设备。目前两大移动通信网(GSM 和 CDMA)所使用的手机，因采用了不同的空中接口，有较大的差别。下面主要分析最广泛使用的 GSM 手机。

1. 组成原理

GSM 手机电路一般可分为四个部分：射频部分、逻辑音频部分、接口部分、电源部分。这四个部分相互联系，形成一个有机的整体。其基本组成框图如图 2.2 所示。

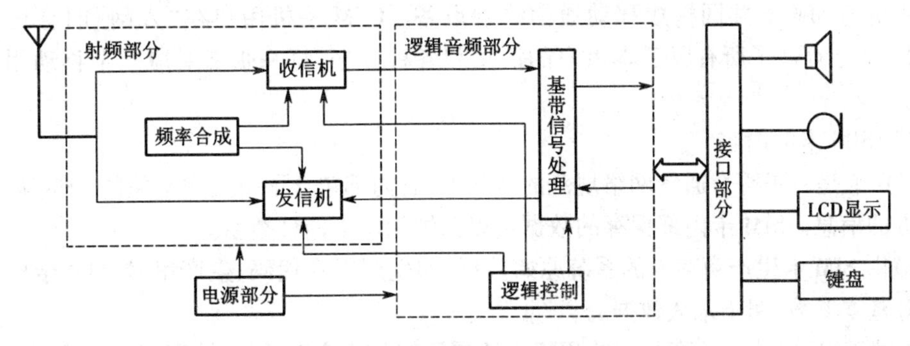

图 2.2　GSM 手机基本组成框图

(1)射频部分

射频部分由天线、收信机、发信机、调制解调器和振荡器等高频系统组成。其中发送部分由射频功率放大器和带通滤波器组成,接收部分由高频滤波、高频放大、变频、中频滤波放大器组成。振荡器完成收信机高频信号的产生,具体由频率合成器控制的压控振荡器实现。

接收通路和发送通路工作时分别使用不同的频率,这种频率的改变,受逻辑音频部分的控制。

(2)逻辑音频部分

发送通道的处理包括语音编码、信道编码、加密、TDMA 帧形成。其中信道编码包括分组编码、卷积编码和交织。接收通道的处理包括均衡、信道分离、解密、信道解码和语音解码。逻辑控制部分对手机进行控制和管理,包括定时控制、数字系统控制、天线系统控制以及人机接口控制等。

(3)接口部分

接口部分包括模拟语音接口、数字接口及人机接口三部分。模拟语音接口包括 A/D 或 D/A 转换、话筒和耳机;数字接口主要是数字终端适配器;人机接口主要有显示器和键盘。

(4)电源部分

电源部分为射频部分和逻辑音频部分供电,同时又受到逻辑音频部分的控制。

手机的硬件电路由专用集成电路组成。专用集成电路包括收信电路、发信电路、锁相环电路、调制解调器、均衡器、信道编解码器、控制器、识别卡和数字接口、语音处理专用集成电路等部分。手机的控制器由微处理器构成,包括 CPU、EPROM 和 E^2PROM 等部分。

软件也是手机的重要组成部分。手机的整个工作过程由 CPU(中央处理器)控制,CPU 由其内部的软件程序控制,而软件程序来源于 GSM 规范。

手机接收时,来自基站的 GSM 信号由天线接收下来,经射频接收电路,由逻辑/音频电路处理后送到听筒。手机发射信号时,声音信号由话筒进行声电转换后,经逻辑/音频处理电路、射频发射电路,最后由天线向基站发射。

2. SIM 卡

无线传输比固定传输更易被窃听,如果不提供特别的保护措施,很容易被窃听。20 世纪 80 年代的模拟移动通信系统深受其害,使用户利益受损,GSM 首先引入了“用户标识模块”(SIM 卡)技术,从而使 GSM 在安全方面得到了极大的改进。

手机与 SIM 卡共同构成移动通信终端设备。GSM 手机用户在“入网”时会得到一张 SIM 卡,卡上存储了所有属于本用户的信息和各种数据,每一张卡对应一个移动用户电话号码。

(1)SIM 卡的内容

SIM 卡是一张符合通信网络规范的智能卡,它内部包含了与用户有关的、被存储在用户这一方的信息。SIM 卡内部保存的数据可以归纳为以下四种类型。

1)由 SIM 卡生产商存入的系统原始数据,如生产厂商代码、生产串号、SIM 卡资源配置数据等基本参数,属于永久数据。

2)由 GSM 网络运营商写入的 SIM 卡所属网络与用户有关的、被存储在用户这一方的网络参数和用户数据等,包括鉴权和加密信息、国际移动用户号(IMSI)、移动电话机用户号码、呼叫限制信息等,这类数据只有 GSM 网络运营商才能查阅和更新。

3)由用户自己存入的数据,如缩位拨号信息、电话号码簿、移动电话机通信状态设置等。

4)用户在使用SIM卡过程中自动存入及更新的网络接续和用户信息,如临时移动台识别码(TMSI)、区域识别码(LAI)、密钥(Kc)等。

个人识别码(PIN)是SIM卡内部的一个存储单元,PIN密码锁定的是SIM卡。若将PIN密码设置开启,则该卡无论放入任何移动电话机,每次开机均要求输入PIN密码,密码正确后,才可进入GSM网络。若错误地输入PIN码3次,将会导致“锁卡”的现象,此时只要在移动电话机键盘上按一串阿拉伯数字(PUK码,即帕克码),就可以解锁。但是用户一般不知道PUK码。要特别注意:如果尝试输入10次仍未解锁,就会“烧卡”,就必须再去买张新卡了。设置PIN可防止SIM卡未经授权而使用。

(2)SIM卡的构造

SIM卡是带有微处理器的芯片,包括微处理器、程序存储器、工作存储器、数据存储器和串行通信单元五个模块,每个模块对应一个功能。SIM卡最少有五个端口:①电源;②时钟;③数据;④复位;⑤接地端。图2.3为SIM卡触点端口的功能示意图。

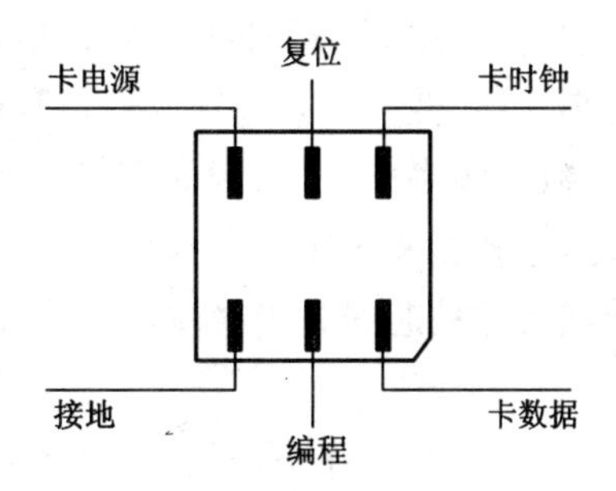

图2.3　SIM卡触点端口的功能示意图

SIM卡的存储容量有3 KB、8 KB、16 KB、32 KB、64 KB等。STK卡是SIM卡的一种,它能为移动电话机提供增值服务,如移动电话机银行等。

SIM卡座是手机与SIM卡通信的接口,通过卡座上的弹簧片与卡接触。

每当用户开机时,手机可以通过数据的收集来识别SIM卡是否插入。如果SIM卡插入正常,GSM系统要自动鉴别SIM卡的合法性,GSM网络的身份鉴权中心对SIM卡进行鉴权,只有在系统认可之后,才为该用户提供服务,系统分配给用户一个临时号码(TMSI),在待机、通话中使用的仅为这个临时号码,从而使得保密性能得到进一步提高。

2.2　现代传输技术

2.2.1　传输介质

所谓传输介质,是指传输信号的物理通信线路。任何数据在实际传输时都会被转换成电信号或光信号的形式在传输介质中传输,数据能否成功传输则依赖于两个因素:被传输信号本身的质量和传输介质的特性。

传输介质分为有线介质和无线介质两大类,无论何种情况,信号都是以电磁波的形式传输的。在有线介质中,电磁波信号会沿着有形的固体介质传输,有线介质目前常用的有双绞线、同轴电缆和光纤;在无线介质中,电磁波信号通过地球外部的大气层或外层空间进行传输,大气层或外层空间并不对信号本身进行制导,因此可认为是在自由空间传输。无线传输常用的电磁波段主要有无线电、微波、红外线等。

1. 有线介质

(1)架空明线

架空明线是最早的有线信道,在一系列竖立的电线杆上,把导线平行架在电线杆的绝缘子上而构成信道。这种信道容易建设,低频信号的衰减也较小;但高频部分容易发射出去,衰耗较大,允许传输信号的频带受限,通信容量很小。此外,由于架设在室外,易受外界因素的影响,干扰大、可靠性差,且容易被窃听。为了减少费用和扩大容量,会在一系列电线杆上架设多对信道,但会带来串音问题。由于架空明线存在干扰大、易损坏、可利用的频带过窄等缺点,所以在现代通信网中基本不再使用。

(2)平衡电缆

平衡电缆又称双绞线,其中每对信号传输轴线间的距离比明线小,而且包扎在绝缘体内。这样,外界破坏和干扰要小一些,性能也较稳定。但是其损耗随工作频率的增大而急剧增大。通常每公里的衰减分贝数与频率成正比,因而容量也不能太大。这类平衡电缆通常制成多芯电线,就是很多对线路包扎成一条电线。从两对四芯起,直到200对,形成多层结构,包成一条电缆,外面还有铠装,保护芯线和绝缘体不被侵蚀和破坏,也起着屏蔽外界干扰的作用。

现代通信网中双绞线广泛使用在用户环路,即从用户终端至复接设备或交换机之间,如现代电话通信网中,电话机至交换机、计算机至集线器。目前经过专门设计的双绞线,短距离的数字传输速率可达100 Mbit/s。

(3)同轴电缆

同轴电缆是容量较大的有线信道。常用的同轴电缆有两种:一种是管外径为4.4 mm的小同轴;另一种是管外径为9.5 mm的中同轴。在同轴电缆中,电磁波在外管和内芯之间传播,基本上与外界隔开,因而无发射损耗,也较少受外界干扰,可靠性和传输质量都很好。这类线路每公里衰减的分贝数大致与频率的平方根成正比,所以在高频端可传输足够的信号能量,带宽可以做得较大,传输容量也较大。其缺点是造价很高,施工复杂。

(4)光纤

光纤是一种很细的可传送光信号的有线介质,它可以用玻璃、塑料或高纯度的合成硅制成。目前使用的光纤多为石英光纤,它以二氧化硅为主要材料,为改变折射率,中间掺有锗、磷、硼、氟等。

光纤也是一种同轴性结构,由纤芯、包层和外套三个同轴部分组成,其中纤芯、包层由两种折射率不同的玻璃材料制成,利用光的全反射可以使光信号在纤芯中传输,包层的折射率略小于纤芯,以形成光波导效应,防止光信号外溢。外套一般由塑料制成,用于防止湿气、磨损和其他环境破坏。其物理结构如图2.4所示。

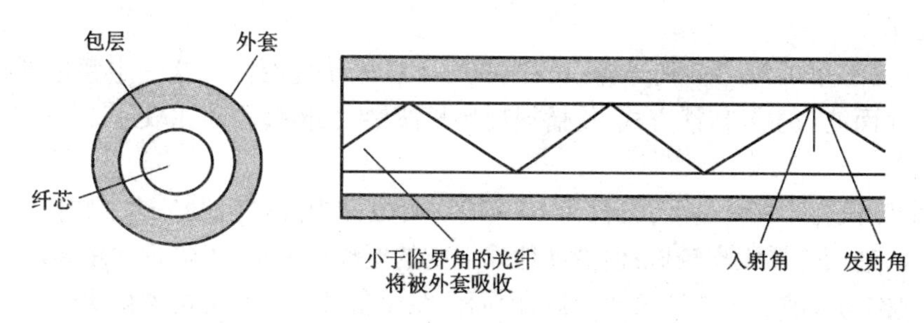

图 2.4　光纤的物理结构

光纤分为多模光纤(MMF)和单模光纤(SMF)两种基本类型。

1)多模光纤先于单模光纤商用化,它的纤芯直径较大,通常为 50 μm 或 62.5 μm,它允许多个光传导模式同时通过光纤,因而光信号进入光纤时会从多个角度反射,产生模式色散,影响传输速率和距离。多模光纤主要用于短距低速传输,比如接入网和局域网,一般传输距离应小于 2 km。

2)单模光纤的纤芯直径非常小,通常为 4 ~ 10 μm,在任何时候,单模光纤只允许光信号以一种模式通过纤芯。与多模光纤相比,它可以提供非常出色的传输特性,为信号的传输提供更大的带宽、更远的距离。目前长途传输主要采用单模光纤。ITU - T 的最新建议 G.652、G.653、G.654、G.655 对单模光纤进行了详细的定义和规范。

与传统的铜导线介质相比,光纤主要有以下优点。

1)容量大。光纤系统的工作频率分布在 1 014 ~ 1 015 Hz 范围内,属于近红外区,其潜在带宽是巨大的。目前每 100 km 传输 10 Tbit/s 的实验系统已试验成功,通过密集波分复用(DWDM)在一根光纤上实现每 200 km 传输 40 Gbit/s 的实验系统已经在电信网上广泛使用,相对于同轴电缆的几百兆比特/(秒 · 千米)和双绞线的几兆比特/(秒 · 千米),光纤比铜导线介质要优越得多。

2)体积小、重量轻。与铜导线相比,在相同的传输能力下,无论体积还是重量,光纤都小得多,这在布线时有很大的优势。

3)衰减小、抗干扰能力强。光纤传输信号比铜导线衰减小得多。目前,在 1 310 nm 波长处光纤每千米衰减小于 0.35 dB,在 1 550 nm 波长处光纤每千米衰减小于 0.25 dB。并且由于光纤系统不受外部电磁场的干扰,它本身也不向外部辐射能量,因此信号传输很稳定,同时安全保密性也很好。

2. 无线介质

无线传输介质中信息主要是以无线电波的形式在空间自由传输。根据无线电波的频率范围,一般可把无线电波分为长波、中波、短波、超短波和微波。

(1)长波

长波所使用的频率在 300 kHz 以下,波长在 1 000 m 以上。这种电磁波沿着地面,尤其是沿海平面的传播损耗较小,并对海水具有较好的渗透性。但可用的带宽较小,不宜为传送容量大的通信系统所用,而且由于波长和发、收天线的大小成正比,因此使用长波通信手段进行通信所使用的发射天线和接收天线都很庞大,难于架设。故此,长波方式传输信息一般只用于航海导航和对潜通信系统。

(2)中波

中波的频率在0.3~3 MHz或波长在100~1 000 m范围内。这一中频频段内的电磁波,还是以地面波为主要传播方式,传播损耗比长波稍大,传播距离比较远。

(3)短波

短波的频段为3~30 MHz,波长为10~100 m,也称为高频信道。这个频段的地面传播损耗已较大,地面传播距离较短;但借助地球上空的电离层反射,可进行远距离通信,这种传播方式通常称为天波。短波波长比较短,因而天线设备及天线高度可做得比较小,建立两点之间通信所需费用较小。因为它的通信距离远,可以在几千公里以上,所以在卫星通信尚未出现之前,短波通信是国际通信的主要手段。由于短波信道具有机动灵活、廉价和架设比较方便的特点,在现代通信中得到广泛应用,是现代通信网中较为重要的通信信道。特别是大功率短波电台作为远距离通信手段的补充而备受重视。

(4)超短波

超短波的频率范围通常认为是30~3 000 MHz,波长为0.1~10 m。更细一些划分,其中30~300 MHz或波长1~10 m称为甚高频(Very High Frequency,VHF),300~3 000 MHz或波长0.1~1 m称为特高频(Ultra High Frequency,UHF)。在这个频段中,因为频率高,电离层已不能反射,地面损耗又较大,因此传播的主要方式是空间直射波和地面反射波的合成。一般而论,这一频段只能作为近距离的通信手段,有效通信距离不超过100 km,这一频段较适宜建立移动通信网。

(5)微波

微波的频段范围是300 MHz~30 GHz,波长小于0.1 m。因为其波长在毫米范围内,所以被称为微波。

在这个频段中,波长很短,天线的方向性相当强,在自由空间传播时,能量朝一定发射方向沿直线传播,传播效率较高,容许调制的频带较宽,适用于大容量的信息传输,特别是作为视距范围内实现点对点通信。通常微波中继距离应在80 km范围内,具体由地理条件、气候等外部环境决定。微波的主要缺点是信号易受环境的影响(如降雨、薄雾、烟雾、灰尘等),频率越高,影响越大,另外高频信号也很容易衰减。

微波通信适合于地形复杂和特殊应用需求的环境,目前主要的应用有专用网络、应急通信系统、无线接入网、陆地蜂窝移动通信系统,卫星通信也可归入为微波通信的一种特殊形式。

(6)红外线

红外线指10^{12}~10^{14} Hz范围的电磁波信号。与微波相比,红外线最大的缺点是不能穿越固体物质,因而它主要用于短距离、小范围内的设备之间的通信。由于红外线无法穿越障碍物,也不会产生微波通信中的干扰和安全性等问题,因此使用红外传输,无须向专门机构进行频率分配申请。

红外线通信目前主要用于家电产品的远程遥控、便携式计算机通信接口等。

2.2.2 多路复用

在现代通信网传输系统中,通常一条信道所提供的带宽往往要比所传送的某种信号带宽大得多。此时,如果一条信道只传送一种信号,就显得过于浪费资源了。因此,为了充分利用信道的容量，产生了多路复用技术。常用的多路复用技术有频分多路复用、时分多路复用和波分多路复用等。

1. 频分多路复用

频分多路复用（FDM）的主要原理是把信道的可用频带分割为若干条较窄的子频带，每一条子频带都可以作为一个独立的传输信道传输一路信号。为了防止各路信号之间的相互干扰，相邻两个子频带之间需要留有一定保护频带。频分多路复用的原理如图2.5所示。

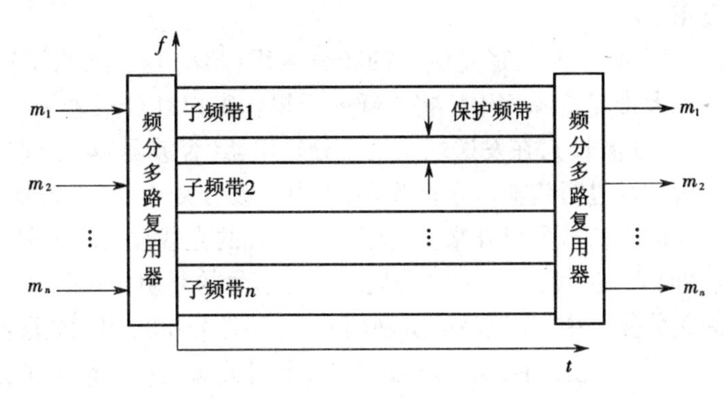

图2.5　频分多路复用的原理图

FDM的优点是容易实现、技术成熟，能较充分地利用信道带宽。其缺点是保护频带占用了一定的信道带宽，从而大大降低了FDM的效率；信道的非线性失真改变了它的实际频率特性，易造成串音和互调噪声干扰。因此，在实际应用中，FDM正在逐步被时分多路复用所代替。

2. 时分多路复用

时分多路复用（TDM）是将信号按规定的间隔在时间上相互错开，在一条公共信道上传输多路信号的复用技术，即将复用信道每帧的时间分成n个时隙（一帧中占据一个特定位置的时间片段），然后将时隙以某种方式分配给多路信号占用。它是一种按照时间区分信号的方法，只要发送端和接收端同步地切换所连接的设备，就能保证各路设备共用一条信道进行相互通信而且彼此互不干扰。时分多路复用的原理如图2.6所示。

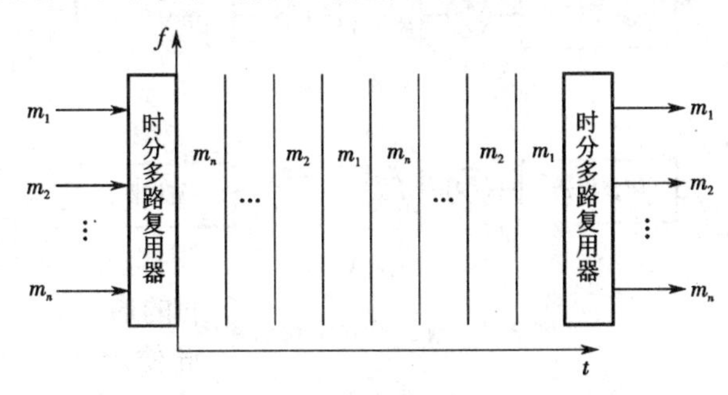

图2.6　时分多路复用的原理图

图中，n路信号接到一条公用信道上，发送端的时分多路复用器按照一定的次序轮流地给各个设备分配一段使用公用信道的时间。当轮到某个设备使用信道来传输信号时，该设备就与公用信道在逻辑上连接起来，而其他任何设备与公用信道的逻辑联系暂时被切断，待指定的通信设备占用信道的时间一到，则时分多路复用器将信道切换给下一个被指定的设备,依次循环工作。在接收端,时分多路复用器与发送端时分多路复用器保持同步,这样就能保证对于每一个输入流 $m(t)$ 有一个完全相对应的输出。

时分多路复用的主要优点是不存在保护频带,可有效地提高信息传输效率;信道占用频带窄,容量大。其主要缺点是通信双方时隙必须严格保持同步。

时分多路复用是一种数字复用技术,需要首先将模拟信号经过 PCM 调制后变为数字信号,然后进行时分多路复用,每路信号在属于自己的时间片中占用传输介质的全部带宽。

3. 波分多路复用

波分多路复用(WDM)本质上是光域上的频分复用(FDM)技术,为了充分利用单模光纤低损耗区带来的巨大带宽资源,WDM 将光纤的低损耗窗口划分成若干个信道,每一信道占用不同的光波频率(或波长),在发送端采用波分复用器(合波器)将不同波长的光载波信号合并起来送入一根光纤进行传输。在接收端,再由一波分复用器(分波器)将这些由不同波长光载波信号组成的光信号分离开来。由于不同波长的光载波信号可以看作互相独立的(不考虑光纤非线性时),在一根光纤中可实现多路光信号的复用传输。

在模拟通信的频分复用中,为提高信道利用率,各路信号所占用的频段都相隔很近。而在 WDM 通信系统中,由于光器件技术达不到要求,采用类似模拟通信中频分复用那样密集的光频分复用技术还不够成熟。因此,人们只能选用在同一波长窗口中,每个信道波长间隔较小的波分复用,即在 1 550 nm 波长区段选用每波道相差 1.6 nm、0.8 nm 或 0.5 nm 甚至更小的间隔,相当频率间隔相差 200 GHz、100 GHz 或频带间隔更窄的多波道复用。由于频率过高不便表示,因此采用波长来代表每一信道。我们称在一个波长窗口下的多波道复用为密集型波分复用(DWDM)。目前阶段,WDM 即指 DWDM 技术。

密集型波分复用的基本结构形式主要有两种:双纤单向传输和单纤双向传输。

(1)双纤单向传输

双纤单向传输指收、发各占用一根光纤,光信号在一根光纤中沿同一方向传送,如图 2.7 所示。双向采用的波长是一致的,即收、发采用同一波长工作。

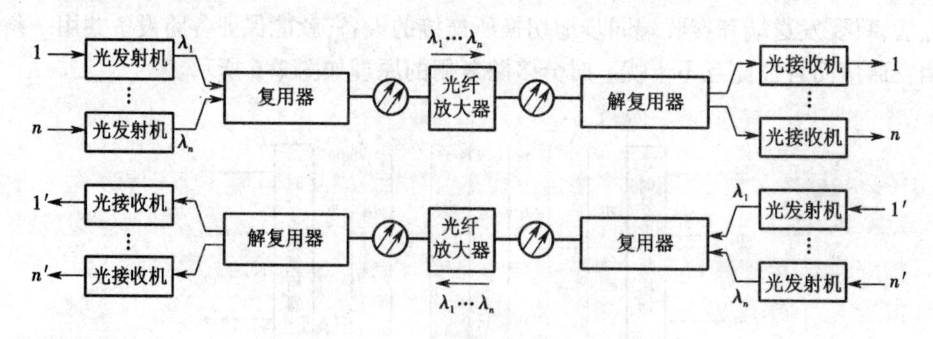

图 2.7 双纤单向传输示意图

(2)单纤双向传输

单纤双向传输指收、发占用同一根光纤,收、发光信号在同一根光纤中沿相反方向传送,如图 2.8 所示。双向采用的波长不相同,即收、发采用不同波长工作。

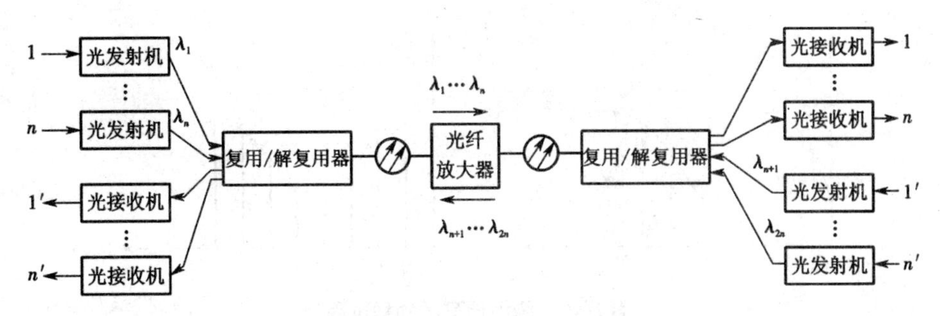

图2.8　单纤双向传输示意图

2.3　数字通信技术

2.3.1　数字通信过程

目前,将模拟信号转换为数字信号的方法有多种,最基本的是脉冲编码调制(PCM)、差值编码(DPM)、自适应差值编码(ADPM)和典型的增量调制(DM)。其中脉冲编码调制(PCM)是实现模拟信号数字化最基本、最常用的一种方法。PCM数字通信过程如图2.9所示。

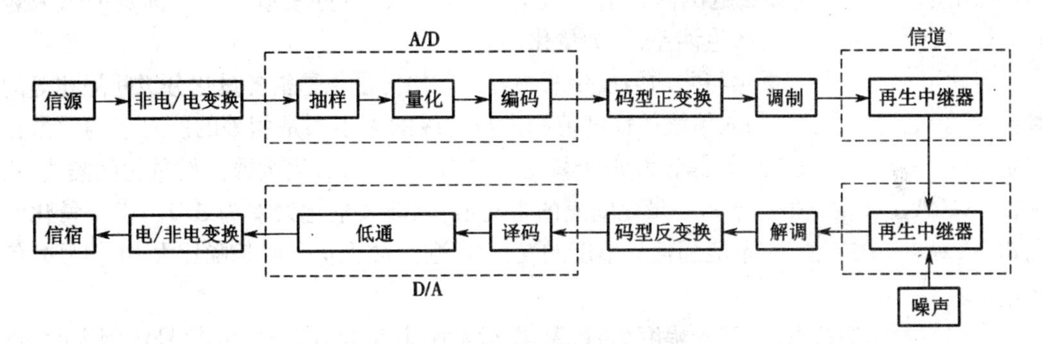

图2.9　PCM数字通信过程示意图

由图2.9可以看出,PCM数字通信过程主要包括三大部分:第一部分是发送端的模/数变换,其中有抽样、量化和编码等过程;第二部分是信道,包括信道传输和再生中继;第三部分是接收端的数/模变换部分,主要指再生中继、解码和低通滤波(平滑)过程。

1.发送端的模/数变换

(1)抽样

模拟信号数字化的第一步是在时间上对信号进行离散化处理,即将时间上连续的信号处理成时间上离散的信号,这一过程称之为抽样。如图2.10所示,对于某一时间连续信号$f(t)$,仅取$f(t_0)$,$f(t_1)$,$f(t_2)$…各离散点数值就变成了时间离散信号。这个取时间连续信号离散点数值的过程就叫作抽样。

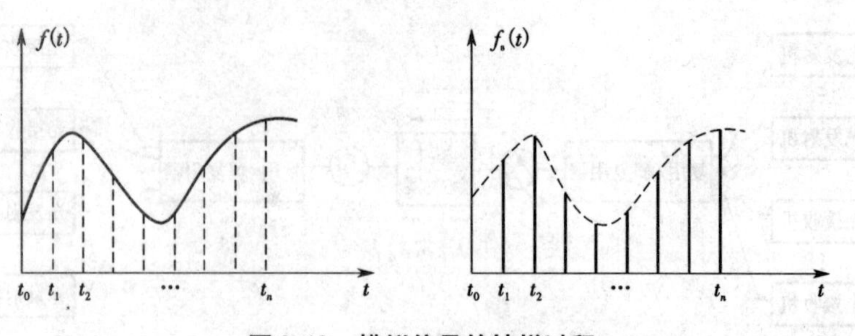

图 2.10 模拟信号的抽样过程

理论和实践证明,设时间连续信号为 $f(t)$,其最高截止频率为 f_M。如果要从抽样后得到的样值序列无失真地恢复原时间连续信号,其抽样频率应选为 $f_s \geqslant 2f_M$。这就是著名的奈奎斯特抽样定理,简称抽样定理。

语音信号的最高频率限制在 3 400 Hz,这时满足抽样定理的最低抽样频率应为 f_s = 6 800 Hz,为了留有一定的防卫带,原 CCITT 规定语音信号的抽样频率为 f_s = 8 000 Hz,这样,留出 8 000 Hz - 6 800 Hz = 1 200 Hz 作为防卫带,信号的抽样周期 $T = 125$ μs。

(2)量化

由于抽样后的样值序列的幅度仍然是连续的,还要采用量化的办法,将其变换成幅度离散的样值序列。具体的定义是,将幅度域连续取值的信号在幅度域上划分为若干个分层(量化间隔),在每一个分层范围内的信号值用"四舍五入"的办法取某一个固定的值来表示。这一近似过程一定会产生误差,称为量化误差。

量化可以分为均匀量化与非均匀量化两种方式。均匀量化是指各量化分级间隔相等的量化方式,也就是在整个输入信号的幅度范围内量化级的大小都是相等的。对于均匀量化则是将 $-U \sim +U$ 范围内均匀等分为 N 个量化间隔,则称 N 为量化级数。设量化间隔为 Δ,则 $\Delta = 2U/N$。如量化值取于每一量化间隔的中间值,则最大量化误差为 $\Delta/2$。由于量化间隔相等,为某一固定值,它不能随信号幅度的变化而变化,故大信号时信噪比大,小信号时信噪比小。

非均匀量化的特点是:信号幅度小时,量化间隔小,其量化误差也小;信号幅度大时,量化间隔大,其量化误差也大。采用非均匀量化可以改善小信号的量化信噪比。实现非均匀量化的方法之一是采用压缩扩张技术。压缩特性是:在最大信号时,其增益系数为 1,随着信号的减小,增益系数逐渐变大。信号通过这种压缩电路处理后就改变了大信号和小信号之间的比例关系,大信号时比例基本不变或变化较小,而小信号则相应按比例增大。目前我国使用的是 A 律 13 折线特性。具体实现的方法是:对 x 轴在 0 ~ 1(归一化)范围内以 1/2 递减规律分成 8 个不均匀段,其分段点分别是 1/2,1/4,1/8,1/16,1/32,1/64,1/128。对 y 轴在 0 ~ 1(归一化)范围内以均匀分段方式分成 8 个均匀段,其分段点是 1/8,2/8,3/8,4/8,5/8,6/8,7/8 和 1。将 x 轴和 y 轴对应的段线在第一象限上的相交点相连接的折线就是有 8 个线段的折线,如图 2.11 所示。图中第一段和第二段折线的斜率相同,即图中实际有 7 段折线。再加上第三象限部分的 7 段折线,共 14 段折线,由于第一象限和第三象限的起始段斜率相同,所以共 13 段折线。这便是 A 律 13 折线压缩扩张特性。

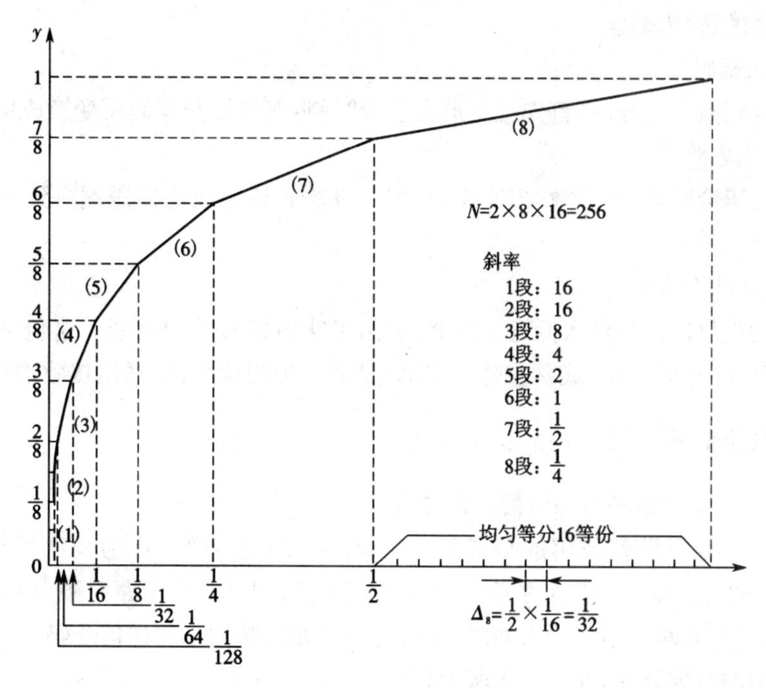

图 2.11　A 律 13 折线

(3)编码

编码是把抽样并量化的量化值变换成一组(8 位)二进制码组。此信号称为脉冲编码调制信号,即 PCM 信号。从概念上讲,编码过程可以用天平称某一物体重量的过程类比。

对于一个数字话路来说,每秒钟抽取 8 000 个样值,每个样值编为 8 位二进制代码,则每一话路的数码率为 8 ×8 000 =64 000 bit/s。

2. 信道及再生中继

(1)信道传输的码型

PCM 编码后输出的是单极性不归零码(NRZ),这种码序列的频谱中含有丰富的直流成分和较多的低频成分,不适合直接送入变压器耦合的有线信道。而双极性归零码(RZ)具有直流分量小、占用频带窄等优点,适合在金属导线上传输。所以信道上传输的 PCM 信号,需由 NRZ 码变换成 RZ 码。

(2)再生中继

PCM 数字信号在信道上传输的过程中会受到衰减和噪声干扰的影响,使得波形失真。而且随着通信距离的加长,接收信噪比下降,误码增加,跳质量下降。因此,在信道上每隔一段距离就要对数字信号波形进行一次“修整”,再生出与原发送信号相同的波形,然后再进行传输。

由前一个再生中继站送出的双极性归零数字信号码,经线路传输后波形幅度减小且有失真。再生中继器从收码中提取定时时钟信号,并按波形规定的时刻进行判决,凡是达到门限电平值时判为 +1 或 -1,达不到门限值时均判为 0,从而再生出前站的波形,继续向下一站传送,这就是再生中继的过程。

3. 接收端的数/模转换

(1)再生、解码

接收端收到数字信号后,首先经整形再生,然后将双极性归零码反变换成单极性不归零码,再送至解码电路。

解码与编码恰好相反,是数/模变换,它把二进制码还原成与发送端一致抽样后的量化值近似的重建信号。

(2)低通滤波(平滑)

解码后的量化值信号送入低通滤波器,输出量化值信号的包络线。这包络线与原始的模拟信号极其相似,即还原(或称重建)为原始话音的模拟信号,发送给接收端用户。

2.3.2 PCM 30/32 系统简介

1. PCM 30/32 系统的时隙分配和帧结构

我国的时分复用设备采用的是典型的 PCM 30/32 路系统,称为一次群或基群。PC-MPCM 30/32 的含义是指把整个系统分为 32 个路时隙,其中 30 个路时隙分别用来传送 30 路话音信号,一个路时隙用来传送帧同步码,另一个路时隙用来传送信令码。PCM 30/32 路系统帧结构中的时隙分配如图 2.12 所示。

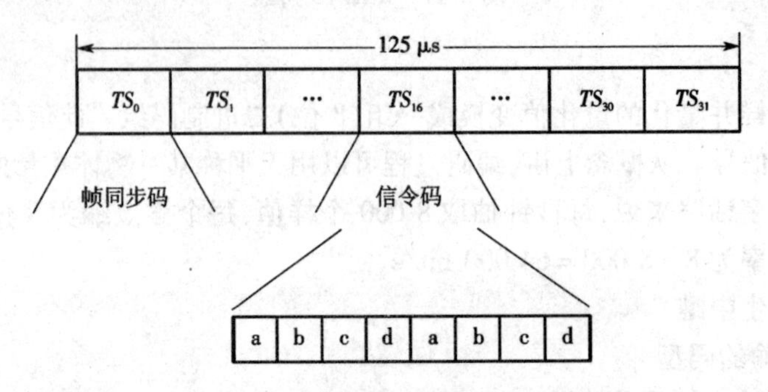

图 2.12 PCM 30/32 路系统帧结构中的时隙分配示意图

从图中可以看出,PCM 30/32 的每一帧占用的时间是125 μs,每帧的频率为8 000 帧/s。一帧包含 32 个时隙,其编号为 TS_0, TS_1, TS_2, …, TS_{31},则每一路时隙所占用的时间为 3.9 μs,包含 8 bit,则 PCM 30/32 路系统的总数码率 f_b = 2 048 kbit/s,而每一路的数码率为 64 kbit/s。

2. PCM 30/32 设备在市话通信中的应用

PCM 30/32 路设备最初用于市话中继线的扩容。现用的模拟电话网,一个话路占用一对中继线,若拿出两对中继线开通一套 PCM 30/32 路系统,在这两对线上就可以同时传送 30 个话路,线路的利用率为原来的 15 倍。显然同样的方法也可以用于其他方面,以提高线路利用率。

2.3.3 数字复接

1. 数字复接及码速调整

为了充分发挥长途通信线路的效率，一般会把若干个小容量的低速数字流以时分复用的方法合并成一个大容量的高速数字流再传送，传送到对方后再分开，这就是数字复接。数字复接是解决 PCM 信号由低次群到高次群合成的技术。

数字复接系统包括数字复接器和数字分接器。数字复接器是把两个或两个以上支路的数字信号按时分复用方式合并成为单一的合路数字信号的设备。数字分接器是把一个合路数字信号分解为原来支路数字信号的设备。数字复接和分接设备构成如图 2.13 所示。

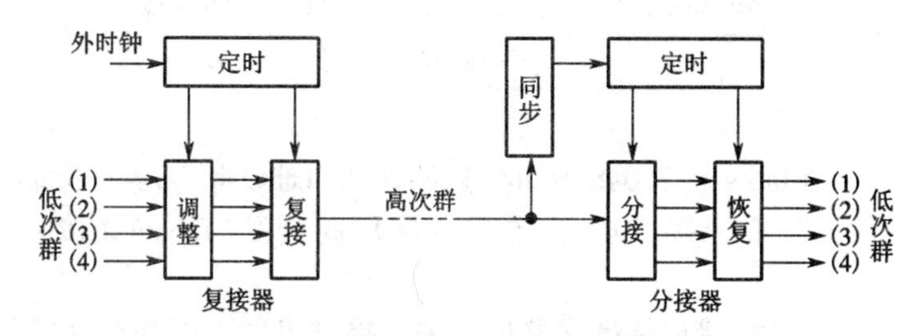

图 2.13　数字复接和分接设备构成图

复接方式有按位复接、按帧复接和按路复接三种方式。从总体上说，复接方法有两种：同步时钟复接和异步时钟复接。

如果被复接支路的时钟都是由同一个主振荡源所供给的，这时的复接就是同步时钟复接。在同步时钟复接中，各被复接信号的时钟源是同一个，所以可保证各支路的时钟频率相等。

异步时钟复接也叫准同步复接，指的是参与复接的各支路码流时钟不是出于同一时钟源。对异源基群信号的复接首先要解决的问题就是使被复接的各基群信号在复接前有相同的数码率，这一过程叫作码速调整。

2. 准同步数字复接系列（PDH）

原 CCITT 推荐了两类准同步数字复接系列。日本和北美等国家和地区采用24 路系统，即以 1.544 Mbit/s 作为一次群（基群）的数字速率系列；中国和欧洲等国家和地区采用 30/32 路系统，即以 2.048 Mbit/s 作为一次群的数字速率系列，如表 2.1 所示。从表中可以看出，24 路高次群和低次群之间没有固定的整数比，而 30 路系列高次群和低次群之间都是 4 倍关系。

中国和欧洲使用的复接系统中，二次群是由 4 个一次群复接而成的，但 8.448 Mbit/s > 4 × 2.048 Mbit/s，这是因为各支路标称的 2.048 Mbit/s 都是有一定误差的，实际并不完全相同。在复接之前进行速率调整，4 个支路的速率统一为同一时钟上的 2.112 Mbit/s，并嵌入帧同步码标志，然后进行真正的同步复接。

随着现代通信网的发展和用户要求的日益提高，PDH 暴露出以下几个问题，难以适应长距离和大容量数字业务的发展，难以满足网络控制和管理的需要。

表 2.1 准同步数字复接系列(PDH)

地区(国家)	一次群(基群)	二次群	三次群	四次群
北美	24 路	96 路	672 路	4 032 路
	1.544 Mbit/s	(24×4)	(96×7)	(672×6)
		6.312 Mbit/s	44.736 Mbit/s	274.176 Mbit/s
日本	24 路	96 路	480 路	1440 路
	1.544 Mbit/s	(24×4)	(96×5)	(480×3)
		6.312 Mbit/s	32.064 Mbit/s	97.728 Mbit/s
欧洲 中国	30 路	120 路	480 路	1920 路
	2.048 Mbit/s	(30×4)	(120×4)	(480×4)
		8.448 Mbit/s	34.368 Mbit/s	139.264 Mbit/s

1)国际上 1.544 Mbit/s 和 2.048 Mbit/s 这两种系列难以兼容,给国际联网带来困难。

2)没有世界性的标准光接口规范,导致各国厂商开发的不同光接口无法在光路上互通。

3)从组网角度看,PDH 难以从高次群信号中直接分出低次群甚至基群的信号,因此对中继站上、下话路很不方便。

4)现有的 PDH 各级帧结构所预留的少量比特已经不能适应网络控制和管理的需要以及发展的要求。

3. 同步复接数字系列(SDH)

SDH 技术有一系列标准速率接口,其标准速率 STM-1 为 155.520 1 Mbit/s。对于 STM-1 以上的更高速率都采用正好 4 倍的关系,即 STM-4 为 622.080 4 Mbit/s、STM-16 为 2 488.321 6 Mbit/s。

同时 SDH 允许接入各种不同速率的 PDH 信号、B-ISDN 和 ATM 信号。由于各种支路信号间存在一定的差异,为了实现同步复用,在形成 STM-1 速率信号时,需要进行适配。我国的 SDH 基本复用映射结构如图 2.14 所示。

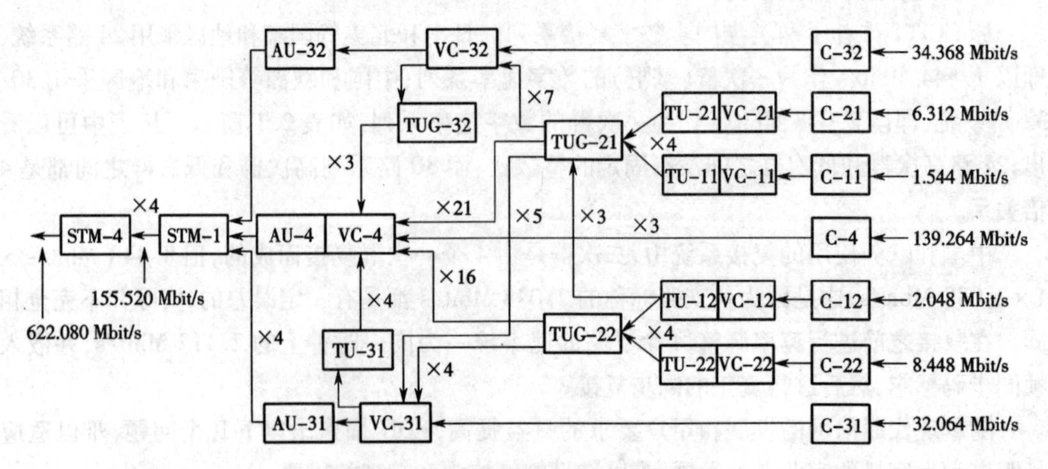

图 2.14 SDH 基本复用映射结构示意图

在 STM－1 中，可以映射 1 条 140 Mbit/s 或 3 条 34 Mbit/s 或 63 条 2 Mbit/s 信号。

图 2.14 中 C－4、C－12 等是标准容器，是一种信息结构，分别用来接收 PDH 系列不同速率的支路信号，完成速率适配等功能。可以理解信息容器 C 是一个接口，在上述标准容器基础上，再加上用于通道维护管理的比特后，即构成了相应的虚容器 VC。数字流接着进入支路单元 TU，我们可以理解 TU 是一个设备实体。一般而言，要进行码速调整，在 TU 之上，还可设置支路单元组 TUG。对于高阶 VC 再加上管理指针组成管理单元 AU。

相比于 PDH 的条状帧格式，SDH 的帧格式是页面帧。帧周期同样是 125 μs，如图 2.15 所示。其中，SOH 是段开销，POH 是通过维护开销，AU-PTR 是管理单元指针。

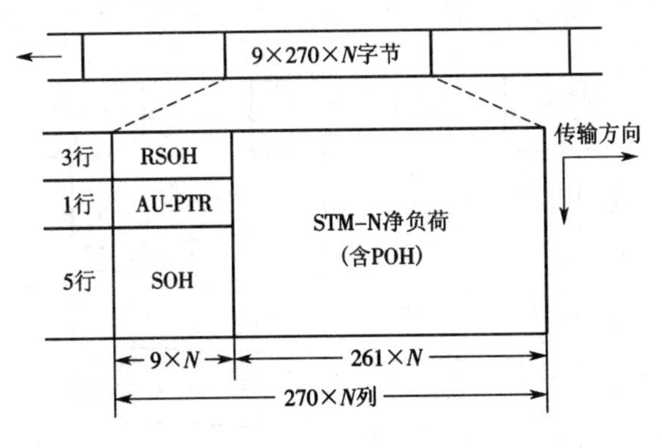

图 2.15　SDH 帧结构

SDH 帧格式是由纵向 9 行、横向 270 × N 列的 8 bit 字节组成的码块，故帧长为 $9 \times 270 \times N \times 8 = 19\ 440 \times N$ bit，传送速率为 $9 \times 270 \times N \times 8 \times 8\ 000 = 155.520 \times N$ Mbit/s。字节的传输从左到右按行进行，从上往下。

SDH 主要有以下优点。

1）把世界上现在并存的两种数字系列融合在统一的标准之中，在 STM－1 等基础上得到统一，实现数字通信传输体制上的世界性标准。

2）采用数字复接，适应交换技术的发展。

3）页面帧格式，安排了丰富的用于维持管理的比特，便网络的维护管理能力大大加强。

2.4　现代交换技术

为了进行通信，需要将通信双方的终端用传输信道连接起来。要使多个用户所使用的点对点通信系统构成通信网，必须在用户终端之间的适当位置上设立交换局及相应的交换设备。交换水平的高低、质量的优劣从某种程度上讲，决定着整个通信网通信质量的优劣和高低。常用的交换技术按局内处理信号的方式可分为电路交换、分组交换。

2.4.1 电路交换

1. 电路交换的概念

电路交换(Circuit Switching)是在通信网中任意两个或多个用户终端之间建立电路暂时连接的交换方式,暂时连接独占一条电路并保持到连接释放为止。

利用电路交换进行数据通信或电话通信必须经历三个阶段:建立电路阶段、传输数据或语音阶段和释放电路阶段,如图2.16所示。在一次连接中,电路资源预分配给一对用户使用,不管电路上是否有信息在传输,电路一直被占用着,直到通信双方有一方要求拆除电路连接为止。

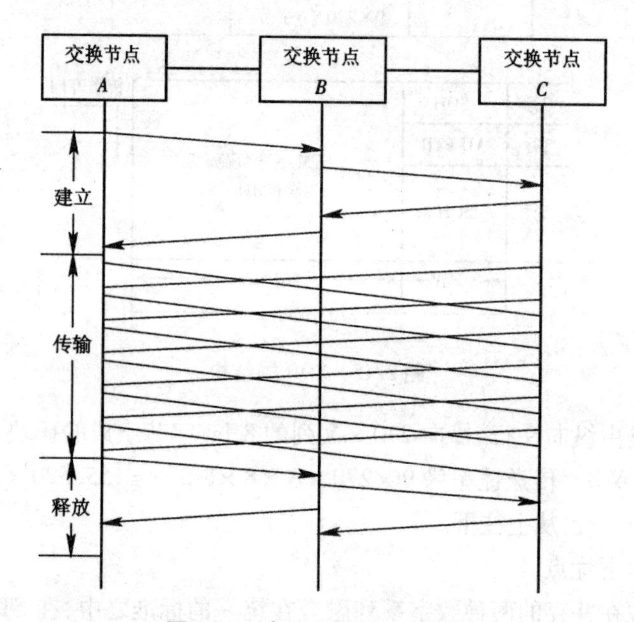

图2.16 电路交换的三个阶段

电路交换主要具有以下优点。

1)信息传输时延小。

2)电路交换可提供一次性无间断信道。当电路接通以后,用户终端面对的是类似于专线电路,交换机的控制电路不再干预信息的传输,也就是给用户提供了完全"透明"的信号通路。在这种"透明"通路中传输,交换机对它不进行存储、分析和处理,因此交换机的处理开销少。另外,传输用户信息时,不必附加用于控制的专门信息,传输效率较高。

3)对数据信息的格式和编码类型没有限制。

电路交换同时具有以下缺点。

1)电路的接续时间较长。

2)电路利用率低,特别是在信息业务量小的情况下,电路资源浪费严重。

3)通信双方在通信规程等方面必须兼容,这不利于在不同类型的用户终端之间实现互通。

4)在进行信息传送时,通信双方必须皆处于激活可用状态,而且通信双方之间的通信资源必须可用。当一方用户忙或网络负载过重时,可能会出现呼叫不通的现象,这种现象称之为呼损。

电路交换可分为模拟电路交换和数字电路交换。早期的步进制交换机和纵横制交换机采用模拟电路交换方式,称为模拟交换机;程控数字交换机采用数字电路交换方式,称为数字交换机。

2. 程控数字交换机的组成

程控数字交换机由硬件系统和软件系统两大部分组成。

(1)程控数字交换机的硬件结构

数字程控交换机的硬件结构可分为话路子系统和控制子系统两部分,如图2.17所示。话路子系统包括用户模块、远端用户模块、数字中继、模拟中继、信令设备、数字交换网络等部件。控制子系统包括中央处理器、存储器、外围设备和远端接口等部件。硬件系统通过执行软件系统来完成规定的呼叫处理、维护和管理等功能。

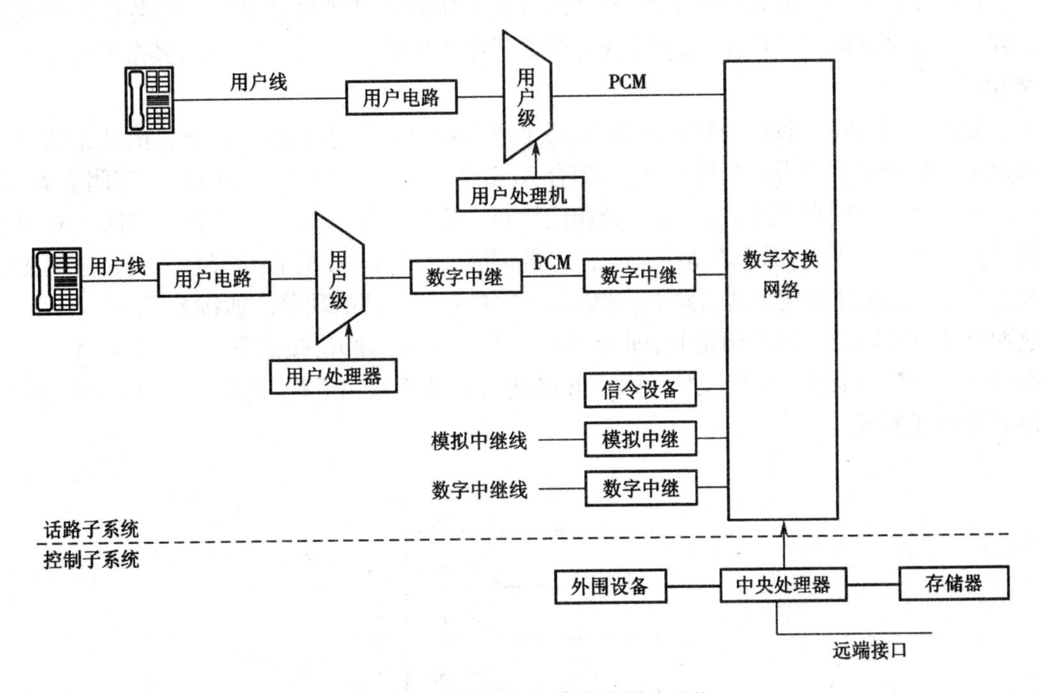

图2.17　程控数字交换机的硬件结构

(2)程控数字交换机的软件结构

运行软件又称联机软件,是指存放在交换机处理机系统中,对交换机的各种业务进行处理的程序和数据的集合。根据功能不同,运行软件系统又可分为操作系统、处理机系统和应用软件系统三部分,如图2.18所示。

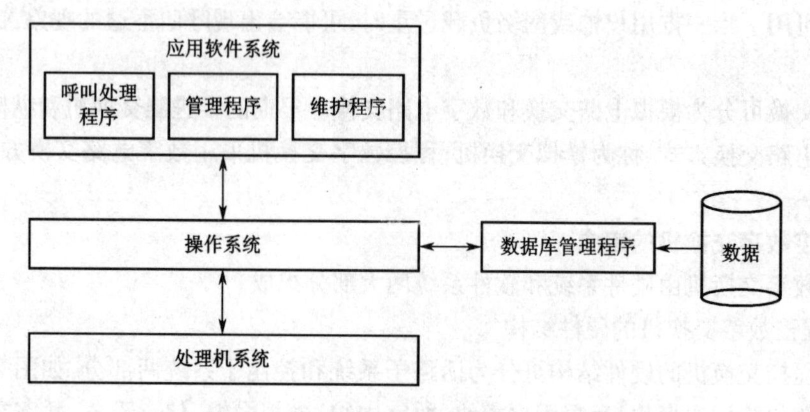

图 2.18　程控数字交换机的软件结构

3. 程控数字交换机的交换原理

现代交换机中普遍采用的是时分接续方法,其主要特点是将许多用户经各自的接点复接到一个公共话路上。在任一瞬间,接到公共话路上的接点只能闭合一对,其余的接点都呈断开状态。

如图 2.19 所示,假设共有 n 个用户,每个用户经过自己独用的一副开关接点连到公共话路上。如用户 1 和用户 2 要通话,应闭合 K_1 和 K_2;如用户 3 和用户 4 通话,应闭合 K_3 和 K_4。即任意一对用户要通话,只需闭合相应接点。但用户 1 和 2,3 和 4 若要在同一时间都通话而又不互相干扰,那么在 K_1 和 K_2 闭合的同时,又将 K_3 和 K_4 闭合显然不行。这将使用户 1 和 2,3 和 4 都连到公共话路上,形成四个用户互相通话的现象。如将 K_1 和 K_2,K_3 和 K_4 这两对接点的闭合时间互相错开,即 K_1 和 K_2 闭合时,K_3 和 K_4 接点不闭合;或 K_3 和 K_4 闭合时,K_1 和 K_2 不闭合,那么这两对用户既能通话而又不互相干扰,只要接点在时间上按顺序依次错开即可。

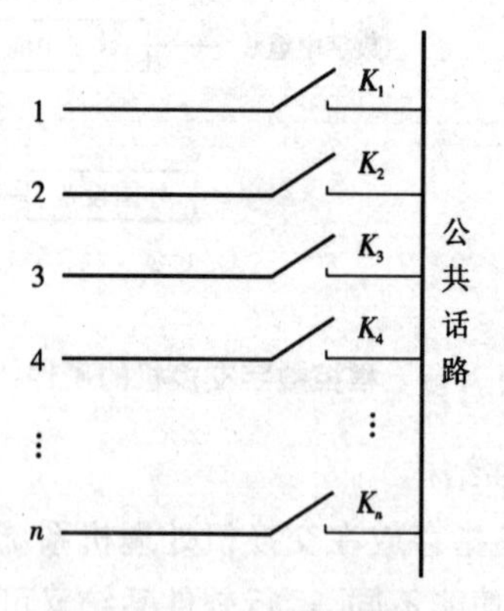

图 2.19　用户终端连接

具体来讲,在程控数字交换机中,交换功能是由交换网络在控制系统的控制下完成的。程控数字交换机的交换原理如图 2.20 所示。

每个用户都占用一个 PCM 系统的一个固定的时隙,用户的话音信息就装载在这个时隙之中。例如在图中的甲、乙两个用户,甲用户的发话信息或受话信息都是固定使用 PCM1 的时隙 10(TS10),而乙用户的发话信息或受话信息都是固定使用 PCM2 的 TS20。

当两用户要建立呼叫时,就要根据两用户所使用的 PCM 线号和时隙号,在交换网络的内部建立通路,使用户信息从网络入端沿着已建立的通道流向网络出端完成交换。交换网络的内部通路被称为连接,对连接的控制是通过一张叫作“转发表”的表格实现的。

如图 2.20 所示,当这两个用户互相通话时,甲用户的话音信息 a 在 TS10 时隙的时候由 PCM1 送至数字交换网络,数字交换网要按照输入 PCM 线号和时隙号查转发表,得到输出端的 PCM 线号和时隙号:PCM2 的 TS20,数字交换网络就将信息 a 交换到 PCM2 的 TS20 时隙上,这样在 TS20 时隙到来时,就可以将 a 取出送至乙用户。同样的,乙用户的话音信息 b 也必须在 TS20 时隙时由 PCM2 送至数字交换网络,数字交换网络将其交换到 PCM1 的 TS10 时隙上,而在 TS10 时隙到来时取出 b 送至甲用户,这样就完成了两用户之间的信息的交换。

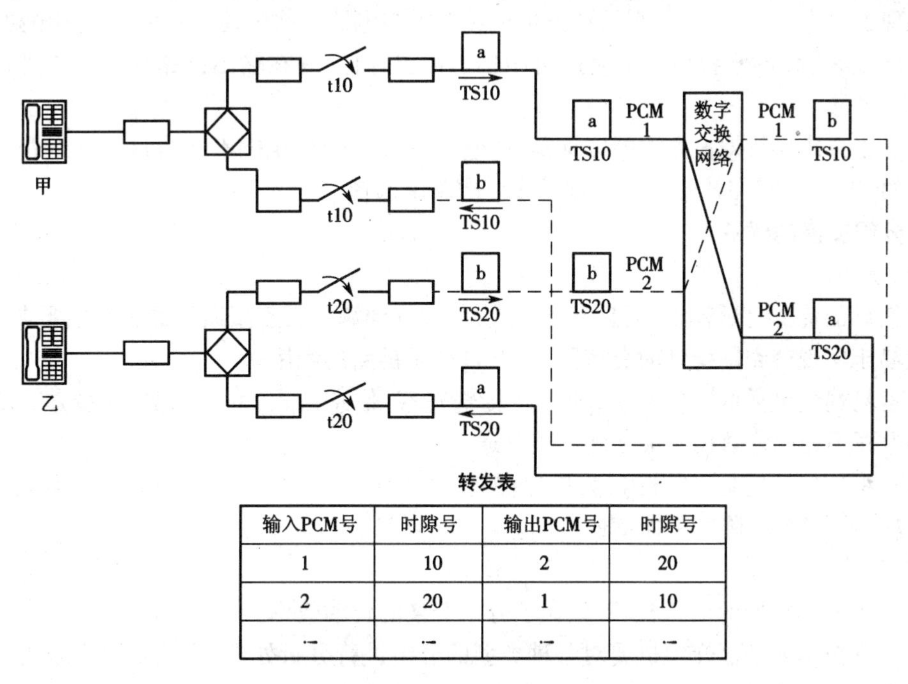

输入PCM号	时隙号	输出PCM号	时隙号
1	10	2	20
2	20	1	10
…	…	…	…

图 2.20　程控数字交换机的交换原理

2.4.2　分组交换

分组交换是为既能保持较高的信道利用率又能快速响应通信需求提出来的,它在形式上仍采用“存储—转发”技术。分组交换将所要传送的一份较长的报文分解成若干固定长度的“段”,每一段报文应加上交换时所需要的呼叫控制信息、差错控制信息、地址信息等,形成一个规定格式的交换单位。这个规定格式的交换单位通常称为“报文分组”,简称“分组”或“数据包”。

分组作为一个独立的实体,既可断续地传送,也可经不同的传输路径来传送。由于分组长度固定且较短,又具有统一格式,这样就便于交换机存储、分析和快速转发。

1. 分组交换的方式

在分组交换中,为了控制和管理通过交换网的“分组”流,目前主要采用两种方式:数据报方式和虚电路方式。

(1)数据报方式

数据报是指自带寻址信息的独立数据分组。数据报方式中,每个分组作为一个独立的信息实体,每个分组在交换机中以尽快传送出去为目的,送往下一个交换机,不需要接收端作任何响应。因此各个数据分组就可能根据通信网中信息流量分布的不同情况,经历不同的路径到达目的地。

(2)虚电路方式

在虚电路方式中,数据传送之前,必须先在源与目的地之间建立一条逻辑连接,即虚电路,然后各数据分组均沿着已经建立起来的虚电路交换信息。一旦交换结束,立即拆除连接。

从现象上来看,传送各分组的这条虚电路似乎与电路交换中建立的那条专用电路一样,但从本质上来看,各分组在每个交换机中仍然需要存储,并在输出链路缓冲区中进行排队等待。

虚电路方式与数据报方式的区别是,虚电路方式下的交换机不必为每个分组作出通路(路由)选择,而只需在开始建立连接时作一次路由选择。

2. 分组交换的优缺点

(1)优点

1)信息的传输时延较小,而且变化不大,能较好地满足交互型通信的实时性要求。

2)易于实现链路的统计时分多路复用,提高了链路的利用率。

3)容易建立灵活的通信环境,便于在传输速率、信息格式、编码类型、同步方式或通信规程等方面不相同的数据终端之间实现互通。

4)经济性好。信息以“分组”为单位在交换机中进行存储和处理,节省了交换机的存储容量,提高了利用率,降低了通信的费用。

(2)缺点

1)由于网络附加的信息较多,影响了分组交换的传输效率。

2)实现技术复杂。交换机要对各种类型的分组进行分析处理,这就要求交换机具有较强的处理功能。

第3章　支撑网络

3.1　信令网

3.1.1　信令的基本概念

信令是终端和交换机之间以及交换机和交换机之间传递的一种信息，这种信息可以指导终端、交换系统、传输系统协同运行，在指定的终端间建立和拆除临时的通信通道，并维护网络本身的正常运行。传送信令要遵守一定的规约和规定，这些规约和规定就是信令方式，它包括具体信令的结构形式、信令在多段路由上的传送方式及控制方式等。信令系统是指为了完成特定的信令方式所使用的通信设备的集合。

以最简单的局间电话通信为例，其基本信令流程如图3.1所示。

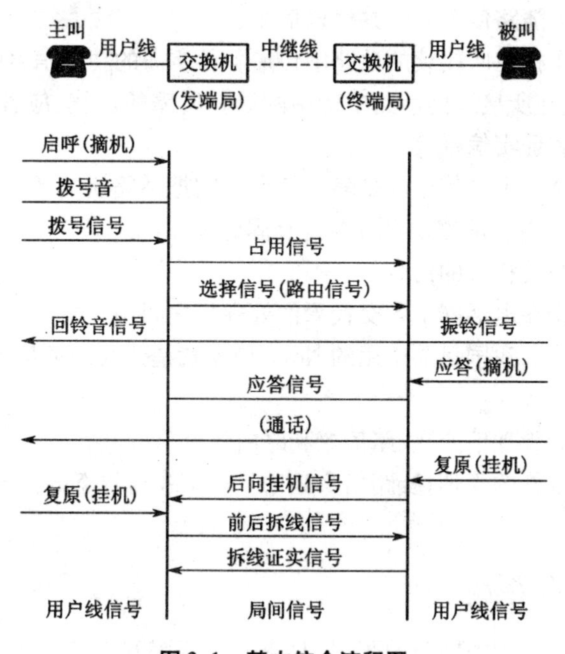

图3.1　基本信令流程图

1）当用户摘机时，用户摘机信号送到发端交换机。

2）发端交换机收到用户摘机信号后，立即向主叫用户送出拨号音。

3）主叫用户拨号，将被叫用户号码送给发端交换机。

4）发端交换机根据被叫号码选择局向及中继线，发端交换机在选好的中继线上向收端交换机发送占用信号，并把被叫用户号码送给收端交换机。

5)收端交换机根据被叫号码,将呼叫连接到被叫用户,向被叫用户发送振铃信号,并向主叫用户送回铃音。

6)当被叫用户摘机应答时,收端交换机收到应答信号,收端交换机将应答信号转发给发端交换机。

7)用户双方进入通话状态,这时线路上传送话音信号。

8)话终挂机复原,传送拆线信号。

9)收端交换机拆线后,回送一个拆线证实信号,一切设备复原。

3.1.2 信令的分类

1. 按工作区域划分

信令按工作区域可分为用户线信令和局间信令。

用户线信令是在用户终端与交换机之间的用户线上传送的信令。以常见的模拟用户线为例,用户线信令包括用户状态信令、选择信令和各种可闻音信令。用户线状态信令是指用户摘机、应答、拆线等信号;选择信令又称地址信令,是指主叫用户发出的被叫用户号码;各种可闻音信令是由交换机发送给用户的,包括振铃信号、回铃音、拨号音和催挂音等。

局间信令是在交换机与交换机之间的中继线上传送的信令。

2. 按使用信道划分

按信令信道可分为随路信令和公共信道信令。

随路信令方式就是指在所接续的话路中传递各种所需的功能信号的信令方式。具体地说,随路信令方式就是在所接续的话路中传递两局间所需的占线、应答、拆线等监视信令及控制接续的选择信令和证实信令等。

我国自行制定的中国1号信令就是随路信令。它把话路所需要的各种控制信号(如占线、应答、拆线、拨号等)由该话路本身或与之有固定联系的一条信令通路来传递,即用同一通路传送话音信息和与其相应的信令。

公共信道信令是指在电话网中各交换局的处理机之间用一条专门的数据通路来传送信令信息的一种信令方式。我国目前使用的No.7信令就是公共信道信令。

3. 按信令功能划分

按信令功能可分为管理信令、线路信令和路由信令。

管理信令用于信令网的管理;线路信令是用于表示线路状态的信号;路由信令是指被叫用户地址的信号。

3.1.3 No.7信令系统

我国在20世纪80年代中期开始了对No.7信令系统的研究、实施和应用。1990年原邮电部正式发布了以原CCITT蓝皮书建议为基础,结合我国电话网具体情况制定的《中国国内电话网No.7信令方式技术规范》(暂行规定),1993年12月发布了《No.7信令网技术体制》(暂行规定),1994年5月又正式发布了《中国国内电话网No.7信令方式测试规范和验收方法》(暂行规定)。

随着具有程控交换机的数字通信网的建立,我国No.7公共信道信令系统的应用显得越来越重要。可以将所有的No.7信令公共信道组成一个网络,称为信令网。No.7信令网是现代通信网一个十分重要的支撑网。

1. No.7 信令的特点

1)最适合采用64 kbit/s的数字信道,也适合模拟信道和较低速率下的工作。

2)多功能的模块化系统。可灵活地使用其整个系统功能的一部分或几部分,组成需要的信令网络。

3)具有高可靠性。能提供可靠的方法保证信令按正确的顺序传递而又不至于丢失和重复。

4)具有完善的信令网管理功能。

5)采用不定长消息信令单元的形式,以分组传送和明确标记的寻址方式传送信令消息。

2. No.7 信令系统结构

No.7 信令系统基本功能结构如图3.2所示。No.7 信令系统从功能上可以分为公用的消息传递部分(MTP)和适合不同用户的独立的用户部分(UP)。消息传递部分的功能是作为一个公共传递系统,在相对应的两个用户部分之间可靠地传递信令消息,只负责传递,并不处理。用户部分则是使用消息传递部分传送能力的功能实体。目前CCITT建议使用的用户部分主要有:电话用户部分(TUP)、数据用户部分(DUP)、综合业务数字网用户部分(ISUP)、信令连接控制部分(SCCP)、移动通信用户部分(MAP)、事务处理能力应用部分(TCAP)、操作维护应用部分(OMAP)及信令同维护管理部分。

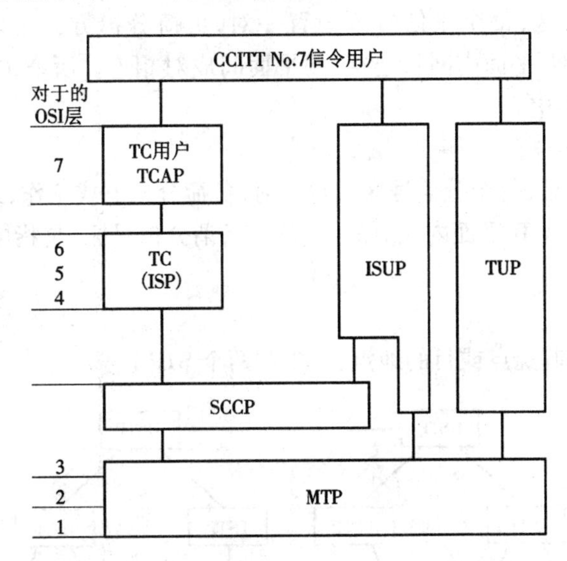

图3.2　No.7 信令系统基本功能结构图

其中消息传递部分MTP分成三个功能级。

第一级为信号数据链路功能级,该功能级规定了信令数据链路的物理、电气和功能特性确定与数据链路连接的方法。

第二级为信号链路功能级,该功能级规定了在一条信令链路上,消息传递和与传递有关的功能和程序。第二级和第一级的信令数据链路一起,为在两点间进行信令消息的可靠传递提供信令链路。

第三级为信号处理和信令网路管理功能级,该功能级原则上定义了传送消息所使用的消息识别、分配、路由选择及在正常或异常情况下信令网管理调度的功能和程序。

消息传递部分 MTP 的寻址能力有一定欠缺,当需要传送与电路无关的端到端信息时,MTP 则不能满足要求。为此,CCITT 在 1984 年和 1988 年进行了补充。在不修改 MTP 的前提下,通过增加信令连接控制部分 SCCP 来增强 MTP 的功能,并增加了事务处理能力部分 TCAP 来完成传送节点至节点的消息的能力。

3. No.7 信令网

No.7 信令网是指一个专门用于传送 No.7 信令消息的数据网,它由信令点(SP)、信令转接点(STP)以及连接它们的信令链路组成。

通信网中提供 No.7 信令功能的节点称为信令点(SP),信令点是 No.7 信令消息的起源点和目的地点。信令转接点 STP 是在信令网中将 No.7 信令消息从一个信令点转接到另一个信令点的信令消息转发功能节点。信令转接点 STP 又可以分成独立型和综合型,综合型既完成 SP 功能也完成 STP 功能。信令链路是指连接各个信令点,传送 No.7 信令消息的物理链路,由信令数据链路和信令终端组成。

我国 No.7 信令网采用三级结构:第一级为高级信令转接点(HSTP),是信令网的最高级;第二级为低级信令转接点(LSTP);第三级为信令点(SP)。No.7 信令网的三级结构如图 3.3 所示。

(1)HSTP

HSTP 对应主信号区,每个主信号区设置一对,负荷分担方式工作,采用独立型 STP。HSTP 采用 A,B 平面网,平面内网状连接,两平面间成对相连。所谓主信号区,是指电话网的一、二级(长途)交换中心。

(2)LSTP

LSTP 对应分信号区,每个分信号区设置一对,负荷分担方式工作,采用独立型 STP 或综合型 STP。LSTP 连至 A,B 平面内成对的 HSTP。所谓分信号区,是指电话网的三级(本地)交换中心。

(3)SP

SP 指信令消息的起源点或目的地点,至少和两个 STP 连接。

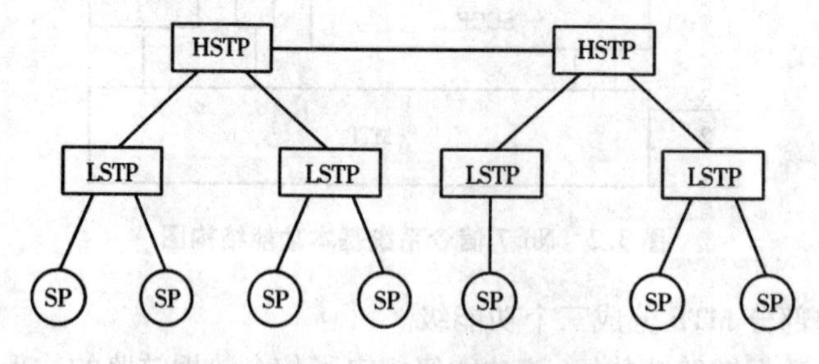

图 3.3 我国 No.7 信令网的三级结构

3.2 同步网

3.2.1 同步网的概念和分类

1. 同步网的概念

同步网是为通信网中所有通信设备的时钟(或载波)提供同步控制(参考)信号,以使它们同步工作在共同速率下的一个同步基准参考信号的分配网。

同步网的功能是准确地将同步信息从基准时钟传递给同步网的各节点,从而调节网中的各时钟,以建立并保持信号同步。

2. 同步网的分类

同步网分为数字同步网和模拟同步网,本节所讨论的是由基准时钟源、基准信号传送链路、大楼综合定时供给系统(BTS)和同步节点(时钟)等部分组成的数字同步网。

数字同步网可分为准同步网和全同步网两类。由具有相同标称频率的不同基准时钟相互比对的同步网称为准同步网。由单一基准时钟控制的同步网称为全同步网。

全同步网的同步方法分为主从控制法和互控制法。按结构形式,主从控制法又分为分级主从控制法和外基准时钟控制法。互控制法又分为单端互控法和双端互控法。大多数国家采用分级主从同步法。

国家与国家之间的通信网采用准同步法,以便各个国家的通信网既有相互独立工作的一面,又有相互统一的一面。

3.2.2 分级主从同步法

目前,世界上多数国家的国内数字网采用等级主从同步法,这在组网的灵活性、系统的复杂性、时钟费用、滑动性能、网络管理以及网络稳定性方面都是有利的。

图3.4所示的是一个等级主从同步网络拓扑结构。全网具有一个基准时钟,其他全部时钟相位锁定到基准时钟。网中的每一个时钟都被赋予一个等级,某一个等级的时钟只能向较低等级或同等级时钟传送同步信息以实现同步。

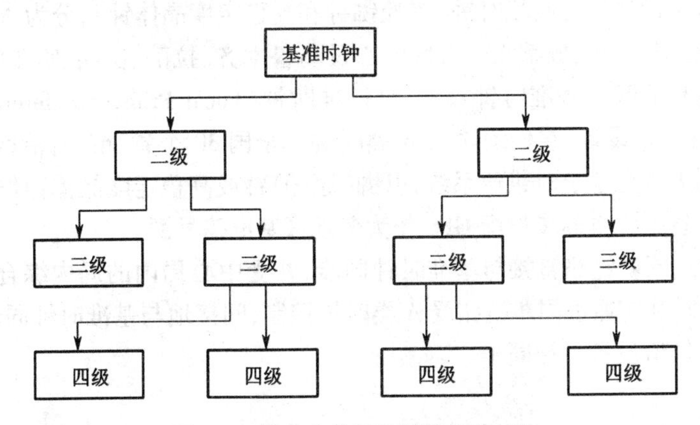

图3.4 等级主从同步网络拓扑结构

用来同步各交换机时钟的同步信息是由包含在数字信号中的时标来传递的，在数字交换机入口处由 2 Mbit/s 中提取 2 MHz 定时信号可以获得该信息，所以可以使用数字交换设备之间的数字传输链路传递同步信息，而不要求另设专门用于传输同步信息的链路。

为使同步网可靠地工作，在网中传送同步信息的同步链路应具有一个主用同步链路和至少一个备用同步链路。

3.2.3 我国同步网的组网方式及等级结构

我国数字网的网同步方式是分布式的、多个基准时钟控制的全同步网。国际通信时，以准同步方式运行，定时差错率可达 1×10^{-12}。全国数字同步骨干网网络组织如图 3.5 所示。组网的方式是采用多基准的全同步网方案。

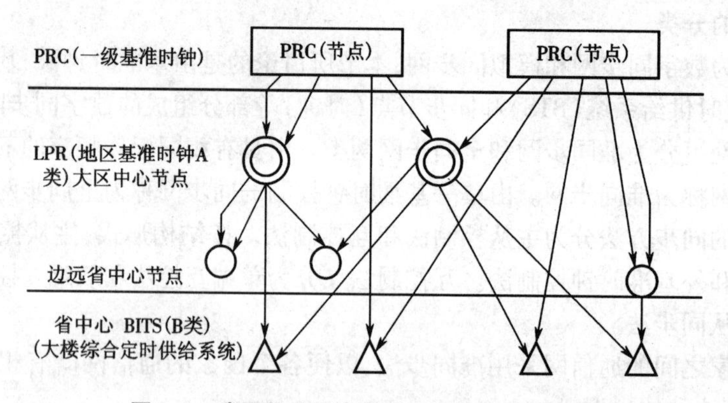

图 3.5 我国数字同步骨干网网络组织示意图

1. 第一级

第一级是基准时钟，由铯(原子)钟或 GPS 配铷钟组成。它是数字网中最高等级的时钟，是其他所有时钟的唯一基准。在北京国际通信大楼安装有三组铯钟，武汉长话大楼安装有两组超高精度铯钟及两个 GPS，这些都是超高精度的一级基准时钟(Primary Reference Clock，PRC)。

2. 第二级

第二级为有保持功能的高稳时钟(受控铷钟和高稳定度晶体钟)，分为 A 类和 B 类。上海、南京、西安、沈阳、广州、成都六个大区中心及乌鲁木齐、拉萨、昆明、哈尔滨、海口五个边远省会中心配置有地区级基准时钟，即二级标准时钟(Local Primary Reference，LPR)，此外还增配 GPS 定时接收设备，它们均属于 A 类时钟。全国 30 个省、市、自治区中心的长途通信大楼内安装的大楼综合定时供给系统，以铷(原子)钟或高稳定度晶体钟作为二级 B 类标准时钟。今后各省中心也逐步增配 GPS 作为各地区基准信号源。

A 类时钟通过同步链路直接与基准时钟同步，并受中心局内的局内综合定时供给设备时钟同步。B 类时钟应通过同步链路受 A 类时钟控制，间接地与基准时钟同步，并受中心内的局内综合定时供给设备时钟同步。

3. 第三级

各省间的同步网划分为若干个同步区，同步区是同步网的最大子网，可作为一个独立的实体对待，也可以接收与其相邻的另一个同步区的基准作为备用。

各省内设置在汇接局(TM)和端局(C5)的时钟是第三级时钟,采用有保持功能的高稳定度晶体时钟,其频率偏移率可低于第二级时钟,通过同步链路与第二级时钟或同等级时钟同步,需要时可设置局内综合定时供给设备。

4. 第四级

第四级时钟是一般晶体时钟,通过同步链路与第三级时钟同步,设置在远端模块、数字终端设备和数字用户交换设备当中。

3.3 电信管理网

3.3.1 电信管理网(TMN)的产生

网络管理的基本目标是提高网络的性能和利用率,最大限度地增加网络的可用性,改进服务质量和网络的安全性和可靠性,简化多厂商设备在网络环境下的互联、互通,从而降低网络的运营、维护、控制等成本。

电信网络的管理方法是随着电信网的发展而逐步发展起来的,这期间主要经历了两次变迁:从人工分散管理方式过渡到各专业网计算机集中管理方式;从各专业网计算机集中管理方式过渡到TMN综合管理方式。

人工分散管理方式指由维护管理人员以人工方式统计话务数据,根据网络的运营情况进行人工的电路调度,并定期向主管部门上报数据,而且这些工作也是分散在各交换局进行的。实际上,专门的网管机构并未建立,所能进行的管理是非常有限的,但满足当时简单的网络、单一的业务管理已经足够了。

随着20世纪70年代计算机技术的发展和程控交换机的广泛应用,自动化的、集中的管理方式应运而生。此时,数据的采集、分析报表的生成、电路的调配等均由计算机来完成,并且管理工作也不是在各交换局分散进行,而是由网络中专门的一个或几个网管中心负责,大型电信网的网管中心往往是分级设置的。在这一时期,由于电信网仍然是按专业分割,因此网络管理也是对不同的专业网分别进行集中管理,因而交换网、传输网、信令网、接入网、移动网等都各建有自己的管理系统。这些专业系统之间没有统一的管理目标和接口,很难实现管理信息的互通,当一个网络的故障造成其他关联网络产生故障或性能下降时,这种方式就很难解决这一问题。

进入20世纪80年代后期,为适应电信网综合化、智能化、标准化、宽带化的发展趋势以及未来业务发展的需要,ITU-T于1991年提出了对电信网实行统一综合维护管理的TMN的概念。ITU-T的TMN所倡导的首先是一种思想、一个框架,其次是管理者和被管理者之间的接口。其具体的功能将随电信技术的发展、用户需求的变化而改变;各通信实体之间数据的交换和处理方式也会随着计算机技术的发展而发展,这与TMN开放架构的原则是一致的。

3.3.2 TMN的总体介绍

1. 定义

ITU-TM.3010建议指出:TMN为异构的OS之间、OS与电信设备之间以及电信网之间的互联和通信提供了一个框架,以支持电信网、电信业务的动态配置和管理。它是采用具有标准协议和信息接口进行管理信息交换的体系结构。

TMN 的一个主要指导思想就是将管理功能与具体电信功能分离,使管理者可以用有限的几个管理节点管理分布网络中的电信设备。在设计时,则借鉴了 OS 方法和 OSI 网络管理已有的成果,如管理者/代理模型、MIB、被管对象等的使用。

TMN 与电信网的总体关系如图 3.6 所示。

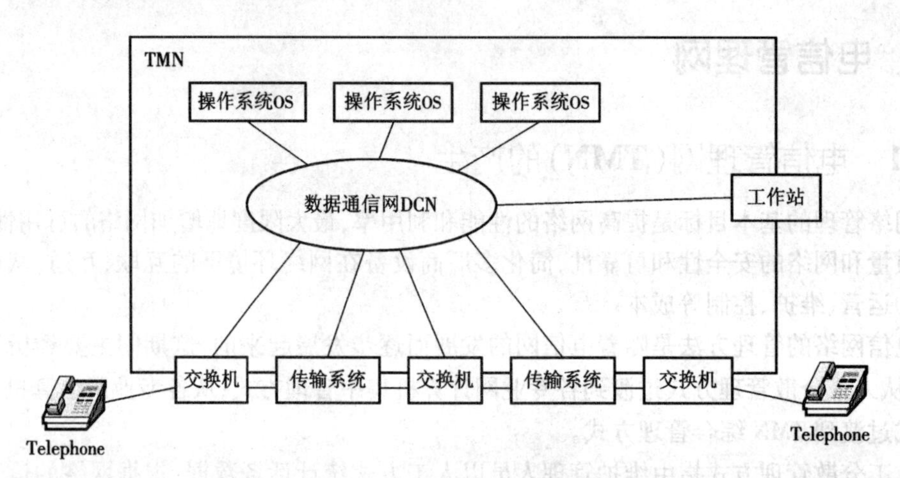

图 3.6 TMN 与电信网的总体关系

图 3.6 中操作系统 OS 代表实现各种网络管理功能的处理系统;工作站代表实现人机交互的界面装置;数据通信网 DCN 代表管理者与被管理者之间的数据通信能力,DCN 应配有标准的 Q3 接口,它可以采用 X.25、FR、ATM、DDN、IP 等方式实现 OSI 规定的第三层通信能力。

2. TMN 的管理功能

TMN 的管理功能基本上参照了 OSI 关于开放系统中管理功能的分类,并进行了适当的扩展以适应 TMN 的需要。它主要包括五大功能域:故障管理、账务管理、配置管理、性能管理、安全管理。表 3.1 对各功能域的主要功能作了简要的说明。

表 3.1 各功能域的主要功能

功能域	说 明
故障管理	允许对网络中不正常的运行状况或环境条件进行检测、隔离和纠正,如告警监视、故障定位、故障校正等
账务管理	允许对网络业务的使用建立记账机制,主要是收集账务记录、设立使用业务的计费参数,并基于以上信息进行计费
配置管理	配置管理涉及网络的实际物理结构的安排,主要实施对 NE 的控制、识别和数据交换以及为传输网增加和去掉 NE、通路、电路等操作
性能管理	提供有关通信设备状况、网络或网元通信效率的报告和评估,主要作用是收集各种统计数据以用于监视和校正网络、网元的状态和效能,并协助进行网络规划和分析
安全管理	提供授权机制、访问机制、加密机制、密钥机制、验证机制、安全日志等

3. TMN 的标准

与 TMN 相关的标准主要有 ITU - TM.3000 系列建议，它们定义了 TMN 的结构和标准接口，TMN 系列建议是基于已有的 OSI 标准和 OO 方法，与 TMN 相关的主要 OSI 协议标准如下。

1）CMIP（Common Management Information Protocol）：定义对等层之间管理业务的交互协议。

2）GDMO（Guideline for Definition of Managed Objects）：提供 TMN 中所需的被管对象的分类和描述模板，它是基于 ASN.1 的。

3）ASN.1（Abstract Syntax Notation One）：ISO 定义的国际标准的数据描述语言，ASN.1 定义了基本的数据类型，并允许通过基本的数据类型定义复杂的复合数据类型，通常用它来定义协议数据单元、被管对象数据类型和属性的描述等。

4）OSI RM（OSI Reference Model）：定义 OSI/RM 的七层模型。

4. TMN 的基本管理策略

TMN 采用 OO 方法（属性和操作），将相关网络资源的管理信息表示成被管对象的属性。

实现网络管理所需的管理信息以及提供和管理这些信息的规则，被称为管理信息库（Management Information Base，MIB）。

负责信息管理的进程就是管理实体，一个管理实体可以担任两个角色，即 Manager 和 Agent，进程之间通过 CMIP 协议发送和接收管理操作信息。

5. TMN 的体系结构

TMN 具有支持多厂商设备、可扩展、可升级和面向对象的特点，运营商可以通过它管理复杂的、动态变化的网络和业务，维护服务质量、扩展业务、保护旧有投资等。

TMN 要完成的目标决定了它的整个体系结构具有相当的复杂性，为易于理解和方便实现这样一个复杂的系统，ITU - TM.3000 系列建议从以下三个角度全面描述了 TMN 的结构，它们中的每一个都非常重要，并且它们之间是相互依赖的。

（1）信息结构

信息结构提供了描述被管理的网络对象的属性和行为的方法以及为了实现对被管对象的监视、控制、管理等目的，管理者和被管理者之间消息传递的语法语义，信息模型的说明主要采用 OO 方法。

（2）功能结构

功能结构主要用不同的功能块以及功能块之间的参考点说明了一个 TMN 的实现。

（3）物理结构

物理结构是对应功能结构的物理实现。在物理结构中，一个功能块变成一个物理块，参考点则映射成物理接口。其中 OS 是重要的一个物理块，它配置了实施各类管理操作的业务逻辑；最重要的接口是 Q3 接口（OS 与被管资源之间以及同一管理域内 OS 之间）和 X 接口（不同管理域 OS 之间）。

3.3.3 我国 TMN 的网络结构

TMN 的网络结构包含两方面的内容，即实现不同网络管理业务的 TMN 子网之间的互联方式和完成同一管理业务的 TMN 子网内部各 OS 之间的互联方式。至于采用何种网络结构,通常与电信运营公司的行政组织结构、管理职能、经营体制以及网络的物理结构、管理性能等因素有关。

我国电信运营企业组织结构大体上都分为三级,即总公司、省公司、地区分公司;同时网络结构也可粗略地分为全国骨干网、省内干线网、本地网三级。基于此,目前我国的特定业务网的管理网的网络结构一般都采用三级结构,如图 3.7 所示。

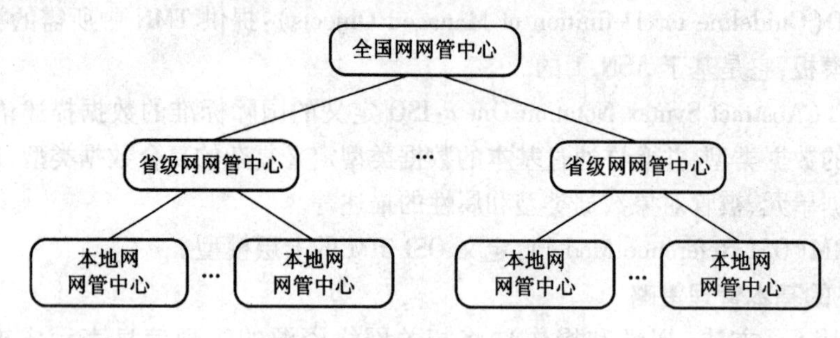

图 3.7　我国 TMN 的网络结构

TMN 的目标是将现有的固定电话网、传输网、移动通信网、信令网、同步网、分组网、数据网等不同业务网的管理都纳入 TMN 的管理范畴中,实现综合网管。由于目前各个业务网都已建起了相应的管理网,因此采用分布式管理结构,用分级、分区的方式构建全国电信管理网,实现各个管理子网的互联是合理的选择。图 3.8 描述了一种逻辑上的子网互联结构。

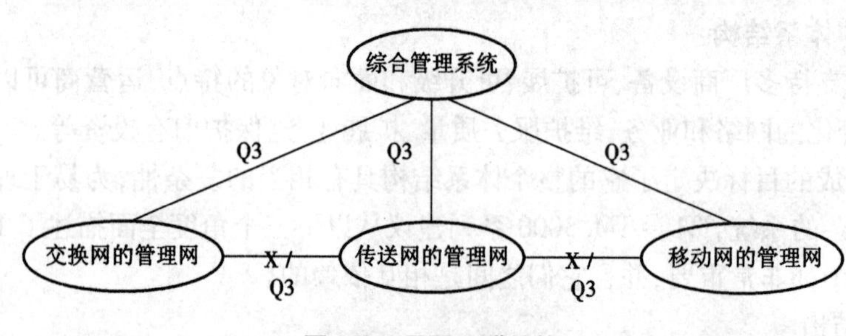

图 3.8　子网互联结构

第 4 章　电话通信网

4.1　电话通信网概述

4.1.1　话音业务的特点

电话通信网是电信网的重要组成部分，主要业务是话音业务。就话音业务而言，具体特点如下。

1. 速率恒定且单一

用户的话音经过抽样、量化、编码后，都形成了 64 KB/s 的速率，网中只有这一恒定且单一的速率。

2. 话音对丢失不敏感

话音通信中，允许一定的丢失存在，因为话音信息的相关性较强，可以通过通信的双方用户来恢复。

3. 话音对实时性要求较高

话音通信中，双方用户希望像面对面一样进行交流，而不能忍受较大的时延。

4. 话音具有连续性

通话双方一般是在较短时间内连续地表达自己的通信信息。

4.1.2　电话网的特点

由于电话网一开始的设计目标很简单，只需要支持话音通信，因此话音业务的特点也就决定了电话网的技术特征。

1. 同步时分复用

在电话网中，广泛采用同步时分复用方式。它是将多个用户信息在一条物理传输媒质上以时分的方式进行复用，来提高线路利用率的。在复用时，每个用户在一帧中只能占用一个时隙，且是固定的时隙，因此每个用户所占的带宽是固定的。这一点与话音通信的恒定速率是相适应的。

2. 同步时分交换

在交换时，直接将一个用户所在时隙的信息同步地交换到对端用户所在时隙中，以完成两用户之间话音信息的交换。

3. 面向连接

在用户开始呼叫时，要为两个用户之间建立起一条端到端的连接，并进行资源的预留(预留时隙)。这样，在进行用户信息传输时，不需要再进行路由选择和排队过程，因此时延非常短。电路交换的基本过程包括呼叫建立、信息传输(通话)和连接释放三个阶段。

4. 对用户数据透明传输

透明是指对用户数据不作任何处理,因为话音数据对丢失不敏感,因此网络中不必对用户数据进行复杂的控制(如差错控制、流量控制等),可以进行透明传输。

从以上几点可以看出,面向连接的电路交换方式是最适合话音通信的。传统的电话网只提供话音业务,均采用电路交换技术。因此,电话网又叫作电路交换网,它是电路交换网的典型例子。

4.2 电话网的结构

电话网从设备上讲是由交换机、传输电路(用户线和局间中继电路)和用户终端设备(电话机)三部分组成的。按电话使用范围分类,电话网可分为市内电话网、本地电话网、国内长途电话网和国际长途电话网。

电话网通过电话局为广大用户服务。一个大的或比较大的城市,要想把所有的用户都连接到一个电话局是不可能的,原因是:大的或较大的服务区域使用户线的平均长度增加,因而增加了线路投资;另外,用户离交换机过远,线路参数的变化将会影响通话质量和接续性能。因此,大都将城市划分为几个区,各区设电话分局,各区的用户线接到本区分局的交换机上,分局与分局之间用中继线连接起来,这样就组成了市内电话网。

随着电话业务的发展,在城市郊区、郊县城镇和农村实现了自动接续条件后,把城市及其周边郊区、郊县城镇和农村统一起来并入市内电话网,就组成了本地电话网。

电话通信仅有市内电话网和本地电话网是不够的,要解决任何两个城市的用户之间的电话通信,就必须建立长途电话网。

电话局的数量和用户线的成本之间存在着经济上的矛盾。如果少设电话局,那么许多用户线将很长,因而线路投资就大;反之,若多设电话局,用户线就会短些,但是电话局之间需要大量的中继线,相应的交换设备也多,因而成本也高。所以设计电话网时,必须进行技术上和经济上的全面分析、比较,同时也要根据用户分布的实际情况来考虑。

4.2.1 市内电话网和本地电话网

市内电话网的结构与城市的大小有着密切的关系。小城市可以只设一个电话局;中等城市可设较少数量的电话分局,并一般以网状网形式建立局间中继线;而大城市设的电话分局数量较多,通常采用复合网形式建立局间中继线。

1. 单局制市话网

单局制市话网只有一个市话局(公用的中心交换机),各电话用户(住宅电话、公用电话、普通电话等)通过用户线与用户小交换机相连,用户小交换机通过中继线与市话局相联。长途业务通过长途中继线送到长途电话局,特服业务由专线与市话局相连。单局制市话网结构如图 4.1 所示。

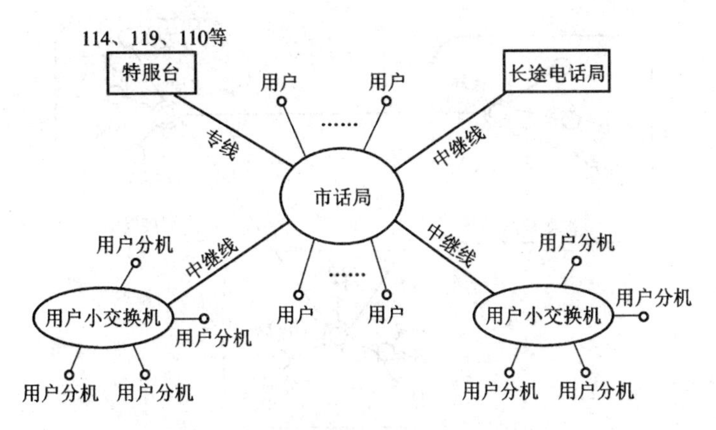

图4.1 单局制市话网结构示意图

2. 多局制市话网

单局制市话网的容量最大为10 000号。一般当电话容量超过7 000号时,就要分区建立分局,构成多局制市话网。每个分局的最大容量为10 000号,各分局之间一般采用全互联的形式建立局间中继线。多局制市话网结构如图4.2所示。

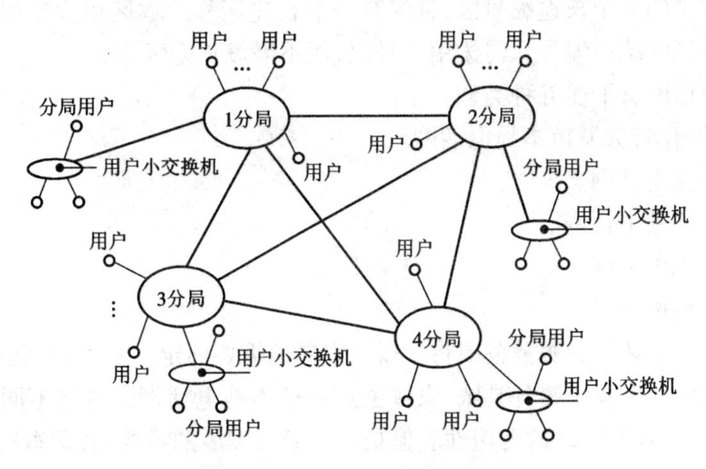

图4.2 多局制市话网结构示意图

3. 汇接制市话网

当市话容量发展到上百万号时,由于分局数量可能多达数十个甚至上百个,采用网状网将导致中继线群急剧增加,无论从技术上还是从经济上来说,这种全互联形式显然是不可行的。由于分局数量很多,服务区域扩大,局间中继线的数量和平均长度都相应增大,使得中继线投资比重增加。在这种情况下,可在市话网内分区,然后把若干个分区组成一个联合区,整个市话网由若干个联合区构成,这种联合区称为汇接区。在每个汇接区内设汇接局,下设若干个电话分局。汇接制市话网结构如图4.3所示。

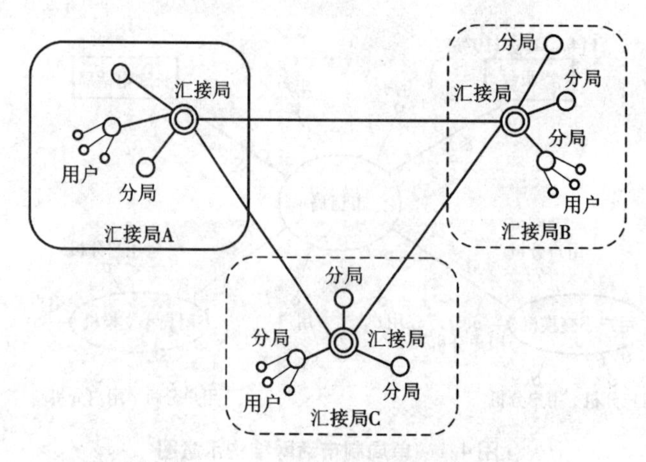

图 4.3　汇接制市话网结构示意图

4. 本地电话网

本地电话网简称本地网,是指在同一个长途编号区范围内,由若干个端局或者若干个端局和汇接局以及局间中继、长途中继、用户线和话机终端所组成的电话网。一个本地电话网属于长途电话网中的一个长途编号区,且仅有一个长途区号。本区用户呼叫本编号区内的用户时按照本地区的统一编号只需拨用户号码,而不需拨长途区号。

我国本地电话网有下述五种类型。

1)京、津、沪、穗特大城市本地电话网。

2)大城市本地电话网。

3)中等城市本地电话网。

4)小城市本地电话网。

5)县本地电话网。

以上各类本地电话网的服务范围将视通信发展的需要而定。县城及其农村范围是一种本地电话网;大、中城市及所属各县城、农村也是一种本地电话网。这些不同类型的网络是本地网的基本形式,具有网络的普遍性。但是由于经济发展的需要,我国本地电话网已经得到了迅速扩大。目前,除一些偏远地区有少数县本地网尚存在外,其他各省区均已实现 C3 本地网、C2 本地网及 C1 本地网。

本地电话网的端局可以根据服务范围的不同,设置市话端局、县城端局、卫星城镇端局及农话端局。

在本地网中根据汇接的端局种类的不同,汇接局可分为以下四种。

1)市话汇接局,汇接市话端局。

2)市郊汇接局,汇接市话端局、郊县县城端局、卫星城镇端局及农话端局。

3)郊区汇接局,汇接郊县县城端局、卫星城镇端局和农话端局。

4)农话汇接局,汇接农话端局(含县城端局)。

以上各类本地电话网的服务范围视通信发展的需要而定,为保证本地网内的用户通话质量,本地电话网的最大服务范围一般不超过 300 km。本地电话网的建立,打破了原有市话、郊话和农话的界限,进行统一组网和统一编号,从而使组网更加灵活,可节约号码资源,方便用户管理，有利于电话通信的发展。但在建立本地电话网后，对不同的电话业务，在计费方式和费率上仍然可以有市话、郊话和农话的区别。

本地电话网结构如图 4.4 所示。

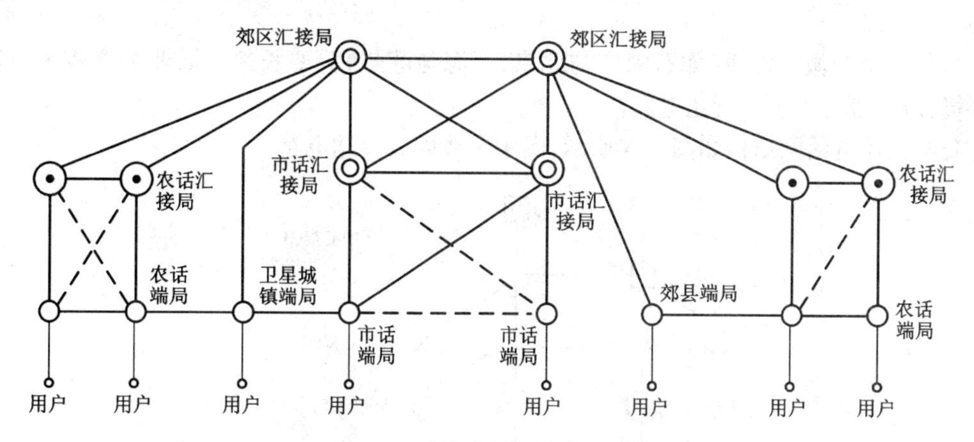

图 4.4　本地电话网结构示意图

在实际的汇接制市话网中，一般多将汇接局设备安装在某一个分局内，这种电话局既是汇接局也是分局。另外，由于我国近年来电话用户密度加大，在许多大城市里常出现几个分局设备安装于一处的情况。显然，在这种情况下，这些分局必然采用直接中继法。一些不在同一个汇接区内的分局，只要地理位置允许，也可以直接相连。

4.2.2　长途电话网

国内长途电话网的任务是在全国范围内提供各地区之间的长途电话通信电路。长途电话与市内电话（本地网电话）相比，不仅要求设备性能更稳定、可靠，而且要求具备适合长途电话通信的外部条件，如全国要有统一的网络组织、编号计划、信令系统等。

截至 1999 年初，我国的长途电话网仍是四级汇接辐射式长途网。

第一级为大区中心局，也称 C1 级（局），属省间中心局，它是汇接一个大区内各省之间的电话通信中心。由于 C1 局所在地一般都是政治、经济、文化中心，它们之间的电话业务量较大，因此对这一级的各中心局间都有低呼损电路相连，以组成网状网结构。全国共分六个大区，即华北、东北、华东、中南、西南、西北。在各大区内选定一个长途电话局作为大区中心局。

第二级为省中心局，即 C2 级（局），它是汇接一个省内各地区之间的电话通信中心。省中心局为各省会所在地的长话局，因而要求省中心局至大区中心局必须要有直达电路，即大区中心局至本大区的各省中心局之间采用辐射式连接。

第三级为地区（省辖市）中心局，即 C3 级（局），它是汇接本地区内各县的电话通信中心。要求省中心局至本省的各地区中心局之间采用辐射式连接。

第四级为县中心局，即 C4 级（局）。地区中心局至本地各县中心局之间采用辐射式连接，县中心局是四级汇接辐射式长途网的末端局。

我国长途网的组成还考虑了以下几个因素。

1）北京是全国的中心，与各省市之间的长途电话业务量比较大，性质也比较重要，所以北京至各省中心局都应有直达电路群。

2)在一个大区范围内,各省相互之间的电话通信较为繁忙,因而要求同一大区内各省中心局之间最好能实现各个相连,这样同一大区内各省间的长途电话就不一定都要由大区中心局来转接。

3)任何两个城市之间(如石家庄与北京、上海与苏州)只要长途电话业务量较大,且地理环境合理,都可以建立直达电路。

我国长途电话网结构如图4.5所示,图中虚线即为直达电路。

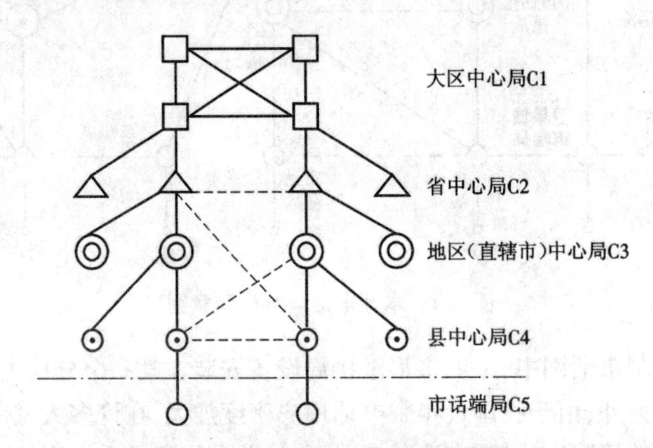

图4.5 我国长途电话网结构示意图

随着四川、甘肃及西藏二省一区的少数C3本地网的建立,全国范围的C3本地网已基本建立,我国的长途电话网即从四级汇接辐射式变为三级汇接辐射式长途网,也就是绝大多数省、市、区均为三级汇接辐射式长途网。因此,就全国看,基本可以认为C3局已经成为长途末端局;而全国绝大多数县均不设长途末端局,只有在长途多局制的情况下,才有可能在某些县设有长途末端局,但这样的局在整个长途网中属C3级。

4.2.3 国际电话网

国际电话网由国际交换中心和局间长途电路组成,用来疏通不同国家之间的国际长途话务。国际电话网中的节点称为国际电话局,简称国际局。用户间的国际长途电话通过国际局来完成,每一个国家都设有国际局。各国际局之间的电路即为国际电路。

国际电话网结构如图4.6所示,国际交换中心分为CT1、CT2和CT3三级。各CT1局之间均有直达电路,形成网状网结构,CT1至CT2、CT2至CT3为辐射式星状网结构,由此构成了国际电话网的复合型基干网络结构。除此之外,在经济合理的条件下,在各CT局之间还可根据业务量的需要设置直达电路群。

CT1和CT2只连接国际电路,CT1局是在很大的地理区域汇集话务的,其数量很少。在每个CT1区域内的一些较大的国家可设置CT2局。CT3局连接国际和国内电路,它将国内长途局和国际长途局连接起来,各国的国内长途网通过CT3进入国际电话网,因此CT3局通常称为国际接口局,每个国家均可有一个或多个CT3局。我国在北京和上海设置了两个国际局,并且根据业务需要还可设立多个边境局,疏通与港澳台等地区间的话务量。

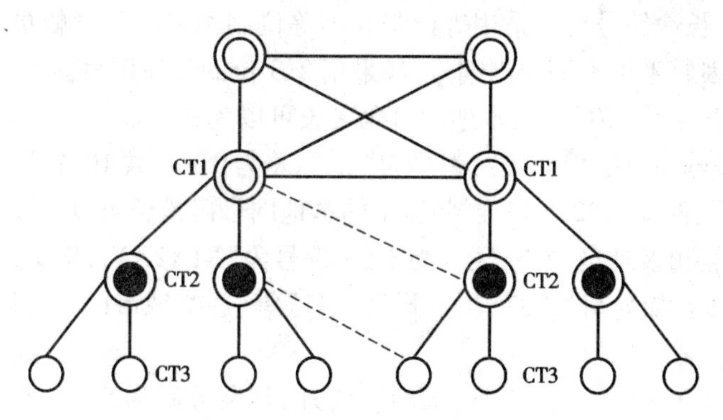

图 4.6　国际电话网结构示意图

国际局所在城市的本地网端局与国际局间可设置直达电路群，该城市的用户打国际长途电话时可直接接至国际局，而与国际局不在同一城市的用户打国际电话则需要经过国内长途局汇接至国际局。

4.3　电话网的编号

4.3.1　编号原则

编号计划是指在本地网、国内长途网、国际长途网以及一些特种业务、新业务中的各种呼叫所规定的号码编排和规程。自动电话网的编号计划是使自动电话网正常运行的一个重要规程，交换设备应能适应各项接续的编号要求。

4.3.2　编号方案

1. 本地网编号方案

在一个本地电话网内应采用统一的编号，一般情况下采用等位制编号，号长根据本地网的长远规划容量来确定。在同一本地电话网范围内，用户之间呼叫时拨统一的本地用户号码。

本地电话网的用户号码包括两部分：局号和用户号。其中局号可以是 1 ~ 4 位，用户号为 4 位。如一个 7 位长的本地用户号码可以表示为

PQR　+　ABCD
局号　　用户号

2. 国内长途网编号方案

长途呼叫即不同本地网用户之间的呼叫。呼叫时需在本地电话号码前加拨长途字冠"0"和长途区号，即长途号码的构成为

0 + 长途区号 + 本地电话号码

其中，按照我国的规定，长途区号加本地电话号码的总位数最多不超过 11 位（不包括长途字冠"0"）。

长途区号一般采用固定号码系统，即全国划分为若干个长途编号区，每个长途编号区都

编上固定的号码。长途编号可以采用等位制和不等位制两种。我国幅员辽阔,各地区通信的发展很不平衡,因此采用不等位制编号,如采用2、3位的长途区号。

1)首都北京,区号为“10”。其本地网号码最长可以为9位。

2)大城市及直辖市,区号为2位,编号为“2X”,X为0~9,共10个号,分配给10个大城市。如上海为“21”,西安为“29”等,这些城市的本地网号码最长可以为9位。

3)省中心、省辖市及地区中心,区号为3位,编号为“X1X2X3”,X1为3~9(6除外),X2为0~9,X3为0~9。如郑州为“371”,兰州为“931”等,这些城市的本地网号码最长可以为8位。

4)首位为“6”的长途区号除60、61留给台湾外,其余号码为62X~69X共80个号码作为3位区号使用。

3. 国际长途电话编号方案

国际长途呼叫时需在国内电话号码前加拨国际长途字冠“00”和国家号码,即

00 + 国家号码 + 国内电话号码

其中,国家号码加国内电话号码的总位数最多不超过15位(其中不包括国际长途字冠“00”)。国家号码由1~3位数字组成。根据ITU-T的规定,世界上共分为9个编号区,我国在第8编号区,国家代码为86。

4.4 电话网的业务及服务质量

4.4.1 电话网的业务种类

1. 概述

利用电话网,可以进行交互型话音通信。因此,传递电话信息、开放电话业务是电话网最基本的功能。电话业务包括市内电话、本地网电话(郊区、郊县、农村电话)、国内长途电话、国际长途电话、移动电话、电话会议、可视电话、智能网电话、磁卡电话、IC卡电话等多种业务。

电话网经历了由模拟电话网向综合数字电话网的演变。数字电话网与模拟电话网相比,在通信质量,业务种类,为非话业务提供服务,实现维护、运行和管理自动化等方面都更具优越性。除了电话业务,在电话网中增加少量设备还可以实现传送传真、传输数据等非话业务。

通信与计算机技术的密切结合,推动了各种电信新业务及其相应终端设备的迅猛发展。在电话网上加挂计算机控制的语音平台,可以提供语音信箱业务、电话信息服务业务(声讯台业务)。在电话网上叠加智能网,可提供被叫集中付费的800号,密码记账的200号、300号等电话智能网业务。借助于信息电话机,通过电话网可提供包括信息查询和短消息在内的多种信息服务。这些业务经历了从传统的解决人们基本交流需求的话音业务,到解决人们信息通信需求的数据业务,再到解决人们生活需求的增值业务这样的发展过程。

2. 电话信息服务业务

电话信息服务是利用电信传输网络和数据库技术,把信息采集、加工、存储、传播和服务合为一体,面向社会提供综合性的、全方位的、多层次的信息咨询服务业务。它是进行信息

传递和信息流通的一种方式。

电话信息服务最早出现于英国,至今世界上已有很多国家和地区开设了这项业务。该业务具有较好的社会效益和经济效益,如用户索取信息方便、节约时间、获取信息代价低而收益高。另外,该业务技术简单、易于实现、投资回收期短、非常经济。电话信息服务的发展方向是全球信息共享,电信信息服务国际化是发展的必然趋势。

电话信息服务有人工电话信息服务和自动电话信息服务两种。

1. 人工电话信息服务

人工电话信息服务是通过多种途径收集社会上各类公众信息的业务。它由话务员通过终端检索为用户提供语音形式的信息查询服务。人工电话信息服务系统构成如图4.7所示。

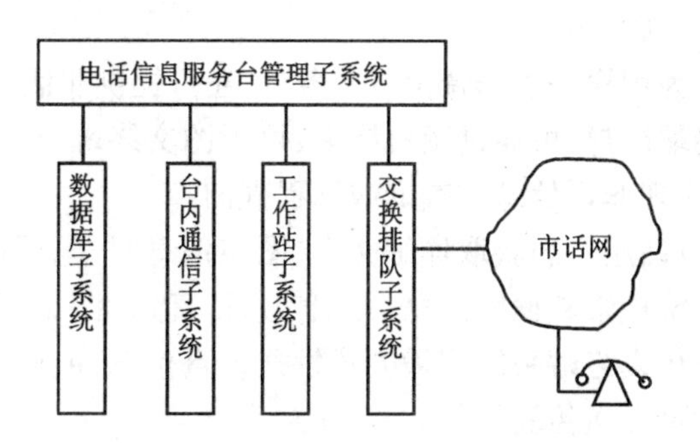

图4.7　人工电话信息服务系统构成图

人工电话信息服务的工作流程是:市话网上的电话用户拨叫人工电话信息台,通过交换排队子系统接入台内座席,话务员根据用户的提问操作工作台键盘,通过台内通信子系统检索数据库子系统信息,回答用户。

根据信息的情况有三种方式回答用户。

1)将信息口述给用户。

2)帮助选择自动声讯信息库,直接播出系统的录音信息。

3)转接专家咨询。专家咨询有两种形式:①直接由专家通过口述方式在现场回答问题;②将呼叫自动转接至专家的电话。

2. 自动电话信息服务

自动电话信息服务系统构成如图4.8所示。自动声讯系统的构成与人工电话信息服务台基本相同,只是在服务方式方面有区别,前者由系统自动应答用户呼叫,再由用户根据系统的语音提示通过电话机按键来获取信息,后者由话务员人工应答,通过操作工作台键盘来完成电话信息服务。

自动电话信息服务的工作流程如下。

1)用户拨自动电话信息服务台号码进入系统的自动声讯中继接口,根据系统的语音检索菜单逐层选择。

2)自动声讯服务系统提示出主干信息类别编码。

3)键入主干信息类别号码(一位数字)。

4)自动声讯服务系统提示出信息分类检索编码。

5)键入信息分类号码。

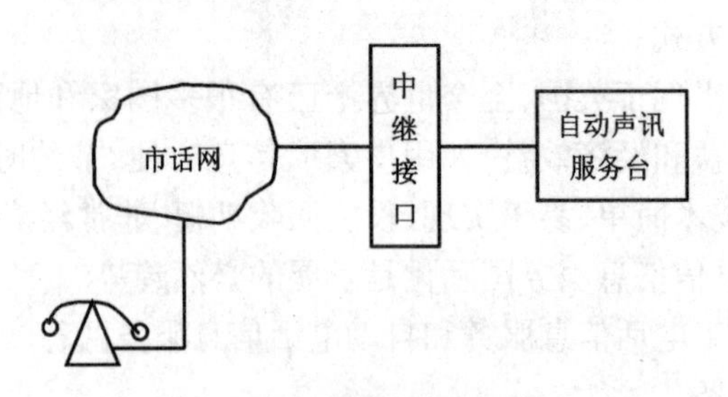

图 4.8 自动电话信息服务系统构成图

6)播放信息或继续选择检索菜单。

7)声讯服务系统自动播放两遍信息。若继续查询,则应回到主菜单。用户均可从任何一级菜单回到人工信息座席。

电话信息服务除了为用户提供语音信息服务外,还可提供非话信息服务。

市话网上的非话终端用户,可通过微机终端、可视图文终端、传真机直接查询电话信息服务台的数据库信息,实现非话信息的查询或远程查询。

例如,市话网上的电话用户想获取详细文字、图表信息时,电话信息服务台内的传真工作站通过台内通信子系统检索数据库信息,并把信息传真到用户传真终端;而且系统能向索取同种信息的多个用户传真终端采用广播方式发送传真信息,能向索取不同信息的用户传真终端采用排队方式批量发送传真信息。

目前,电话信息服务(声讯服务)的内容包罗万象。信息来源由信息台主动采集或由信息单位提供,并录入各业务开办单位建立的数据库。随着电话信息服务业的发展,我国将建立全国中心数据库、分区和省区数据网,逐步实现全联网资源共享。

4.4.2 电话网的服务质量

电话网的服务质量表明用户对电话网提供的服务性能是否达到理想的满意程度,是各种服务性能的综合体现,主要包括传输质量、接续质量和稳定质量这三个方面。

1. 传输质量

电话系统是由发送端声电转换、电信号传输和接收端电声转换三个部分所形成的整个通话连接。通话质量表示在一个完整的电话连接中受话人听到话音信号的满意程度,一般采用主观评定的方法来评估。通话质量又细分为送话质量、受话质量和传输质量。送话质量与发话人的语言种类、发话声级、送话器位置和送话器效率有关;受话质量与受话人听力、环境噪声、受话器灵敏度有关;而传输质量直接与传输系统的各项电气参数有关。因此,在一般情况下,可以用传输质量来衡量通话质量。

目前,评定电话传输质量采用的是比较的方法,即将被测实际传输系统与标准参考传输系统进行比较,而且以响度作为评定标准。具体评定的量叫作响度参考当量。评定方法是在被测传输系统与标准参考传输系统多次比较的过程中,在标准参考系统中加入某些衰减值,使得受话人从两个系统收听的话音音量相等,这时就得出以分贝表示的响度参考当量。

2. 接续质量

接续质量用服务等级来规定。服务等级的定义是:“用户因遭受损失对接续质量感到不方便、不满意的服务标准。”不方便、不满意的含义与交换系统如何处理遭受损失呼叫的方式有关，在明显损失制交换系统中呼叫遭受损失后，立即向主叫用户发送忙音，而在等待制交换系统中主叫用户可等待一段时间，一旦有空闲线群时中继线即可接通。因此，服务等级包括两方面内容：呼损率和接续时延。

(1)呼损率

用户发起呼叫时，如果在交换网络或中继电路中因不能占用一条空闲出线，从而不能建立接续，这种状态称为呼叫损失，简称呼损或呼损率。

(2)接续时延

接续时延是指完成一次接续过程中交换设备进行接续和传递相关信号所引起的时间延迟。对用户来说，他们最关心的两项时延指标是拨号前时延和拨号后时延。拨号前时延也称听拨号音时延，它是指从用户摘机到听到拨号音的这段时间。产生这段时延的原因在于等待公共控制设备时间和选线时间等因素。拨号后时延是指用户拨完最末一位号码至听到回铃音或忙音的这段时间。产生这段时延是由于接续时间、信令传递时间和等待公共控制设备时间等因素造成的。

对程控交换机而言，CCITT 建议中对这两项时延规定的指标为：拨号前时延应不大于 0.4 s，在额定负荷情况下超过 0.6 s 的概率应小于 0.05，在高负荷情况下超过 1 s 的概率应小于 0.05；拨号后时延应不大于 0.65 s，在额定负荷情况下超过 0.9 s 的概率应小于 0.05，在高负荷情况下超过 1.6 s 的概率应小于 0.05。

3. 稳定质量

稳定质量是指当传输、交换等设备发生故障和话务异常时可以维持正常业务的程度。从用户角度看，网络稳定质量自然是越高越好，但提高稳定质量必然会增加网络成本，因此在规定指标时，要综合考虑技术和经济两方面的因素。

全网稳定质量分为用户系统稳定质量和接续系统稳定质量两大部分。用户系统包括用户终端和用户线路，其稳定质量表示用户终端和用户线路由于故障而不能进行发送和接收的程度。接续系统是指从发端局至收端局间的交换设备和传输设备组成的系统，其稳定质量又分为一般故障下的稳定质量和严重故障下的稳定质量。前者属于小故障，经修理后可恢复正常工作；后者属于大规模故障，虽经修理仍未修复，在较长时间内不能工作。

稳定质量以不可用度或失效率作为指标。可用度是指系统、设备在给定时刻或某一时间间隔内处于正常工作状态的概率。不可用度即为失效率，它包括故障次数和故障时间两种因素以及经维护修理后故障消除的可能性。

第5章 移动通信网

5.1 移动通信概述

5.1.1 移动通信的基本概念

移动通信是指通信的一方或双方可以在移动中进行的通信过程,也就是说,至少有一方具有可移动性,可以是移动台与移动台之间的通信,也可以是移动台与固定用户之间的通信。移动通信满足了人们无论在何时何地都能进行通信的需求,20 世纪 80 年代以来,特别是 20 世纪 90 年代以后,移动通信得到了飞速的发展。

1. 移动通信的特点

相比固定通信而言,移动通信不仅要给用户提供与固定通信一样的通信业务,而且由于用户的移动性,其管理技术要比固定通信复杂得多。同时,由于移动通信网中依靠的是无线电波的传播,其传播环境要比固定网中有线媒质的传播特性复杂,因此移动通信有着与固定通信不同的特点。

(1)用户的移动性

要保持用户在移动状态中的通信,必须是无线通信,或无线通信与有线通信的结合。因此,系统中要有完善的管理技术来对用户的位置进行登记、寻呼、通话过程中的切换,使用户在移动时也能进行通信,不因为位置的改变而中断。

(2)电波传播条件复杂

移动台可能在各种环境中运动,如建筑群或障碍物等,因此电磁波在传播时不仅有直射信号,而且会产生反射、折射、绕射、多普勒效应等现象,从而产生多径干扰、信号传播延迟和展宽等。因此,必须充分研究电波的传播特性,使系统具有足够的抗衰落能力,才能保证通信系统正常运行。

(3)噪声和干扰严重

移动台在移动时不仅受到城市环境中各种工业噪声和天然电磁噪声的干扰,同时由于系统内有多个用户,因此移动用户之间还会有互调干扰、邻道干扰、同频干扰等。这就要求在移动通信系统中对信道进行合理的划分和频率的再用。

(4)系统和网络结构复杂

移动通信系统是一个多用户通信系统和网络,必须使用户之间互不干扰,能协调一致地工作。此外,移动通信系统还应与固定网、数据网等互联,整个网络结构是很复杂的。

(5)有限的频率资源

在有线网中,可以依靠多铺设电缆或光缆来提高系统的带宽资源;而在无线网中,频率资源是有限的,ITU 对无线频率的划分有严格的规定。如何提高系统的频率利用率是移动通信系统的一个重要课题。

2. 移动通信的分类

移动通信的种类繁多，其中陆地移动通信系统有集群移动通信系统、公用移动通信系统、卫星通信系统、无绳电话、无线电寻呼系统等。同时，移动通信和卫星通信相结合产生了卫星移动通信，它可以实现国内、国际大范围的移动通信。

(1)集群移动通信系统

集群移动通信系统是一种高级移动调度系统。所谓集群通信系统，是指系统所具有的可用信道为系统的全体用户所共用，具有自动选择信道的功能，是共享资源、分担费用、共用信道设备及服务的多用途和高效能的无线调度通信系统。

(2)公用移动通信系统

公用移动通信系统是指给公众提供移动通信业务的网络，这是移动通信最常见的方式。这种系统又可以分为大区制移动通信和小区制移动通信，小区制移动通信又称蜂窝移动通信。

(3)卫星移动通信系统

利用卫星转发信号也可实现移动通信。对于车载移动设备，可采用同步卫星通信系统；而对手持终端，则采用中低轨道的卫星通信系统较为有利。

(4)无绳电话

对于室内外慢速移动的手持终端的通信，一般采用小功率、通信距离短、轻便的无绳电话机。它们可以经过通信点与其他用户进行通信。

(5)无线电寻呼系统

无线电寻呼系统是一种单向传递信息的移动通信系统。它是由寻呼台发信息、寻呼机收信息来完成的。

5.1.2 移动通信的发展历史

现代移动通信的发展始于20世纪20年代，而公用移动通信是从20世纪60年代开始的。公用移动通信系统的发展已经经历了第一代(1G)、第二代(2G)和第三代(3G)，并将继续朝着第四代(4G)的方向发展。

1. 第一代移动通信系统(1G)

第一代移动通信系统为模拟移动通信系统，以美国的AMPS(IS-54)和英国的TACS为代表，采用频分双工、频分多址制式，并利用蜂窝组网技术以提高频率资源的利用率，克服了大区制容量密度低、活动范围受限的问题。然而虽然采用了频分多址，但并未提高信道利用率，因此通信容量有限；通话质量一般，保密性差；制式太多，标准不统一，互不兼容；不能提供非话数据业务；不能提供自动漫游。该系统现已逐步被各国淘汰。

2. 第二代移动通信系统(2G)

第二代移动通信系统为数字移动通信系统，是当前移动通信发展的主流，以GSM和窄带CDMA为典型代表。第二代移动通信系统中采用数字技术，利用蜂窝组网技术。多址方式由频分多址转向时分多址和码分多址技术，双工技术仍采用频分双工。2G采用蜂窝数字移动通信，使系统具有数字传输的种种优点，它克服了1G的弱点，话音质量及保密性能得到了很大提高，可进行省内、省际自动漫游。但系统带宽有限，限制了数据业务的发展，也无法实现移动的多媒体业务。

目前采用的2G系统主要有以下几种。

1)美国的D-AMPS,是在原AMPS基础上改进而成的,规范由IS-54发展成IS-136和IS-136HS,1993年投入使用。它采用时分多址技术。

2)欧洲的GSM全球移动通信系统,在1988年完成技术标准制定,1990年开始投入商用。它采用时分多址技术,由于其标准化程度高、进入市场早,现已成为全球最重要的2G标准之一。

3)日本的PDC,是日本电波产业协会于1990年确定的技术标准,1993年3月正式投入使用。它采用的也是时分多址技术。

4)窄带CDMA,采用码分多址技术,1993年7月高通公司公布了IS-95空中接口标准,目前也是重要的2G标准之一。

3.第三代移动通信系统(3G)

早在1985年ITU-T就提出了第三代移动通信系统的概念,最初命名为FPLMTS(未来公共陆地移动通信系统),后来考虑到该系统于2000年左右进入商用市场,工作的频段在2 000 MHz,且最高业务速率为2 000 kbit/s,故于1996年正式更名为IMT-2000(International Mobile Telecommunication-2000)。

第三代移动通信系统的目标是提供多种类型、高质量的多媒体业务;实现全球无缝覆盖,具有全球漫游能力;与固定网络的各种业务相互兼容,具有高服务质量;与全球范围内使用的小型便携式终端能在任何时候任何地点进行任何种类的通信。为了实现上述目标,第三代无线传输技术(RTT)必须满足支持高速多媒体业务(高速移动环境144 kbit/s,室外步行环境384 kbit/s,室内环境2 Mbit/s)的要求。

ITU定义的IMT-2000的功能子系统和接口如图5.1所示。从图中可以看到,IMT-2000系统由终端(UIM-MT)、无线接入网(RAN)和核心网(CN)三部分构成。

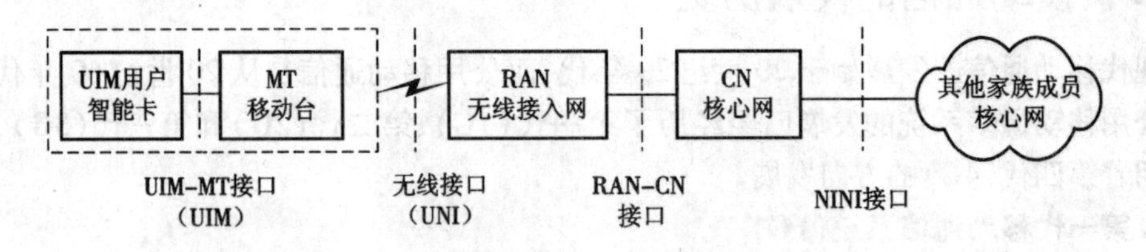

图5.1 IMT-2000的功能子系统和接口示意图

为使现有的第二代移动通信系统能够顺利地向第三代移动通信系统过渡,保护已有投资,这就要求IMT-2000系统在结构组成上应考虑不同无线接口和不同网络。于是ITU-T提出了"IMT-2000家族"的概念,允许各地区性标准化组织有一定的灵活性,使它们根据所在市场、业务需求上的不同,提出各个国家和地区向第三代系统演进的策略。目前的主流技术标准有以下几种。

(1)宽带码分多址(WCDMA)

WCDMA主要由欧洲ETSI和日本ARIB提出,经多方融合而形成,是在GSM系统基础上发展的一种技术,其核心网基于GSM-MAP,同时通过网络扩展方式提供在基于ANSI-41的核心网上运行的能力。支持这一标准的电信运营商、设备制造商形成了3GPP阵营。

(2)CDMA 2000

CDMA 2000是由窄带CDMA(IS-95)向上演进的技术,经融合形成了现有的3GPP 2 CDMA 2000。CDMA 2000的核心网基于ANSI-41,同时通过网络扩展方式提供在基于GSM-MAP的核心网上运行的能力。CDMA 2000包括1X和3X两部分,也易于扩展到6X、9X、12X。对于射频带宽为$N\times1.25$ MHz的CDMA 2000系统($N=1,3,6,9,12$),采用多个载波来利用整个频带。

(3)TD-SCDMA

TD-SCDMA是中国电信技术研究院(CATT)所提出的新的第三代移动通信标准,是具有中国独立知识产权的新技术,已被ITU-T正式批准为第三代移动通信标准之一,这是我国通信业发展的一个新的里程碑。大唐电信和西门子公司共同对TD-SCDMA系统进行研究开发。2002年10月30日,由国家发改委、科技部以及工业和信息化部主持,华为、中兴、中国普天、联想、华立等八家通信厂商加入了大唐电信TD-SCDMA的阵营,形成了一个覆盖从系统到终端的TD-SCDMA产业联盟,加速了TD-SCDMA的产业化,这势必将打破国外厂商在专利、技术、市场方面的垄断地位,促进民族移动通信产业的迅速发展。TD-SCDMA基于GSM系统,其基本设计思想是使用比较窄的带宽(1.2~1.6 MHz)和比较低的码片速率(不超过1.35 Mbit/s),用软件无线电技术和现代信号处理技术来达到IMT-2000的要求。

5.1.3 移动通信的基本技术

1.移动通信网的覆盖方式

(1)大区制

所谓大区制,是指由一个基站(发射功率为50~100 W)覆盖整个服务区,该基站负责服务区内所有移动台的通信与控制。大区制的覆盖半径一般为30~50 km。

采用这种大区制方式时,由于采用单基站制,没有重复使用频率的问题,因此技术问题并不复杂。只需根据所覆盖的范围,确定天线的高度、发射功率的大小,并根据业务量大小,确定服务等级及应用的信道数即可。但也正是由于采用单基站制,因此基站的天线需要架设得非常高,发射机的发射功率也要很高。即使这样做,也只能保证移动台收到基站的信号,而无法保证基站能收到移动台的信号。因此这种大区制通信网的覆盖范围是有限的,只能适用于小容量的网络,一般用在用户较少的专用通信网中,如早期的模拟移动通信网(Improved Mobile Telephone Service,IMTS)中即采用大区制。

(2)小区制

小区制是指将整个服务区划分为若干小区,在每个小区设置一个基站,负责本小区内移动台的通信与控制。小区制的覆盖半径一般为2~10 km,基站的发射功率一般限制在一定范围内,以减少信道干扰。同时还要设置移动业务交换中心,负责小区间移动用户的通信连接及移动网与有线网的连接,保证移动台在整个服务区内,无论在哪个小区都能够正常进行通信。

由于是多基站系统,因此小区制移动通信系统中需采用频率复用技术。在相隔一定距离的小区进行频率再用,可以提高系统的频率利用率和系统容量。在大容量公用移动通信网中普遍采用小区制结构。

公用移动通信网在大多数情况下,其服务区为平面形,称为面状服务区。这时小区的划分较为复杂,最常用的小区形状为正六边形,这是最经济的一种方案。由于正六边形的网络形同蜂窝,因此称此种小区形状的移动通信网为蜂窝网,如图5.2所示。

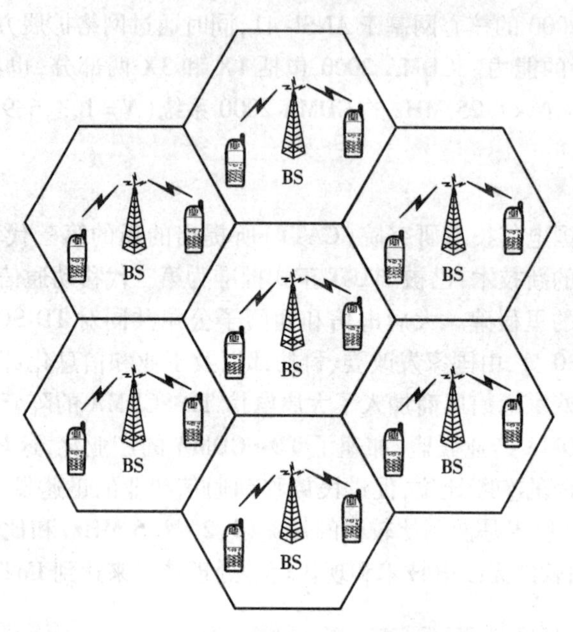

图5.2 蜂窝状服务区示意图

2. 移动通信网中的多址方式

当把多个用户接入一个公共的传输媒质实现相互间通信时,需要给每个用户的信号赋予不同的特征,以区分不同的用户,这种技术称为多址技术。在蜂窝通信系统中,移动台是通过基站和其他移动台进行通信的,因此必须对移动台和基站的信息加以区别,使基站能区分是哪个移动台发来的信号,而各移动台又能识别出哪个信号是发给自己的。

多址方式的基本类型有:频分多址方式(Frequency Division Multiple Access,FDMA)、时分多址方式(Time Division Multiple Access,TDMA)、空分多址方式(Space Division Multiple Access,SDMA)、码分多址方式(Code Division Multiple Access,CDMA)等。目前移动通信系统中常用的是FDMA、TDMA、CDMA以及它们的组合。如GSM系统中,是FDMA/TDMA的结合使用;窄带CDMA系统(IS-95)和3G中的宽带码分多址(WCDMA)中,采用的则是FD-MA/CDMA方式。

5.2 GSM系统

GSM(Global System for Mobile Communication)即全球移动通信系统,其历史可以追溯到1982年,当时北欧四国向CEPT(Conference Europe of Post and Telecommunications)提交了一份建议书,要求制定900 MHz频段的欧洲公共电信业务规范,以建立全欧统一的蜂窝系统。1986年CEPT决定制定数字蜂窝网标准,同时在巴黎对不同公司、不同方案的八个系统进行了现场试验和比较。1987年5月选定窄带TDMA方案,并于1988年颁布了GSM标准,也称泛欧数字蜂窝通信标准。1991年GSM系统正式在欧洲问世,网络开通运行。

我国自1992年在嘉兴建立和开通第一个GSM演示系统,于1993年9月正式开放业务以来,全国各地的移动通信系统中大多采用GSM系统,使得GSM系统成为我国目前最成熟和市场占有量最大的一种数字蜂窝系统。

GSM蜂窝通信网作为世界上首先推出的数字蜂窝通信系统,优点如下。

1)频谱效率高。

2)容量大,每小区的可用信道数为12.5个,远远多于模拟移动网。

3)话音质量高。

4)安全性高。

5)在业务方面有一定优势。

5.2.1 GSM网络结构及接口

GSM数字蜂窝通信系统的主要组成部分可分为移动台(MS)、基站子系统(BSS)和网络子系统(NSS),如图5.3所示。基站子系统(BSS)由基站收发台(BTS)和基站控制器(BSC)组成;网络子系统由移动交换中心(MSC)和操作维护中心(OMC)以及归属位置寄存器(HLR)、访问位置寄存器(VLR)、鉴权认证中心(AUC)和设备标志寄存器(EIR)等组成。

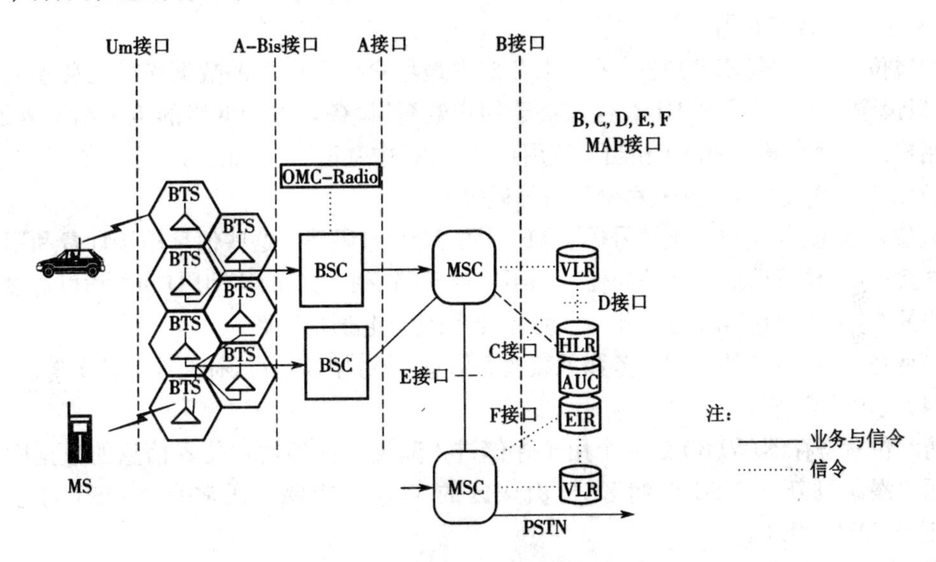

图5.3 GSM数字蜂窝通信系统结构

1. 移动台

移动台(Mobile Station,MS)是移动网中的用户终端,包括移动设备(Mobile Equipment,ME)和移动用户识别模块(Subscriber Identity Module,SIM)卡。

2. 基站子系统

基站子系统(Base Station System,BSS)负责在一定区域内与移动台之间的无线通信。一个BSS包括一个基站控制器(Base Station Controller,BSC)和一个或多个基站收发台(Base Transceiver Station,BTS)两部分组成。

(1)基站收发台

基站收发台(BTS)是BSS的无线部分,通过它可以完成基站控制器(BSC)与无线信道之间的转换,实现 BTS 与 MS 之间通过空中接口的无线传输及相关的控制功能。

(2)基站控制器

基站控制器(BSC)是 BSS 的控制部分,处于基站收发台(BTS)和移动交换中心(MSC)之间。一个基站控制器通常控制几个基站收发台,主要功能是进行无线信道管理、实施呼叫和通信链路的建立和拆除,并为本控制区内移动台越区切换进行控制等。

3. 网络子系统

网络子系统(Network SubSystem,NSS)对 GSM 移动用户之间通信和 GSM 移动用户与其他通信网用户之间通信起着管理作用。NSS 由一系列功能实体构成,各功能实体之间和 NSS 与 BSS 之间都通过 No.7 信令系统互相通信。

(1)移动交换中心

移动交换中心(MSC)是蜂窝通信网络的核心,它为本 MSC 区域内的移动台提供所有的交换和信令功能。

(2)网关

网关(Gateway MSC,GMSC)是完成路由功能的 MSC,它在 MSC 之间完成路由功能,并实现移动网与其他网的互联。

(3)归属位置寄存器

归属位置寄存器(HLR)是一种用来存储本地用户位置信息的数据库。在移动通信网中,可以设置一个或若干个 HLR,这取决于用户数量、设备容量和网络的组织结构等因素。每个用户都必须在某个 HLR(相当于该用户的原籍)中登记。登记的内容主要如下。

1)用户信息:如用户号码、移动设备号码等。

2)位置信息:如用户的漫游号码、VLR 号码、MSC 号码等。这些信息用于计费和用户漫游时的接续,这样可以保证当呼叫任一个不知处于哪一个地区的移动用户时,均可通过该移动用户的 HLR 获知它当时处于哪一个地区,进而建立起通信链路。

3)业务信息:用户的终端业务和承载业务信息、业务限制情况、补充业务情况等。

(4)访问位置寄存器

访问位置寄存器(VLR)是一个用于存储进入其覆盖区的用户位置信息的数据库。当移动用户漫游到新的 MSC 控制区时,由该区的 VLR 来控制。通常一个 MSC 对应一个 VLR,记作 MSC/VLR。

当移动台进入一个新区域时,首先向该地区的 VLR 申请登记,VLR 要从该用户的 HLR 中查询,存储其有关参数,并要给该用户分配一个新的漫游号码(MSRN),然后通知其 HLR 修改该用户的位置信息,准备为其他用户呼叫此移动用户时提供路由信息。

移动用户一旦由一个 VLR 服务区移动到另一个 VLR 服务区时,移动用户则重新在新的 VLR 上登记,原 VLR 将取消该移动用户数据的临时记录。

(5)鉴权认证中心

鉴权认证中心(AUC)与归属位置寄存器(HLR)相关联,是为了防止非法用户接入 GSM 系统而设置的安全措施。AUC 可以不断为用户提供一组参数(包括随机数 RAND、符号响应 SRES 和加密键 Kc 三个参数),该参数组可视为与每个用户相关的数据,在每次呼叫的过程中可以检查系统提供的和用户响应的该组参数是否一致,以此来鉴别用户身份的合法性,从而只允许有权用户接入网络并获得服务。

(6)设备识别寄存器

设备识别寄存器(EIR)是存储移动台设备参数的数据库,用于对移动设备进行鉴别和监视,并拒绝非法移动台入网。

4. 接口

移动业务的国际漫游要求各个厂家生产的移动设备之间必须能够进行互通。因此,GSM系统在制定技术规范时就对其子系统之间及各功能实体之间的接口和协议作了比较具体的定义,使不同供应商提供的GSM系统基础设备能够符合统一的GSM技术规范而达到互通、组网的目的。

GSM系统的主要接口有A接口、Abis接口、Um接口、网络子系统内部接口等。

(1)A接口

A接口定义为网络子系统(NSS)与基站子系统(BSS)之间的通信接口,从系统的功能实体来说,即移动业务交换中心(MSC)与基站控制器(BSC)之间的互联接口,其物理链接通过采用标准的2.048 Mbit/s的PCM数字传输链路来实现。此接口传递的信息包括移动台管理、基站管理、移动性管理和接续管理等。

(2)Abis接口

Abis接口定义为基站子系统的两个功能实体基站控制器(BSC)和基站收发信台(BTS)之间的通信接口,用于BTS与BSC之间的远端互联,物理链接通过采用标准的2.048 Mbit/s或64 kbit/s的PCM数字传输链路来实现。

(3)Um接口(空中接口)

Um接口(空中接口)定义为移动台(MS)与基站收发台(BTS)之间的通信接口,用于移动台与GSM系统的固定部分之间的互通,其物理链接通过无线方式实现。此接口传递的信息包括无线资源管理、移动性管理和接续管理等。

(4)网络子系统内部接口

B接口:MSC和与它相关的VLR之间的接口。

C接口:MSC和HLR之间的接口。

D接口:HLR和VLR之间的接口。

E接口:MSC之间的接口。

5.2.2 GSM移动通信网中的几种号码

1. 移动台号簿号码

移动台号簿号码(MSISDN)即人们通常所说的呼叫某一用户时所使用的手机号码,其编号计划独立于PSTN/ISDN编号计划,编号结构为

$$CC + NDC + SN$$

其中,CC为国家码(如中国为86),NDC为国内目的码,SN为用户号码。

2. 国际移动用户识别码

国际移动用户识别码是网络唯一识别一个移动用户的国际通用号码,对所有的GSM网来说,它是唯一的,并尽可能保密。移动用户以此号码发出入网请求或位置登记,移动网据此查询用户数据,此号码也是HLR和VLR的主要检索参数。根据GSM的建议,IMSI最大长度为15位十进制数字。具体分配为

MCC + MNC + MSIN/NMSI

其中,MCC 为移动国家码,MNC 为移动网号,MSIN 为移动用户识别码,NMSI 为国内移动用户识别码。

IMSI 编号计划国际统一,由 ITU-T E. 212 规定,以适应国际漫游的需要。

IMSI 由电信经营部门在用户开户时写入移动台的 EPROM。当任一主叫按 MSISDN 拨叫某移动用户时,终接 MSC 将请求 HLR 或 VLR 将其翻译成 IMSI,然后用 IMSI 在无线信道上寻呼该移动用户。

3. 国际移动台设备识别码

国际移动台设备识别码(IMEI)是唯一标识移动台设备的号码,又称移动台电子串号。该号码由制造厂家永久性地置入移动台,用户和网络运营部门均不能改变它。

根据需要,MSC 可以发指令要求所有的移动台在发送 IMSI 的同时发送其 IMEI,如果发现两者不匹配,则确定该移动台非法,应禁止使用。在 EIR 中建有一张"非法 IMEI 号码表",俗称"黑表",用以禁止被盗移动台的使用。

4. 移动台漫游号码

移动台漫游号码(MSRN)是系统分配给来访用户的一个临时号码,供移动交换机路由选择使用。移动台漫游进入另一个移动交换中心业务区时,该地区的移动系统赋予它一个 MSRN,经由 HLR 告知 MSC,MSC 据此才能建立至该用户的路由。当移动台离开该区后,访问位置寄存器(VLR)和归属位置寄存器(HLR)都要删除该漫游号码,以便再分配给其他移动台使用。

5. 临时移动用户识别码

为了对 IMSI 保密,在空中传送用户识别码时用临时移动用户识别码(TMSI)来代替 IMSI。TMSI 是由 VLR 给用户临时分配的,只在本地有效(在该 MSC/VLR 区域内有效)。

5.2.3 呼叫接续与移动性管理

与固定网一样,移动通信网最基本的作用是给网中任意用户之间提供通信链路,即呼叫接续。但与固定网不同的是,在移动网中,由于用户的移动性,就必须有一些另外的操作处理功能来支持。

当用户从一个区域移动到另外一个区域时,网络必须发现这个变化,以便接续这个用户的通信,这就是位置登记。当用户在通信过程中从一个小区移动到另一个小区时,系统要保证用户的通信不中断,这就是越区切换。这些位置登记、越区切换的操作,是移动通信系统中所特有的,我们把这些与用户移动有关的操作称为移动性管理。

1. MSC 服务区和位置区

(1)MSC 服务区

MSC 服务区由该 MSC 所控制的所有基站的覆盖区域组成。一个 MSC 区可以包含几个位置区。

(2)位置区

位置区是指移动台不用进行位置更新就可以自由移动的区域,可以包含几个小区。当呼叫某一移动用户时,由 MSC 可以追踪移动台究竟处于所在位置区的哪个小区。位置区识别码(Location Area Identifier,LAI)是在广播控制信道 BCCH 中广播的。

2. 位置登记

位置登记过程是指移动通信网对系统中的移动台进行位置信息的更新过程，它包括旧位置区的删除和新位置区的注册两个过程。

移动台的信息存储在HLR、VLR两个存储器中。当移动台从一个位置区进入另一个位置区时，就要向网络报告其位置的移动，使网络能随时登记移动用户的当前位置。利用位置信息，网络可以实现对漫游用户的自动接续，将用户的通话、分组数据、短消息和其他业务数据送达漫游用户。

为了减少对HLR的更新过程，HLR中只保存了用户所在地的MSC/VLR信息，而VLR中则保存了用户更详细的信息（如位置区的信息）。因此，在每一次位置变化时VLR都要进行更新，而只有在MSC/VLR发生变化时（用户进入新的MSC/VLR服务区时）才更新HLR中的信息。

移动台一旦加电开机后，就自动搜寻BCCH信道，从中提取所在位置区标识（LAI）。如果该LAI与原来的LAI相同，则意味着移动台还在原来的位置区，不需要进行位置更新；若不同，则意味着移动台已离开原来的位置区，必须进行位置登记。

位置登记可能在同一个MSC/VLR中进行，也可能在不同MSC/VLR之间进行。这两种情况下进行位置登记的具体过程会有所不同，但基本方法都是一样的。如图5.4所示，图中给出的是涉及两个MSC/VLR的位置更新过程，其他情况可以此类推。

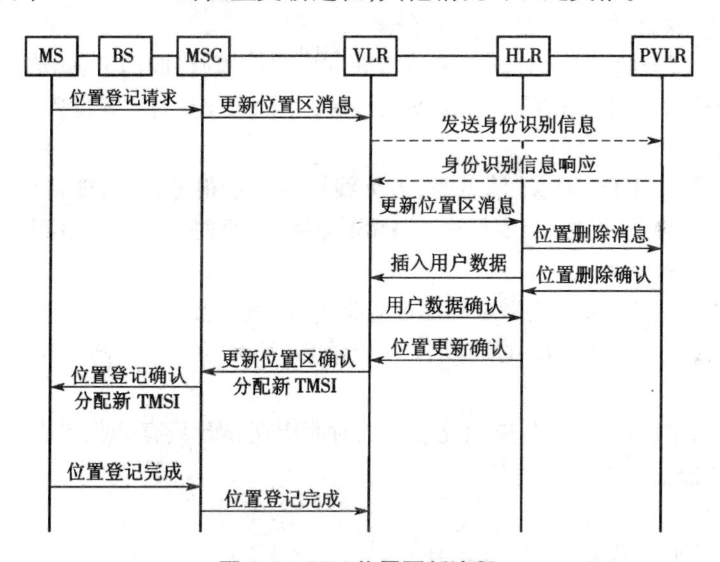

图5.4 GSM位置更新流程

用户由一个MSC/VLR管辖的区域进入另一个MSC/VLR管辖的区域时，移动用户可能用IMSI来标志自己，也可能用TMSI来标志自己。

（1）移动台用IMSI来标志自己时的位置登记和删除

1）MS通过BS向MSC发出位置登记请求消息。

2）若MS用IMSI标志自己，则新的VLR在收到MSC"更新位置区"的消息后，可根据IMSI直接判断出该MS的HLR地址。VLR给该MS分配漫游号码MSRN，并向该HLR发送"更新位置区"的消息。

3）HLR收到后，将该MS的当前位置记录在数据库中，同时用"插入用户数据"消息的形式将该MS的相关用户数据发送给VLR。

4)VLR 向 HLR 发来的“用户数据确认”消息。

5)HLR 回送“位置更新确认”消息,然后 VLR 通过 MSC 和 BS 向 MS 回送确认消息。同时 VLR 还需向 MS 分配新的 TMSI 号码。

6)HLR 向 PVLR 发送消息,通知其删除关于该 MS 的信息。

7)MS 通过 MSC 向 VLR 发送“位置登记完成”消息,位置更新过程结束。

(2)移动台用 TMSI 来标志自己时的位置登记和删除

当移动台进入一个新的 MSC/VLR 区域时,若 MS 用原来的 VLR(PVLR)分配给它的临时号码 TMSI 来标志自己,则新的 VLR 在收到 MSC“更新位置区”的消息后,不能直接判断出该 MS 的 HLR;而是向原来的 PVLR“发送身份识别信息”消息,要求得到该用户的 IMSI,PVLR 用“身份识别信息响应”消息将该用户的 IMSI 送给新的 VLR,VLR 再给该用户分配一个新的 TMSI,其后的过程与用 IMSI 识别码进行位置更新一样。

如果 MS 因故未收到“确认”信息,则此次位置更新申请失败,可以重复发送三次申请,每次时隔至少 10 s。

(3)附着与分离

移动台可能处于激活(开机)状态,也可能处于非激活(关机)状态。

当 MS 关机后,发送最后一次消息,要求进行分离操作,MSC/VLR 收到消息后要在有关的 VLR 和 HLR 中设置一个特定的标志,使网络拒绝向该用户呼叫,以免在无线链路上发送无效的寻呼信号,这种功能称之为“IMSI 分离”。

当 MS 开机后,若此时 MS 处于分离前相同的位置区,则将取消上述分离标志,恢复正常工作,这种功能称为“IMSI 附着”。若位置区已变,则要进行新的常规位置更新。

(4)周期性登记

MS 向网络发送“IMSI 附着”消息时,若无线链路质量很差,有可能造成错误,即网络认为 MS 仍然为分离状态;反之,当 MS 发送“IMSI 分离”消息时,因收不到信号,网络也会错认为该 MS 处于“附着”状态。

为了解决上述问题,系统还采取周期性登记方式,例如要求 MS 每 30 min 登记一次。这时,若系统没有接收到来自 MS 的周期性登记信息,VLR 就以“分离”作标记,称为“隐分离”。

网络通过 BCCH 通知 MS 其周期性登记的时间周期,MS 只有接收到周期性登记程序中的证实消息后才停止发送登记消息。

3. 呼叫接续

(1)移动用户呼叫固定用户

移动用户呼叫固定用户的过程如图 5.5 所示。

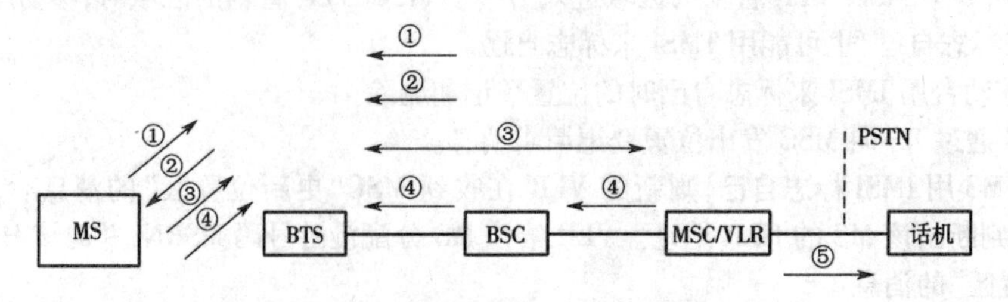

图 5.5　移动用户呼叫固定用户的过程

1) MS 通过随机接入信道 RACH 要求分配信令信 SDCCH。

2) BSC 分配 SDCCH 后用接入许可信道 AGCH 通知 MS。

3) MS 通过 SDCCH 向 MSC/VLR 发送呼叫建立请求,其后所有建立呼叫前所需控制信息均在其上传送,包括鉴权加密、设备识别发送、被叫号码等。

4) MSC/VLR 要求 BSC 分配一个业务信道 TCH 给 MS,并转至 BTS,再由 BTS 告知 MS。

5) MSC/VLR 传送被叫号到 PSTN,根据被叫号码建立连接。

(2) 固定用户呼叫移动用户

固定用户呼叫移动用户的过程如图 5.6 所示。

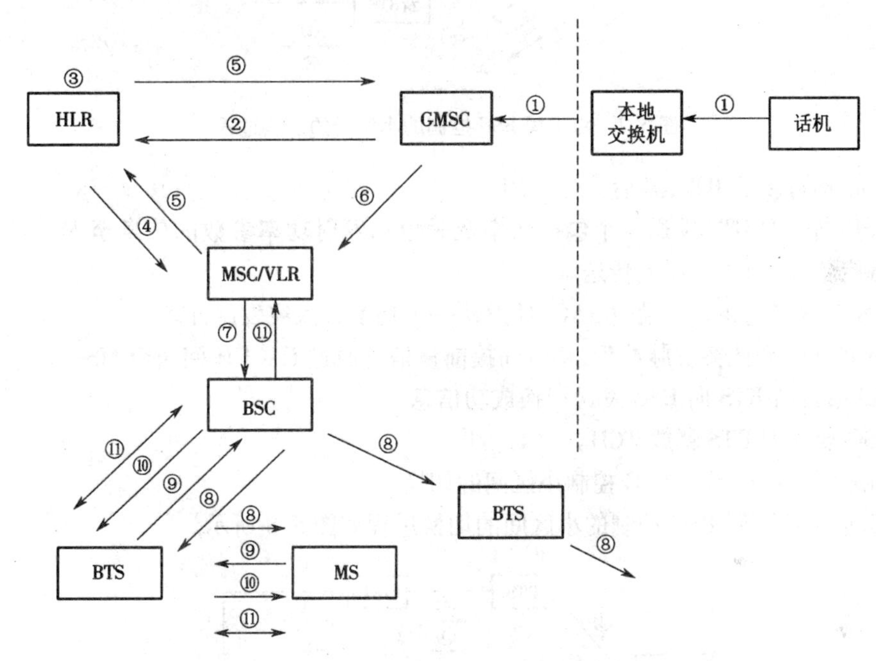

图 5.6　固定用户呼叫移动用户的过程

1) 固定用户拨 MSISDN 号码,在本地交换机内分析后转至 GMSC。

2) GMSC 分析 MSISDN,以找出 MS 登记所在的 HLR。

3) HLR 释放 MSISDN 为 IMSI,找出当前服务于 MS 的 MSC/VLR。

4) HLR 从 MSC/VLR 中要求 MSRN。

5) MSC/VLR 发 MSRN 至 HLR,由其转至 GMSC。

6) GMSC 路由呼叫至 MSC/VLR。

7) MSC/VLR 知道 MS 所在位置区,要求 BSC 寻呼用户。

8) BSC 分配寻呼信息到 BTS,由 BTS 通过寻呼信道 PCH 发送寻呼消息。

9) MS 收到寻呼消息后要求分配 SDCCH。

10) BSC 用 AGCH 分配给 MS 一个 SDCCH。

11) SDCCH 用于建立呼叫,分配给 MS 一个 TCH。

4. 切换管理

在 MS 通话阶段中,MS 小区的改变引起的系统相应操作叫切换。切换的依据是由 MS 对周邻 BTS 信号强度的测量报告和 BTS 对 MS 发射信号强度及通话质量决定的,统一由

BSC 评价后决定是否进行切换。

(1)由相同 BSC 控制的小区间的切换

由相同 BSC 控制的小区间的切换过程如图 5.7 所示。

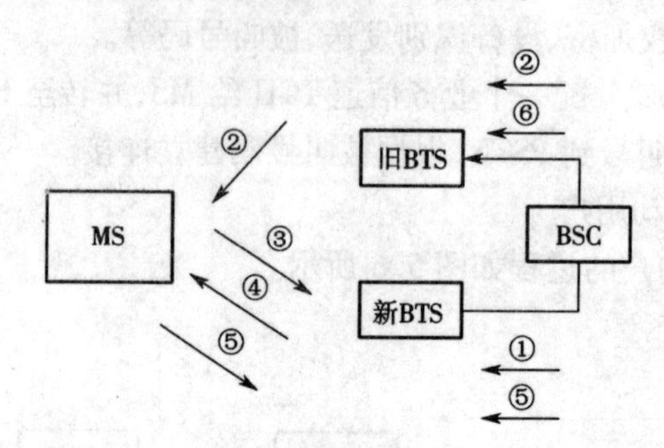

图 5.7 由相同 BSC 控制的小区间的切换过程

1)BSC 预订新的 BTS,激活一个 TCH。

2)BSC 通过旧 BTS 发送一个包括频率及时隙和发射功率参数的信息至 MS,此信息在快速随路控制信道 FACCH 上传送。

3)MS 在规定新频率上通过 FACCH 发送一个切换接入突发脉冲。

4)新 BTS 收到此突发脉冲后,将时间提前量信息通过 FACCH 回送至 MS。

5)MS 通过新 BTS 向 BSC 发送切换成功信息。

6)BSC 要求旧 BTS 释放 TCH。

(2)由相同 MSC 不同 BSC 控制小区间的切换

由相同 MSC 不同 BSC 控制的小区间的切换过程如图 5.8 所示。

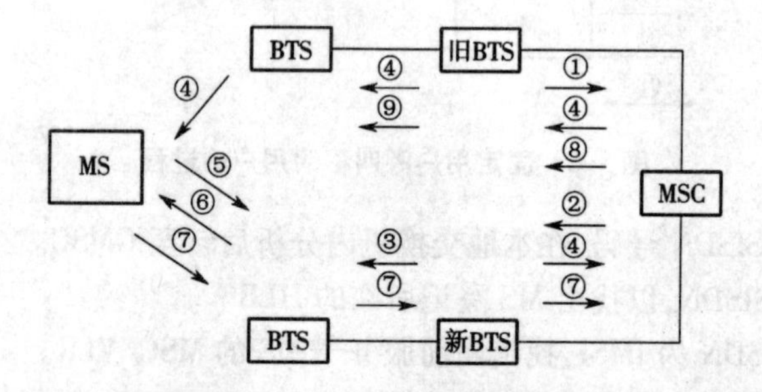

图 5.8 由相同 MSC 不同 BSC 控制的小区间的切换过程

1)旧 BSC 把切换请求及切换目的小区标识一起发给 MSC。

2)MSC 判断是哪个 BSC 控制的 BTS,并向新 BSC 发送切换请求。

3)新 BSC 为预订目标 BTS 激活一个 TCH。

4)新 BSC 把包含有频率时隙及发射功率的参数通过 MSC、旧 BSC 和旧 BTS 传到 MS。

5)MS 在规定新频率上通过 FACCH 发送一个切换接入突发脉冲。

6)新 BTS 收到此突发脉冲后,将时间提前量信息通过 FACCH 回送 MS。

7)MS 通过新 BSC 向 MSC 发送切换成功信息。

8)MSC 命令旧 BSC 释放 TCH。

9)旧 BSC 转发 MSC 命令至旧 BTS 并执行。

(3)由不同MSC控制的小区间的切换

由不同MSC控制的小区间的切换过程如图5.9所示。

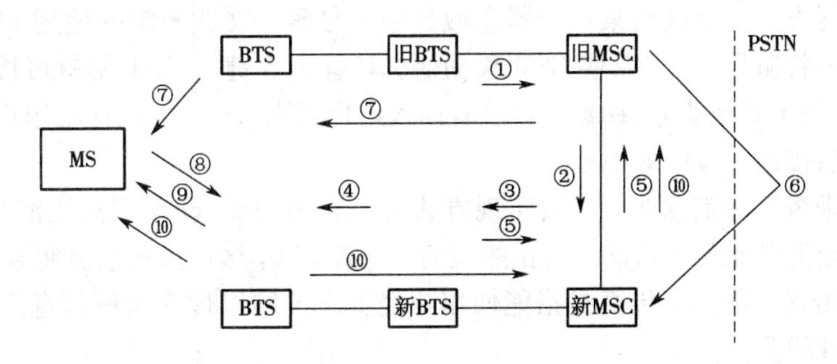

图5.9 由不同MSC控制的小区间的切换过程

1)旧BSC把切换目标小区标志和切换请求发至旧MSC。

2)旧MSC判断出小区属另一MSC管辖。

3)新MSC分配一个切换号(路由呼叫用),并向新BSC发送切换请求。

4)新BSC激活BTS的一个TCH。

5)新MSC收到BSC回送信息并与切换号一起转至旧MSC。

6)一个连接在MSC间被建立(也许会通过PSTN网)。

7)旧MSC通过旧BSC向MS发送切换命令,其中包含频率时隙和发射功率。

8)MS在规定新频率上通过FACCH发送一个切换接入突发脉冲。

9)新BTS收到此突发脉冲后,将时间提前量信息通过FACCH回送至MS。

10)MS通过新BSC和新MSC向旧MSC发送切换成功信息。此后旧TCH被释放,但通话过程的控制权仍在旧MSC手中。

5.2.4 GSM系统的业务功能

1.概述

GSM数字移动通信系统是一种多业务系统,能提供许多种不同类型的业务,除可以为用户提供传统的电话业务外,还可为用户提供非传统的业务,如短消息业务。它能提供的业务主要有三类,即电信业务、承载业务和补充业务。这三类业务的关系如图5.10所示。

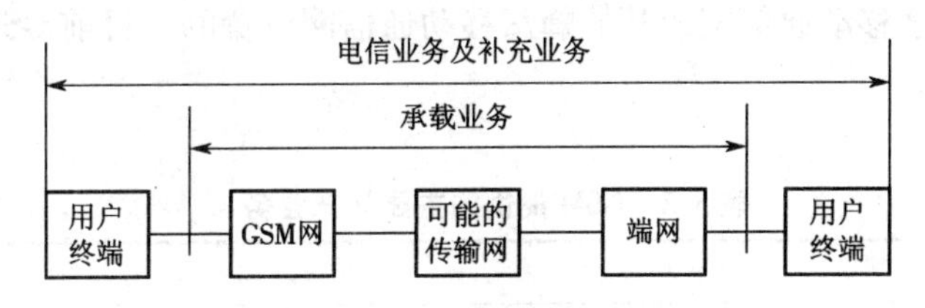

图5.10 GSM三类业务的关系

(1)电信业务

电信业务是指端到端业务,主要包括电话、紧急呼叫、短消息业务和第三类传真等。

1)电话。电话业务是GSM系统提供的最重要的业务,经过GSM网与固定网,为移动用户与移动用户之间或移动用户与固定网电话用户之间提供实时双向通话业务。

2)紧急呼叫。紧急呼叫业务来源于电话业务,它允许移动用户在紧急情况下,通过一种简单的拨号方式,即时将紧急呼叫接至离移动用户当时所处基站最近的紧急服务中心。这种简单的拨号方式可以按动某一个紧急服务中心号码。在欧洲统一使用112,在我国统一使用火警中心特服号119。有些GSM移动话机具备SOS键,一按此键就可接通紧急服务中心,此业务优先于其他业务,在移动台没有插入用户识别卡(SIM)或移动用户处于锁定状态时也可按键后接通紧急服务中心。

3)短消息业务。短消息业务按其实现方式可以分为两类,即点到点短消息业务(包括移动台起始的短消息业务和移动台终止的短消息业务)和小区广播短消息业务。

4)第三类传真。第三类传真是指能使用户经PLMN网以传真编码信息文件的形式自动交换各种函件的业务。

(2)承载业务

承载业务是在两个终端/网路接口处(接入点R/S)提供的业务,GSM所能提供的主要承载业务如表5.1所示。

表5.1 GSM提供的主要承载业务

业务	内容
异步数据	300~9 600 bit/s
同步数据	1 200~9 600 bit/s
PAD接入	300~9 600 bit/s,分组打包和拆包,为GSM用户接入分组网提供一个异步连接。该业务只能由移动台主叫发起
分组接入	2 400~9 600 bit/s,为GSM用户接入分组网提供一个同步连接。该业务只能由移动台主叫发起
话音/数据交替	在呼叫过程中,提供话音和数据的交替
话音后数据	先话音连接,而后进入数据连接

(3)补充业务

补充业务修改和增添了基本业务,主要是允许用户按照自己的需要改变网络对其呼入呼出的处理,或者通过网络向用户提供某种信息,让用户能够智能化地利用一些常规的业务。绝大部分移动通信网的补充业务是直接从固定电信网中继承过来的,因此这些业务并不是专门为GSM数字移动通信网或其他蜂窝移动通信网设置的。目前GSM提供的主要补充业务如表5.2所示。

表5.2 GSM提供的主要补充业务

业务	内容
号码识别	主叫号码显示(CLIP)
	主叫号码限制(CLIR)
	连接线显示(CoLP)
	连接线限制(CoLR)

续表

业务	内容
呼叫服务	前向呼叫无条件转移(CFU)
	移动台忙时前向呼叫(CFB)
	无应答前向呼叫(CFNRy)
	移动用户未能达到前向呼叫
呼叫完成	呼叫保持(HoLD)
	呼叫等待(CW)
多方	多方业务(MPTY)
兴趣群体	密切用户群
计费	计费信息提示(AoCI)
	计费费用提示(AoCC)
呼叫限制	所有呼叫禁止(BaOC)
	国际呼出禁止(BoIC)
	除拨向归属国家的国际呼出禁止(BOIC-exHC)
	所有呼入禁止(BAIC)
	漫游出归属国家呼入禁止(BIC-Roam)
无结构化	无结构化补充业务数据
营运者确定限制	由营运者确定的不同呼叫/业务限制

2. 短消息业务

(1)概述

所谓短消息业务(SMS),是指将语言、文字、数据、图片等简短文本消息通过移动网络或手机进行收发的一种通信机制。短消息业务按其实现的方式可以分为两类,即点到点短消息业务(包括移动台起始的短消息业务和移动台终止短消息业务)和小区广播短消息业务。

MS起始的短消息业务,能使GSM用户发送短消息给其他GSM点对点用户。点对点MS终止的短消息业务则可使GSM用户接收由其他GSM用户发送的短消息。但是,点对点短消息业务是由短消息业务中心完成存储和前转功能的,而MS至MS的消息传送是将上述两种短消息业务通过短消息业务中心连接完成。点对点消息的发送或接收应该在呼叫状态或空闲状态下进行,由控制信道传送短消息业务的消息,其信息量限制为160个字符。

小区广播式短消息业务是在GSM陆地移动通信网某一特定区域内,以有规则的间隔向移动台MS重复广播具有通用意义的短消息。移动台连续不断地监视广播消息,并在移动台上向用户显示广播消息。此短消息也是在控制信道上传送的,移动台只有在空闲状态下才可接收广播消息,其信息量限制为93个字符。

SMS有两大特点:第一是存储转发机制,即传送数据包的工作由移动网络中的短消息中心而不是终端用户来完成,如果用户不在服务区内,短消息就被存储在短消息中心;第二是传递确认机制,在电路交换数据环境中,连接是端到端的,所以用户能够知道连接是否完成以及数据传递的情况。

目前,对 SMS 的控制主要有文本模式和 PDU(Protocol Description Unit)模式,文本模式只是 PDU 的一种简化形式。PDU 是发送或接收手机 SMS 消息的一种方法。消息正文经过十六进制编码后进行传送。PDU 串可看作由短信中心地址 + TPDU 串组成。点对点短消息通信中,信息传输虽然会经过很多中间设备,但最终表现在两个对等短消息实体间进行。

(2)GSM 短消息实现原理

目前国内广泛应用的各厂商的平台结构和基本原理大同小异,一般来说,一个短消息网络可以分为三层结构,如图 5.11 所示。

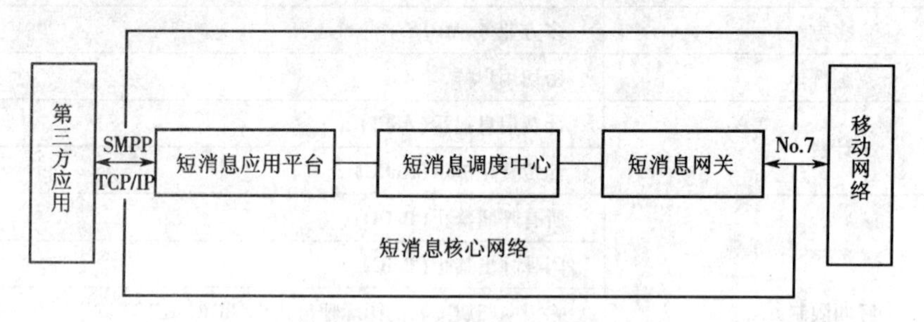

图 5.11　短消息网络结构

短消息网关是与移动网络进行信令交换和接续处理的部分;短消息调度中心是对短消息进行调度和管理的部分;短消息应用平台是对基于短消息的各种应用进行管理和控制的部分。具体牵涉到的实体可进一步由图 5.12 表示。

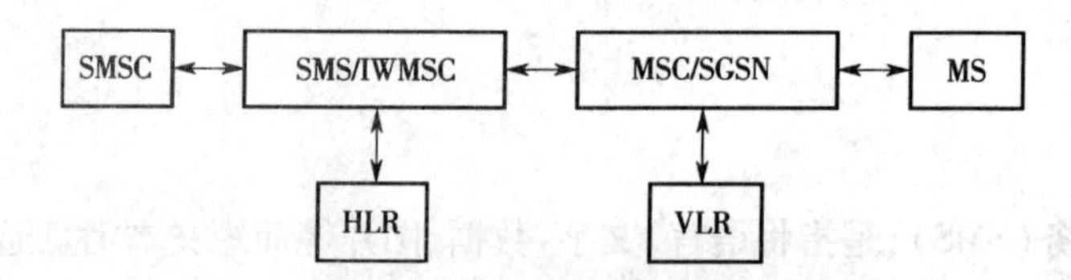

图 5.12　GSM 短信息业务基本网络结构

1)短消息业务中心(SMSC)功能。SMSC 能向一个 MS 递交短消息,直到报告已经接收或有效期已过;从 MS 接收短消息;从 PLMN 接收报告;就先前接收的短消息向 PLMN 返回一个报告。

2)MS 功能。MS 向 SMSC 提交一个短消息 TPDU,直到报告到达或时间超过;从 SMSC 接收短消息 TPDU;就先前接收的短消息向网络返回一个发送报告;从网络接收报告;通知网络存储器现在有能力接收一个或多个短消息。当一个先前由 MS 发往相同一个或多个短消息或者当一个先前由 MS 发往相同目的地地址的短消息被另一个短消息置换时通知 SMSC。

3)MSC 功能。当从 MS 接收短消息 TPDU 时,MSC 负责以下操作:短消息 TPDU 的接收;从 VLR 获取 MS 的 MSISDN 或出错信息;在向 MS 的故障报告里返回适当的错误信息(如果 VLR 指示有错误);检查 TPDU 参数(如果 VLR 指示无错);在向 MS 的故障报告里返回适当的错误信(如果参数不正确);检查目的地地址(如果参数没有错误);向 SMS-IWMSC 转发短消息 TPDU;MSC 向 MS 继续发报告(当从 SMS-IWMSC 接收到短消息报告时)。

4)SMS-GMSC 功能。当从 SC 接收短消息 TPDU,SMS-GMSC 负责以下操作:短消息 TPDU 的接收;参数检查;在错误报告中返回适当的错误信息给 SMSC(如果参数有错);询问 HLR,找回路由信息或错误信息(如果参数中没找到错误);用从 HLR 处获得的路由信息将短消息 TPDU 转送到 MSC(如果 HLR 没有指示任何错误);通知 HLR 成功发送或当从 MSC 收到错误的报告时通知 HLR,并告诉其原因。

5)SMS-IWMSC 功能。当从 MSC 接收到 TPDU 时,SMS-IWMSC 负责以下操作:短消息 TPDU 的接收;当需要时和 SMSC 建立连接;传送短消息 TPDU 到 SMSC(当 SMSC 的地址有效);当从 SMSC 接收到有关传送短消息 TPDU 的报告时,SMS-IWMSC 负责继续把该报告传至 MSC。当在期望时间内没有从 SMSC 接收到有关传送短消息 TPDU 的报告或 SMSC 地址无效时,SMS-IWMSC 负责以下操作:在故障报告里向 MSC 返回适当的错误信息。定时器的值依赖于 SMSC 和 SMS-IWMSC 之间的协议。

(3)点对点短消息业务过程

移动台终结短消息业务过程包含两个操作:①SMSC 到 MS 的信息或状态报告的传送;②向 SMSC 返回报告,包含打算传送信息的结果。

移动台发起短消息业务过程包含两个操作:①MS 到 SMSC 的信息传送;②向 MS 返回报告,包含打算传送信息的结果。

报警的传送过程包含 HLR 或 VLR 发起到 SMSC 提醒业务的所有的必要操作,告知 SMSC 说明 MS 已恢复了操作。

5.3　CDMA 系统

CDMA 是"Code Division Multiple Access"的缩写,译为"码分多址",CDMA 移动通信系统(以下简称为 CDMA 系统)是一种以扩频通信为基础、载波调制和码分多址技术相结合的移动通信系统。

CDMA 数字蜂窝系统是在 FDMA 和 TDMA 技术的基础上发展起来的,与 FDMA 和 TDMA 相比,CDMA 具有许多独特的优点,其中一部分是扩频通信系统所固有的,另一部分则是由软切换和功率控制等技术带来的。CDMA 移动通信网是由扩频、多址接入、蜂窝组网和频率再用等几种技术结合而成的,因此它具有抗干扰性好、抗多径衰落、保密安全性高和同频率可在多个小区内重复使用的优点,所要求的载干比(C/I)小于 1,容量和质量之间可作权衡取舍等属性。这些属性使 CDMA 比其他系统具备以下重要的优势。

1. 系统容量大

如果考虑总频带为 1.25 MHz,FDMA(如 AMPS)系统每小区的可用信道数为 7;TDMA(GSM)系统每小区的可用信道数为 12.5;CDMA(IS-95)系统每小区的可用信道数为 120。同时,在 CDMA 系统中,还可以通过话音激活检测技术进一步提高容量。理论上,CDMA 移动网容量比模拟网大 20 倍,实际要比模拟网大 10 倍,比 GSM 要大 4 ~5 倍。

2. 保密性好

在 CDMA 系统中采用了扩频技术,可以使通信系统具有抗干扰、抗多径传播、隐蔽、保密的能力。

3. 软切换

CDMA 系统中可以实现软切换。所谓软切换,是指先与新基站建立好无线链路之后才断开与原基站的无线链路。因此,软切换中没有通信中断的现象,从而提高了通信质量。

4. 软容量

CDMA 系统中容量与系统中的载干比有关,当用户数增加时,只会使通话质量下降,而不会出现信道阻塞现象。因此,系统容量不是定值,而是可以变动的。这与 CDMA 的机理有关。因为在 CDMA 系统中,所有移动用户都占用相同带宽和频率。比如,将带宽想象成一个大房子,所有的人将进入唯一的一个大房子。如果他们使用完全不同的语言,就可以清楚地听到同伴的声音,而只受到一些来自别人谈话的干扰。在这里,屋里的空气可以被想象成宽带的载波,而不同的语言即被当作编码,我们可以不断地增加用户,直到整个背景噪声限制住了我们与他人的沟通。如果能控制住每个用户的信号强度,在保持高质量通话的同时,我们就可以容纳更多的用户了。

5. 频率规划简单

因为用户按不同的序列码区分,所以相同 CDMA 载波可在相邻的小区内使用,网络规划灵活,扩展简单。

5.3.1 码分多址技术的基本原理

码分多址的基础是需要足够的周期性序列码作为地址码,该序列码应具有很强的自相关性和互相关性,即码组内只有本身码相乘叠加后为 1(自相关值为 1),任意两个不同的码相乘叠加后为 0(互相关值为 0),如沃尔什码、m 序列伪随机码及戈尔德码等。码分多址通信系统中,在发送端利用地址码与用户信息数据相乘(或模 2 加),经过调制发送出去,在接收端以本地产生的已知地址码作参考,对解调的信号,根据相关性差异对收到的所有信号进行鉴别,从中将地址码与本地地址码一致的信号选出,把不一致的信号除掉(称为相关检测)。其工作原理简要叙述如下。

码分多址收、发系统如图 5.13 所示。

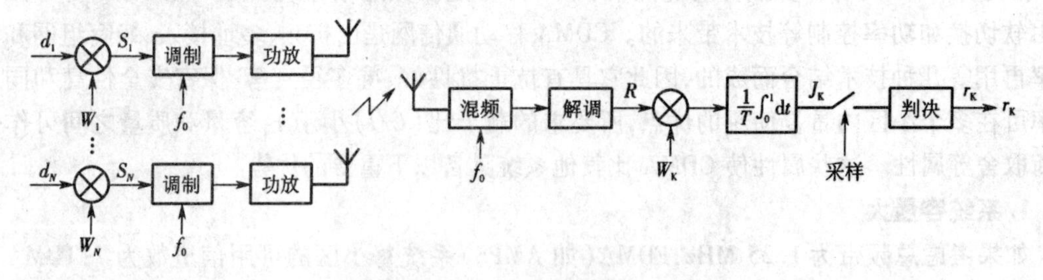

图 5.13 码分多址收、发系统示意图

其中,$d_1 \sim d_N$ 分别指 N 个用户的信息数据,$W_1 \sim W_N$ 分别指相对应的地址码。为简明起见,假定系统内只有 4 个用户(即 $N=4$),各自的地址码分别为:$W_1=[1\quad 1\quad 1\quad 1]$,$W_2=[1\quad -1\quad 1\quad -1]$,$W_3=[1\quad 1\quad -1\quad -1]$,$W_4=[1\quad -1\quad -1\quad 1]$,对应的波形如图 5.14(a)所示。若在某一时刻用户信息数据分别为 $d_1=[1]$,$d_2=[-1]$,$d_3=[1]$,$d_4=[-1]$,对应的波形如图 5.14(b)所示。与各自对应的地址码相乘后的波形 $S_1 \sim S_4$ 如

图5.14(c)所示。

在接收端,当系统处于同步状态和忽略噪声的影响时,在接收机中解调输出 R 端的波形是 $S_1 \sim S_4$ 的叠加。如果欲接收某一用户(如用户2)的信息数据,本地产生的地址码应与该用户的地址码相同($W_K = W_2$),并且用此地址码与解调输出 R 端的波形相乘,再送入积分电路,然后经过采样判决电路得到相应的信息数据。如果本地产生的地址码与用户2的地址码相同($W_K = W_2$),经过相乘积分电路后,产生的波形 $J_1 \sim J_4$ 如图5.14(d)所示,即 $J_1 = \{0\}$,$J_2 = \{1\}$、$J_3 = \{0\}$,$J_4 = \{0\}$,即在采样、判决电路前的信号是 $0+(1)+0+0$。此时,虽然解调输出 R 端的波形是 $S_1 \sim S_4$ 的叠加,但是因为要接收的是用户2的信息数据,本地产生的地址码与用户2的地址码相同($W_K = W_2$),经过相关检测后,用户1,3,4所发射的信号加到采样、判决电路前的信号是0,对信号的采样、判决没有影响。采样、判决电路的输出信号是 $r_2 = \{1\}$,是用户2所发送的信息数据。

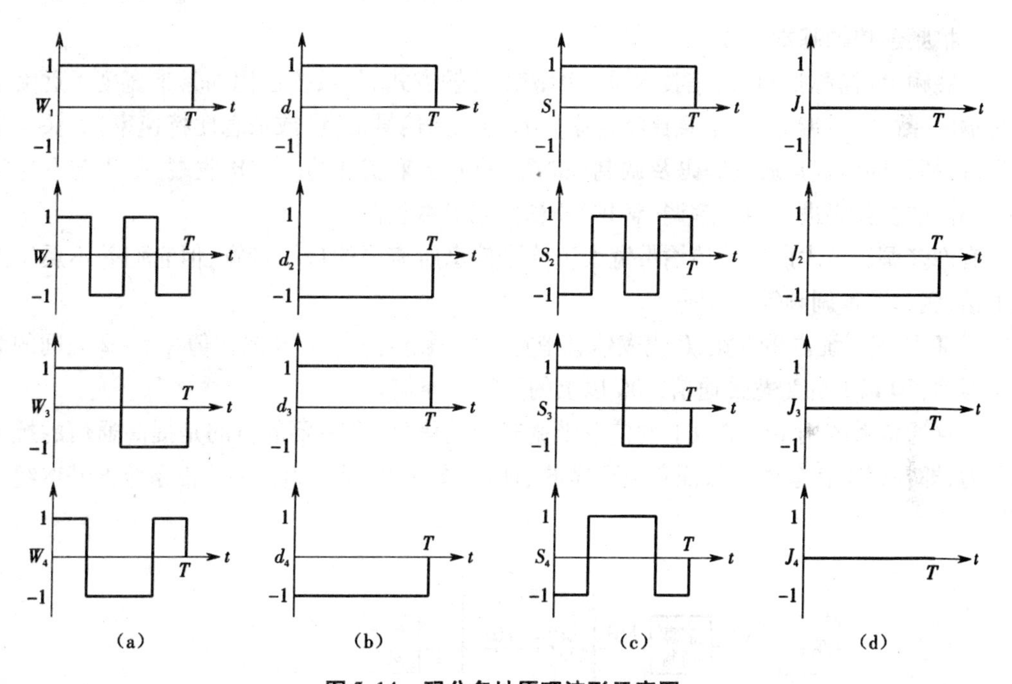

图5.14　码分多址原理波形示意图

如果要接收用户3的信息数据,本地产生的地址码应与该用户3的地址码相同($W_K = W_3$),经过相乘、积分电路后,产生的波形是 $J_1 \sim J_4$,即 $J_1 = \{0\}$,$J_2 = \{0\}$,$J_3 = \{1\}$,$J_4 = \{0\}$,也就是在采样、判决电路前的信号是 $0+0+(1)+0$。此时,虽然解调输出 R 端的波形是叠加的,但是因为要接收的是用户3的信息数据,本地产生的地址码与用户3的地址码相同,经过相关检测后,用户1,2,4所发射的信号加到采样、判决电路前的信号是0,对信号的采样、判决没有影响。采样、判决电路的输出信号是 $r_3 = \{1\}$,是用户3所发送的信息数据。

如果要接收用户1,4的信息数据,其工作机理与上述相同。

以上通过一个简单例子,简要地叙述了码分多址通信系统的工作原理。实际的码分多址移动通信系统要复杂得多。

第一,要达到多路多用户的目的,就要有足够多的地址码,而这些地址码又要有良好的自相关性和互相关性,这是“码分”的基础。

第二,在码分多址通信系统中的各接收端,必须产生本地地址码(简称本地码),该本地码不但在码型结构上与对端发来的地址码一致,而且在相位上也要完全同步。用本地码对收到的全部信号进行相关检测,从中选出所需要的信号,这是码分多址最主要的环节。

第三,由于码分多址通信系统的特点,即网内所有用户使用同一载波,因此各个用户可以同时发送或接收信号。这样,接收的输入信号干扰比将远小于1(负的若干 dB),这是传统的调制解调方式远不能及的。为了把各用户之间的相互干扰降到最低限度,并且使各个用户的信号占用相同的带宽,码分系统必须与扩展频谱(简称扩频)技术相结合,使在信道传输的信号占频带极大的展宽(一般达百倍以上),为接收端分离信号完成实际性的准备。

5.3.2 码分多址直接序列扩频通信系统

1. 扩频通信的基本原理

扩展频谱(简称扩频)通信技术是一种信息传输方式,其系统占用的频带宽度远远大于要传输的原始信号带宽(或信息比特速率),且与原始信号带宽(或信息比特速率)无关。在发送端,频带的展宽是通过编码及调制(扩频)的方法来实现的。在接收端,则用与发送端完全相同的扩频码进行相关解调(解扩)来恢复信息数据。

有许多调制技术所用的传输带宽大于传输信息所需要的最小带宽,但它们并不属于扩频通信,例如宽带调频等。

设 W 代表系统占用带宽,B 代表信息带宽,则一般认为 W 与 B 的比值在 1 ~2 之间的为窄带通信,50 以上的为宽带通信,100 以上的为扩频通信。

扩频通信系统用 100 倍以上的信息带宽来传输信息,最主要的目的是提高通信的抗干扰能力,即在强干扰条件下保证安全可靠的通信。图 5.15 所示为扩频通信系统的基本组成框图。

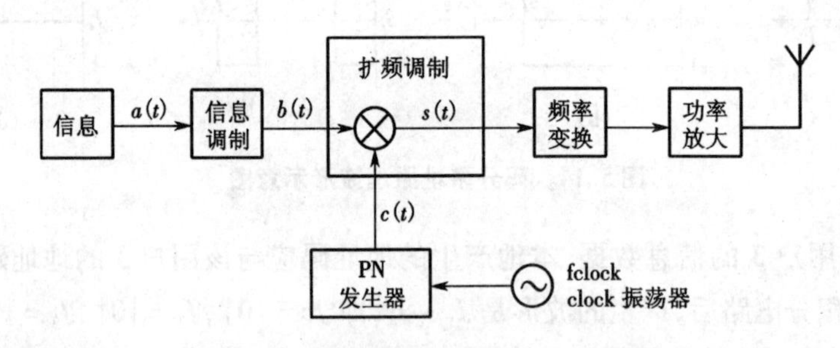

图 5.15 扩频通信系统基本组成框图

扩频通信频谱如图 5.16 所示。信息数据(速率 R_i)经过信息调制器后输出的是窄带信号,如图 5.16(a)所示;经过扩频调制(加扩)后频谱被展宽,如图 5.16(b)所示;其中,在接收机的输入信号中加有干扰信号,其功率谱如图 5.16(c)所示;经过扩频解调(解扩)后,有用信号变成窄带信号,如图 5.16(d)所示;再经过窄带滤波器,滤掉有用信号带外的干扰信号,如图 5.16(e)所示,从而降低了干扰信号的强度,改善了信噪比。这就是扩频通信系统抗干扰的基本原理。

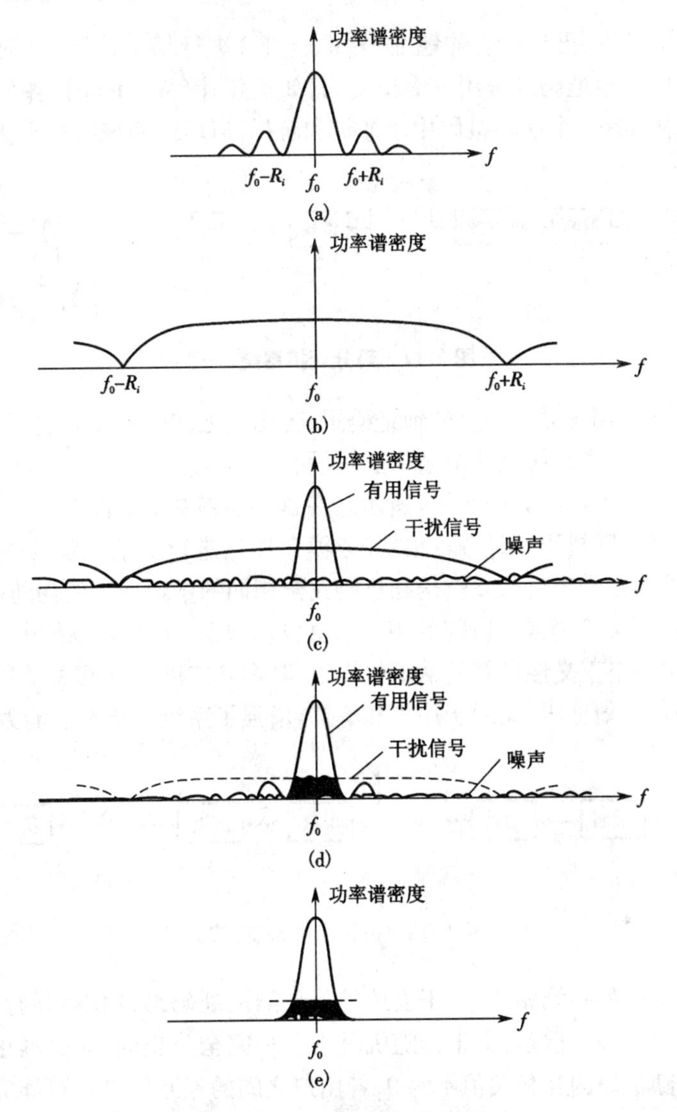

图5.16　扩频通信频谱示意图

(a)信息调制器输出信号功率谱　(b)发送的扩频信号功率谱　(c)接收信号功率谱
(d)解扩后的信号功率谱　(e)窄宽中频滤波器输出信号功率谱

由于码分多址通信系统中的各个用户同时工作于同一载波，占用相同的带宽，这样各用户之间必然相互干扰。为了把干扰降到最低限度，码分多址必须与扩频技术结合起来使用。在公用移动通信中，码分多址主要与直接序列扩频技术相结合，构成码分多址直接序列扩频通信系统。

直接序列扩频，简称直扩（DS），是直接用高速率的伪随机码在发端去扩展信息数据的频谱，再在收端用完全相同的伪随机码进行解扩，把展宽的扩频信号还原成原始信号。

2. 直接序列扩频系统的两种主要方式

第一种系统的简单框图如图5.17所示。在这种系统中，发端的用户信息数据 d_i 首先和与之相对应的地址码 W_i 相乘（或模2加），进行地址码调制；再与高速伪随机码（PN码）相乘（或模2加），进行扩频调制。在收端，扩频信号经过由本地产生的与发端伪随机码完全相同的 PN 码解扩后，再与相应的地址码（$W_K = W_i$）进行相关检测，得到所需的用户信息（$r_K = d_i$）。系统中的地址码是采用一组正交码，如沃尔什（Walsh）码，各个用户分配其中的一个码，而系统中只有一个伪随机码用于加扩和解扩，以增强系统的抗干扰能力。

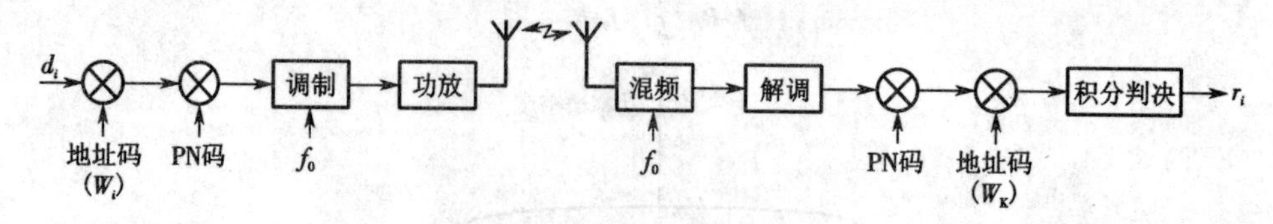

图 5.17 码分直扩系统（一）

这种系统由于采用了完全正交的地址码组，各用户之间的相互影响可以完全消除，提高了系统的性能，但是整个系统更为复杂，尤其是同步系统。

第二种系统的简单框图如图 5.18 所示。在这种系统中，发端的用户信息数据 d_i 直接和与之对应的高速伪随机码（PN_i 码）相乘（或模 2 加），进行地址调制的同时又进行了扩频调制。在收端，扩频信号经过与发端伪随机码完全相同的本地产生的伪随机码（PN_K，$PN_K = PN_i$）解扩，并经过相关检测得到所需的用户信息（$r_K = d_i$）。在这种系统中，系统中的伪随机码是一个，且采用一组正交性良好的伪随机码组，其两者之间的互相关值接近于 0。该组伪随机码既用作用户的地址码，又用于加扩和解扩，增强了系统的抗干扰能力。

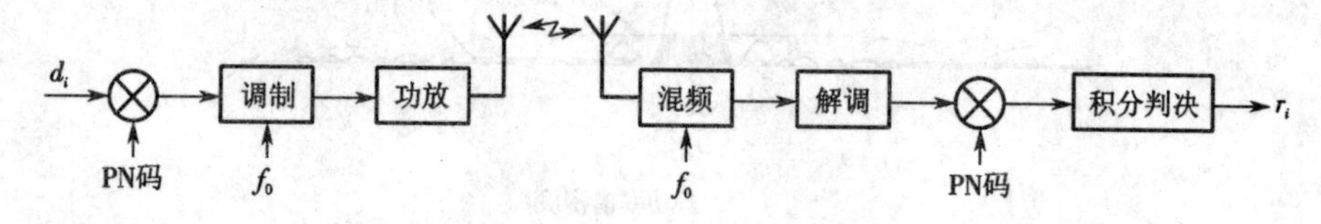

图 5.18 码分直扩系统（二）

这种系统与第一种系统相比，由于去掉了单独的地址码组，用不同的伪随机码来代替，整个系统相对简单一些。但是，由于伪随机码组不是完全正交的，而是准正交的，也就是码组内任意两个伪随机码的互相关值不为 0，各用户之间的相互影响不可能完全消除，整个系统的性能将受到一定的影响。

3. 地址码和扩频码的选择

地址码和扩频码的选择对系统的性能具有决定性的作用，它直接关系到系统的多址能力，抗干扰、抗噪声、抗衰落能力，信息数据的隐蔽和保密，捕获与同步系统的实现。理想的地址码和扩频码应具有如下特性。

1）有足够多的地址码。

2）有尖锐的自相关特性。

3）有处处为零的互相关特性。

4）不同码元数平衡相等。

然而，要同时满足这些特性是目前任何一种编码难以达到的。就地址码而言，目前采用的是沃尔什码（Walsh 码）。该码是正交码，具有良好的自相关特性和处处为零的互相关特性。由于该码组内的各码所占频谱带宽不同等原因，不能用作扩频码。因为真正的随机信号和噪声是几乎不可能重复再现和产生的，作为扩频码的伪随机码（同时作地址码）具有类似白噪声的特性。我们只用一种周期性的脉冲信号来近似随机噪声的性能，即伪随机码(PN 码)。此类码具有尖锐的自相关特性和较好的互相关特性，同一码组内的各码占据的频带可以做到很宽并且相等。但是伪随机码由于其互相关值不是处处为零，用作扩频码且同时作为地址码时，系统的性能将受到一定的影响。伪随机码有一个很大的家族，包含很多码组，例如 m 序列、M 序列、Gold 序列、GL(Gold Like)序列等，经常使用的主要有 m 序列和 Gold 序列两种。

5.3.3 CDMA 网络结构

CDMA 网络结构如图 5.19 所示。从图中可看出 CDMA 网络结构与 GSM 网络相似。

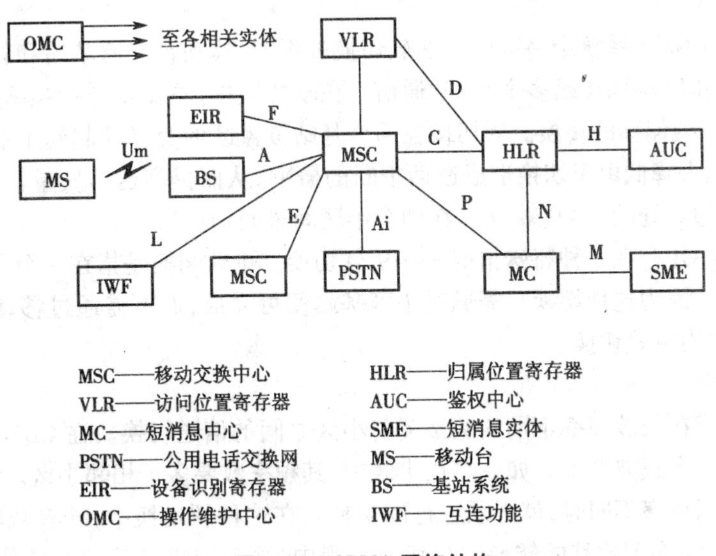

图 5.19 CDMA 网络结构

5.3.4 CDMA 关键技术

1. 直扩通信的同步问题

同步技术是扩频的关键技术，在扩频通信系统中，在发端的伪随机码(PN 码)对信息数据进行扩频，在收端首先是利用本地产生的伪随机码(本地码)解除接收到的频谱扩展(解扩)，然后才能进行信息解调。要实现解扩，就必须使本地码的频率和相位与接到的伪随机码完全一致。所以，在数字通信中除了载波同步、位同步、帧同步外，伪码序列同步是它特有的。扩频通信系统的同步问题比一般数字通信系统更复杂。

在扩频通信中，同步过程包括两个阶段，第一阶段是捕获阶段，接收机首先搜索对方的发送信号，把对方发来的伪随机码与本地码在相位上纳入可同步保持(可跟踪)的范围中，即在一个伪随机码码元之内。然后，就进入跟踪阶段，同步系统能自动地加以调整，使收端的本地码与接收到的伪随机码保持精确的同步。

2. Rake 接收技术

移动通信信道是一种多径衰落信道，Rake 接收技术就是分别接收每一路的信号进行解调，然后叠加输出，达到增强接收效果的目的，这里多径信号不仅不是一个不利因素，在

CDMA 系统中反而变成了一个可供利用的有利因素。

3. 功率控制

功率控制技术是 CDMA 系统的核心技术。CDMA 系统是一个自扰系统,所有移动用户都占用相同带宽和频率,“远近效用”问题特别突出。CDMA 功率控制的目的就是克服“远近效用”,使系统既能维持高质量通信,又不对其他用户产生干扰。功率控制分为正向功率控制和反向功率控制,反向功率控制又可分为仅有移动台参与的开环功率控制和移动台与基站同时参与的闭环功率控制。

4. 软切换

与 GSM 系统不同,CDMA 系统中越区切换可分为两大类:软切换和硬切换。

(1)软切换

软切换是 CDMA 系统中特有的。在软切换过程中,移动台与原基站和新基站都保持着通信链路,可同时与两个(或多个)基站通信。在软切换中,不需要进行频率的转换,而只有导频信道 PN 序列偏移的转换。软切换在两个基站覆盖区的交界处起到了业务信道的分集作用,这样可大大降低由于切换造成通话中断的概率,从而提高通信质量。同时,软切换还可以避免小区边界处的“乒乓效应”(在两个小区间来回切换)。

在软切换中还存在一种特殊情况——更软切换。更软切换是指在一个小区内的扇区之间的信道切换。因为这种切换只需通过小区基站便可完成,而不需通过移动业务交换中心的处理,故称之为更软切换。

(2)硬切换

硬切换是指在载波频率不同的基站覆盖小区之间的信道切换。在 CDMA 系统中,一个小区中可以有多个载波频率。如在热点小区中,其频率数要多于相邻小区。因此,当进行切换的两个小区的频率不同时,就必须进行硬切换。在这种硬切换中,既有载波频率的转换,又有导频信道 PN 序列偏移的转换。在切换过程中,移动用户与基站的通信链路有一个很短的中断时间。

第6章　数据通信网

在电信领域中,信息一般可分为话音、数据和图像三大类型。数据是具有某种含义的数字信号的组合,如字母、数字和符号等。传输这些字母、数字和符号,可以用离散的数字信号逐一准确地表达出来,例如可以用不同极性的电压、电流或脉冲来代表。数据通信是将这样的数据信号加到数据传输信道上传输,到达接收地点后再正确地复原原始发送的数据信息的一种通信方式。

由于计算机输入输出的都是数据信号,而数据通信就是以传输数据为业务的一种通信方式,因此它是计算机和通信相结合的产物,代表着通信技术的发展方向。

数据通信可以是点对点的运行,但在大多数情况下是通过数据通信网实现的。数据通信网通常由分布在各地的计算机或数据终端、数据传输设备、数据交换设备通过数据传输线路互相连接而成。数据通信网的任务主要是在网络用户之间,透明地、无差错地、迅速地交换数据信息。

6.1　数据通信网概述

6.1.1　数据通信网的基本概念

从本质上讲,数据通信网是数据通信系统的扩充,或者说是若干个数据通信系统的归并和互联。任何一个数据通信系统都是由终端、数据电路和计算机系统三种类型的设备组成的。图6.1所示为数据通信系统的基本构成,由图可看出,远端的数据终端设备(DTE)通过数据电路与计算机系统相连,数据电路由传输信道和数据电路终接设备(DCE)组成。因此,组成数据通信网的基本部件和数据通信系统是相同的,所增加的主要设备就是数据交换机(一般为分组交换机)。

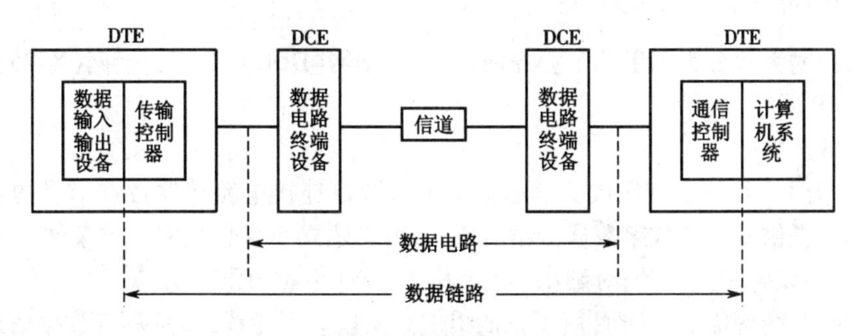

图6.1　数据通信系统基本构成图

通常数据通信网被划分为两个部分:通信子网和本地网。

通信子网具备传输和交换功能,它是在原有通信网传输链路上加装了专用于数据交换或连接的节点交换机,从而构成了专门处理数据信息的数据通信网,并随着通信业务变化及网络的不断进化和变更,进一步发展为能够处理各种通信业务的综合通信网。

本地网是由一些数据通信专用设备,如集线器、复用器、通信控制器、前置处理机以及这些专用设备与各类通信网的专用接口等部分所组成。一般本地网的数据通信业务经由主机送往各节点交换机。

除上述情况外,电信运营商也可根据租用电路的要求,把若干个用户终端之间的电路在交换局的配线架上固定地连接起来,组成一个固定通路的专用数据通信网。这种由租用线路组成的专用数据通信网,电路是固定连接的,因此,在某些情况下,用户通信时无须呼叫和拆线,因而便于传送紧急而时效短的数据信息以及大批量的资料信息。采用这种连接方式的数据通信网称为数字数据网(DDN)。由于这种连接方式的特殊性,一般此网在业务量大的重点方向上使用。

现代数据通信就是为计算机之间以及各计算机和各种终端之间提供传输、交换信息的手段。从广义上说,数据通信就是计算机通信,从而形成的数据通信网也就是计算机通信网。

与电话通信相比,数据通信有如下特点。

1)数据通信是实现人与机器或机器与机器之间的通信,计算机直接参与通信是数据通信的重要特征,而电话机仅能完成人与人之间的通信。由于计算机不具备人脑的思维能力,因此要实现与人或与其他计算机之间的交流就一定要靠人预先编制的程序来完成。这远比电话通信要复杂。

2)对数据传输的准确性和可靠性要求高。在数据通信中,通常用二进制的“1”和“0”表示信息。任何错误都可能造成严重的后果。因此需要较低的误码率,并且传递系统应有自动纠正错误的能力。

3)传输速率高,要求持续和传输响应时间快。数据信号的传输速率随所使用的带宽不同而不同,传输速率通常比电话线高。

4)通信的持续时间差异较大。数据通信的平均信息长度和平均时延随着应用的不同而不同。

5)数据通信具有灵活的接口,能满足各种设备之间的相互通信。

6.1.2 数据通信网的分类

数据通信网大致分为以下几个业务网:数字数据网(DDN)、分组交换网(X.25)、帧中继网、ATM 网、IP 网等。

1. 数字数据网

数字数据网(DDN)是利用数字信道提供半永久性连接电路传输数据信号的数字传输网。它向用户提供专用的数字数据传输信道,为用户建立专用数据网提供条件。DDN 网具有传输质量高、误码率低、传输时延小、支持多种业务(数据、语音、传真、图像、帧中继等)、提供高速数据专线等优点。DDN 网不仅能提供高质量数字专线,而且具有数据信道带宽管理功能。

2. 分组交换网

分组交换网(X.25)吸收了电路交换低时延及电报交换路由选择自由的优点,是一种数据传输可靠性较高的数据通信方式。分组交换网能够向用户提供不同速率、代码及通信规程的接入。我国的分组交换网与用户的接口规程主要采用原 CCITT X.25 协议,它包括 ISO 的开放系统互连(OSI)七层协议的下三层,分别由网络终端和通信网完成这些功能。由于线路采用动态统计时分复用,线路利用率较高,但通信协议开销较大。

3. 帧中继网

帧中继网采用快速分组交换技术,它是在数字光纤线路代替模拟线路、用户终端逐渐智能化的基础上发展起来的。帧中继网只完成 OSI 物理层和数据链路层的功能,不负责数据的纠错、重发、流量控制等。因此它具有网络吞吐量高、传送时延小、经济、可靠、灵活的特点,是非常经济的用户宽带业务接入网。

4. ATM 网

ATM 网(异步传送模式网)是一种用于宽带网内传输、复用、交换信元的技术,可以支持高质量的语音、图像和高速数据业务。它是一种简化的面向连接的高速分组交换,是未来宽带综合业务数字网的基础和核心。

5. IP 网

IP 网(Internet 或因特网)是全世界最大的信息网络,通过 IP 网的计算机联网功能,我们可以与世界大多数国家交流信息,检索各种资料。IP 网利用 TCP/IP 协议将遍布世界各地各种类型的数据网联成一个大网。其下层数据网由各种类型的二层数据网组成,其网络节点设备可以是各种类型的数据交换机(如 X.25、FR、ATM、以太网等分组交换机);而 IP 网采用统一格式的 IP 地址,节点设备统一采用面向无连接的路由器。

6.1.3　数据通信网的主要性能指标

数据通信的目的是及时、有效地传递信息。衡量数据传输是通过传输的数量和质量来衡量的。数量是指传输的速度,包括数据率、调制速率、传播速率、吞吐量等;质量是指数据传输的可靠性,一般用数据传输的差错率来衡量。

1. 数据率

数据率即数据传输率,表示单位时间内传输的代码数,指每秒传输的二进制代码位数(bit),故又称比特率,单位为比特每秒(bit/s)。

数据率的高低,由每位所占的时间所决定,每一位数据占用的时间宽度越少,则数据率越高。数据率的计算公式为

$$S=\frac{1}{T}\log_2 N \tag{6.1}$$

式中　S——数据率,单位 bit/s;

T——传输的电脉冲信号的宽度或周期;

N——电脉冲信号所有可能的状态数;

$\log_2 N$——每个电脉冲所表示的二进制数据的位数(比特数)。

例如,电信号的状态数 $N=2$,即只有“1”和“0”两个状态,则每个电信号只传送 1 位二进制数,这时 $S=1/T$。

2. 调制速率

调制速率又称波特率、码元速率或波形速率。它是针对模拟信号传输过程中,数字信号

经过调制后的传输速率,表示每秒钟传送多少电信号单元(码元),即每秒钟载波调制状态改变的次数。或者说,在数据传输过程中,线路上每秒钟传送的波形的个数就是数据率(或称波特率),其单位为波特(Baud)。调制速率就是脉冲信号经过调制后的传输速率,通常用于表示调制解调器之间的信号传输速率。若以 T 表示调制信号的周期,则调制速率为

$$B=\frac{1}{T} \tag{6.2}$$

由上两式得比特率与波特率之间的关系为

$$S=B\log_2 N \tag{6.3}$$

例如,$N=2$,则 $S=B$,即比特率与波特率相等。

此外,波特和比特是两个不同的概念,波特是码元的传输速率单位,它表示单位时间内传输多少个码元,码元传输速率也就是调制速率、波形速率;而比特是信息量的单位。波特率与比特率的区别如图 6.2 所示。

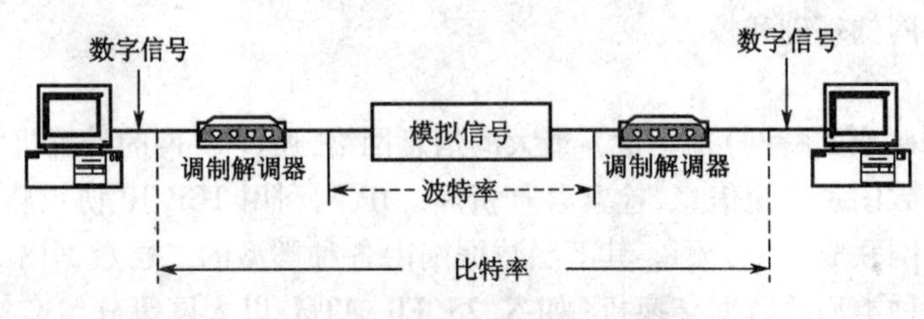

图 6.2 波特率与比特率的区别

3. 传播速率

信号在单位时间内传送的距离称为传播速率。传播速率的大小受限于传输媒质,在真空中的传播速率最大,即光速。例如,电信号在电缆中传播的速度约为光速的 77%。

4. 吞吐量

吞吐量是指单位时间内整个网络能够处理的信息总量,单位是字节/秒或位每秒(byte/s)。

5. 可靠性

可靠性可用差错率来表示,常用的差错率指标有平均误码率、平均误字率和平均误码组率等。

误码率又称为出错率,指二进制数据位传输时出错的概率,是衡量数据通信系统在正常工作情况下的传输可靠性的指标。误码率 P_e = 误传的码元总数/传送的码元总数。在计算机通信网络中,一般要求误码率低于 10^{-6},若误码率高于这个指标,可通过差错控制方法进行检验和纠错。

6.1.4 数据传输方式

1. 通信方式

(1)并行通信方式

并行数据传输中有多个数据位,同时在两个设备之间传输。如图 6.3 所示,发送设备将这些数据位通过对应的数据线传送给接收设备,还可附加一位数据校验位。接收设备可同时接收到这些数据,不需要做任何变换就可直接使用。并行方式主要用于近距离通信。计算机内的总线结构就是典型的并行通信。这种方法的优点是传输速度快、处理简单。

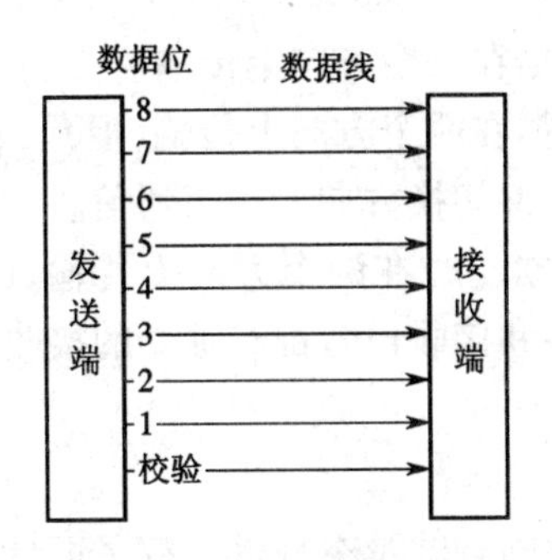

图 6.3　并行传输

(2)串行通信方式

串行数据传输时,数据是一位一位地在通信线上传输的,先由具有几位总线的计算机内的发送设备将几位并行数据经并—串行转换器转换成串行方式,再逐位经传输线到达接收站的设备中,并在接收端将数据从串行方式重新转换成并行方式,以供接收方使用,如图 6.4 所示。串行数据传输的速度要比并行传输慢得多,但在远距离传输和位数较多的情况下具备比较明显的优势。

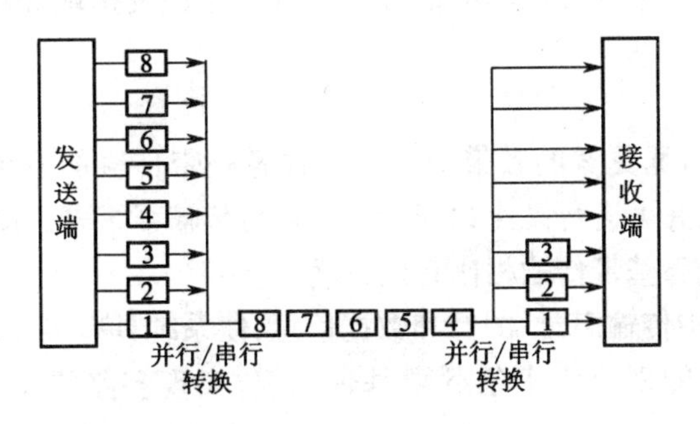

图 6.4　串行传输

串行数据通信的方向性结构有三种,即单工、半双工和全双工,如图 6.5 所示。

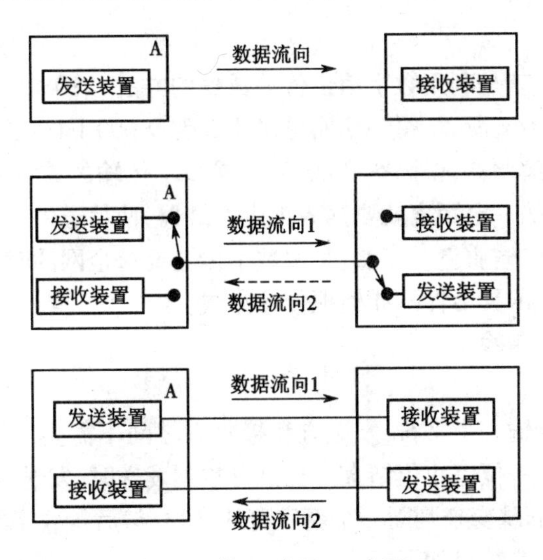

图 6.5　单工、半双工、全双工

1)单工数据传输只支持数据在一个方向上传输。

2)半双工数据传输允许数据在两个方向上传输,但是,在某一时刻,只允许数据在一个方向上传输,它实际上是一种能够切换方向的单工通信。

3)全双工数据传输允许数据同时在两个方向上传输,因此,全双工通信是两个单工通信方式的结合,它要求发送设备和接收设备都有独立的接收和发送能力。

2. 数据传输的基本形式

(1)基带传输

所谓基带,就是指电信号所固有的基本频带。数字信号的基本频带是从0到若干兆赫,由传输速率决定。当利用数据传输系统直接传送基带信号,不经频谱搬移时,称为基带传输。基带传输设备简单、费用低,适用于传输距离不长的情况,如一个企业网的内部或校园网内部的数据传输。

(2)频带传输

频带传输也称为载波传输。频带传输把二进制信号(数字信号)进行调制交换,使之成为能在公用电话网上传输的音频信号(模拟信号),该音频信号通过传输介质传送到接收端后,再由解调器变换成原来的二进制电信号。频带传输在发送端和接收端都要设置调制解调器。

(3)宽带传输

宽带是指比音频带宽更宽的频带。使用这种宽频带传输的系统,称为宽带传输系统。它可以容纳全部广播,并可进行高速数据传输。宽带传输系统多是模拟信号传输系统。

一般地,宽带传输与基带传输相比有以下优点。

1)能在一个信道中传输声音、图像和数据信息,使系统具有多种用途。

2)一条宽带信道能划分为多条逻辑基带信道,实现多路复用,因此信道的容量大大增加。

3)宽带的传输距离比基带远。因基带直接传输数字,传输的速率越高,传输的距离越短。

(4)数字数据传输

数字数据传输方式就是利用数字信道传输数据的方法,采用数字信道,每一数字话路的数据传输速率为64 kbit/s,所以,每一话路可复用5路9 600 bit/s或10路1 800 bit/s的数据,并不需要采用调制解调器,误码率又低,从而提高了传输的速率和质量。当传输距离较长时,由于数字信道每隔一定距离就要插入再生中继器,使信道中引入的噪声和信号失真不会积累,从而大大提高传输质量。当然,采用数字传输要求全网的时钟系统保持同步,因此,这种数字数据传输方式的灵活性不如模拟传输方式。

3. 异步传输和同步传输

(1)异步传输

异步传输一次只传输一个字符,发送方和接收方之间不需要严格的定时关系。每个字符用一位起始位引导和一位停止位结束。在没有数据发送时,发送方可发送连续的停止位。接收方根据“1”至“0”的跳变来判断一个新字符的开始,然后接收字符中的所有位。

异步传输方式的主要特点如下。

1)以字符为单位传输数据。

2)在字符的开头加1位起始位,在末尾加1到2位终止位,有时还可加1位校验位。

3)当线路上持续高电平变成低电平时,标志一个字符的开始。

(2)同步传输

为使接收双方能判别数据块的开始和结束,还需要在每个数据块的开始处和结束处各加一个帧头和一个帧尾,加有帧头、帧尾的数据称为一帧。采用同步通信时,将许多字符组成一个信息组。这样,字符可以一个接一个地传输。但是,在每组信息(通常称为帧)的开始要加上同步字符,在没有信息要传输时,要填上空字符,因为同步传输不允许有间隙。同步传输中,一个信息帧包含多个字符(一个字符对应5~8比特位),一个信息帧用同步字符作为开始,接收端当然是能够识别同步字符的,当检测到有一串数位和同步字符相匹配时,就认为开始一个信息帧。于是,把此后的数位作为实际传输信息来处理。

(3)异步传输和同步传输的区别

1)异步传输简单,双方时钟可允许一定误差;同步传输较复杂,双方时钟的允许误差较小。

2)异步传输只适用于点对点,同步传输可用于点对多。

3)异步传输效率低,同步传输效率高。

6.2 数据通信网体系结构

6.2.1 通信协议

数据通信网是将多种计算机和各类终端,通过通信线路连接起来的一个复杂系统,要实现资源共享、负载均衡、分布处理等网络功能,就必须找到它们之间互连而协调一致的规约,这就是网络协议。协议的制定和实现采用层次结构,即将复杂的协议分解为一些简单的分层协议,再综合成总的协议。按其使用情况分为两类:一类是同等功能层间的通信规约,称为通信协议,它是完成该功能层的特定功能且双方必须遵守的规定;另一类是同一计算机不同功能层间的通信规约,称为接口或服务,它规定了两层之间的接口关系及利用下层的功能提供上层的服务。

为了使系统结构标准化,便于计算机之间的互通,国际标准化组织(ISO)提出了开放系统互联参考模型(OSI-RM),作为指导计算机网络发展的标准协议。

1.开放系统互联参考模型

所谓开放系统,是指一个系统与其他系统进行通信时能够遵循OSI标准的系统,按OSI标准研制的系统,均可实现互联。OSI参考模型采用7层协议结构,如图5.6所示。

(1)物理层

物理层的主要功能是为计算机等开放系统之间建立、保持和断开数据电路的物理连接,并确保在通信信道上传输可识别的透明比特流信号和时钟信号。物理层有四个基本特性:机械特性、电气特性、功能特性和过程特性。这些特性用于提供连接服务。物理层协议的目标是使所有厂家的计算机和通信设备在接口上按规定互相兼容,如调制解调器与计算机之间的接口标准RS-232就是一个典型的物理层协议。

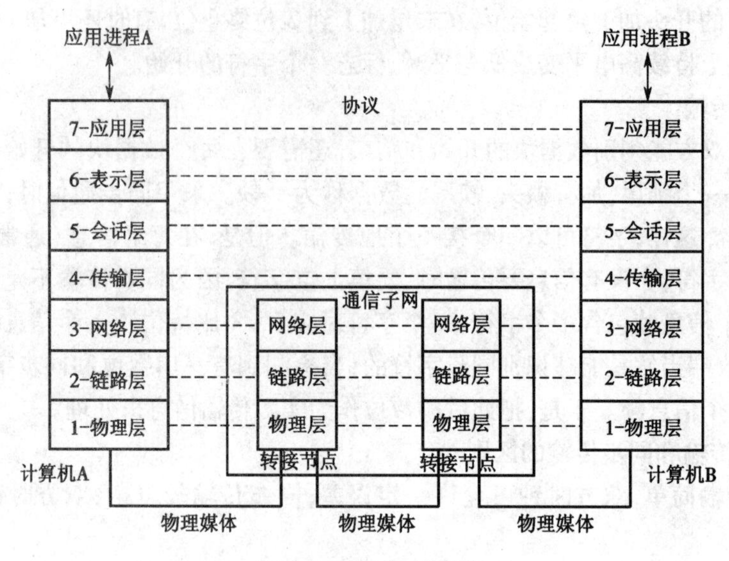

图 5.6 OSI 参考模型

(2)链路层

链路层的目的是屏蔽物理层的特征,面向网络层提供几乎无差错、高可靠性传输的数据链路,确保数据通信的正确性。数据链路层主要解决两个问题:①数据传输管理,包括信息传输格式、差错检测与恢复、收发之间的双工传输争用信道等;②流量控制,协调主机与通信设备之间的数据传输速率失配。

数据链路层在相邻节点之间无差错地传送以帧为单位的数据。帧包含控制信息和上层数据,帧中有地址、序号、校验等控制信息,可以进行差错控制、流量控制等。接收方如查出帧有错误,就要通知发送方重发该帧。

(3)网络层

网络层的作用是选择合适的路由,使分组经过一段段的数据链路传到网络的另一端。对大型网络而言,路由选择和流量控制较复杂。网络层服务可分为面向连接服务和无连接服务。面向连接服务也称为虚电路服务,是一种可靠的、保证顺序的、无丢失的服务;无连接服务也称为数据报服务,不保证顺序,可能有丢失,但简单、易于实现。

(4)传输层

传输层只存在于用户计算机中,也称为计算机—计算机层或端—端层。OSI 的前三层可组成公共网络(分组网中的节点机只有前三层),它可被很多设备共享,并且数据在计算机—节点机、节点机—节点机间是按“接力”方式传送的,为了防止传送途中报文的丢失,计算机之间可实行端—端控制。传输层的主要功能是建立、拆除和管理传送连接,它是在网络连接的基础上工作的,如果网络层服务质量较高(如虚电路服务),传输层协议就较简单;如果网络层服务不高(如数据报服务),传输层协议就较复杂。

(5)会话层

会话层管理和协调两个计算机之间的信息交互,并提供建立和使用连接的方法,一个连接就叫一个“会话”,对会话进行管理,如单/双工选择。为方便重传,可进行通信任务分割和同步,当传输层连接出现故障时,整个通信活动不必重新开始,只需从同步点进行重传。

(6)表示层

表示层管理所用的字符集与数据码、数据在屏幕上的显示或打印方式、颜色的使用、所用的格式等。该层的主要功能有字符集转换,数据压缩,数据的加密与解密,实终端与虚终端之间的转换,使字符、格式等有差异的设备间可相互通信,并提高通信效能,增强系统的保密性等。

(7)应用层

应用层确定应用进程的性质,为应用进程提供通信接口。根据不同应用性质,应用层需要提供不同的功能和服务,如电子邮件、联系控制、可靠传输、远程操作等。由于应用的种类很多,使得应用层很复杂。

以上7层功能又可按其特点分为低层和高层。通常将1~3层归为低层,其目的是保证系统之间跨越网络的可靠信息传输;4~7层归为高层,主要实现面向应用的信息处理和通信功能。

2. OSI 参考模型中的几个基本概念

(1)协议

不同系统中的同一层实体(又称对等层实体,在许多情况下,实体就是一个特定的软件模块)进行通信的规则的集合称为协议。它规定协议数据单元(PDU)的格式、通信双方所要完成的操作、给上层提供的服务。数据链路层的PDU就是帧,网络层的PDU就是分组,运输层以上层的PDU统称为报文。

(2)服务

在同一系统中,下层实体给上层实体提供的功能称为服务。下层为服务提供者,上层为服务使用者(用户),用户只看得见下层的服务而看不见下层协议。在体系结构中,协议是水平方向的,服务是垂直方向的。

下层能够向上层提供两种形式的服务:面向连接服务和无连接服务。面向连接服务在数据交换之前必须先建立连接,保留下层的有关资源,数据交换结束后,终止这个连接,释放所保留的资源。面向连接服务是按序传送数据的。对于无连接服务,两个实体之间的通信不需要先建立好一个连接,因此,其下层的有关资源不需要事先预留,这些资源是在数据传输时动态进行分配的。无连接服务的优点是灵活、方便和迅速,但无连接服务不能防止报文的丢失、重复或失序;而且,采用无连接服务时,每个报文都必须提供完整的目的地址,因此,开销也较大。

(3)服务访问点

在同一系统中相邻两层之间交换信息的地点称为服务访问点(SAP)。它实际就是下层向上层提供服务的逻辑接口,有时也称为端口(PORT)或插口/套接字(SOCKET)。

(4)服务原语

在同一系统中相邻两层要按服务原语的方式交换信息。这些服务原语的交换地点是服务访问点。服务原语有四种类型:请求、指示、响应和证实。原语中可以包含对方的地址、要传送的内容、所要求的服务质量等信息。

3. OSI 参考模型与数据通信的关系

OSI参考模型是计算机互联体系结构发展的产物,它的目的是为异种计算机互联提供一个共同的基础和标准框架,并为保持相关标准的一致性和兼用性提供共同的参考。它的基本内容是通信功能连接的分层结构。OSI 参考模型与几种典型的数据通信网在功能上的对应关系见表 6.1。

表 6.1 OSI 参考模型在功能上与数据通信网的对应关系

网络名称	与 OSI 参考模型的对应
X.25 分组交换网	物理层、链路层、网络层
数字数据网(DDN)	物理层
帧中继网	物理层、链路层
ATM 网	物理层、链路层
Internet	物理层、链路层、网络层、传输层

6.2.2 数据链路控制规程

数据链路的通信操作规则称为数据链路控制规程,它的目的是在已经形成的物理电路上建立起相对无差错的逻辑链路,以便在 DTE 与网络之间、DTE 与 DTE 之间有效、可靠地传送数据信息。

数据链路控制规程依据所传输信息的基本单位,一般可分为两类:面向字符协议与面向比特协议。顾名思义,其所传信息的基本单位分别为字符和比特。

1. 面向字符协议

面向字符协议的特点是传输以字符为单位的报文,并且用一些特殊的字符来进行传输控制与连接。其中较著名的是 IBM 公司的“二进制同步通信”协议,主要用于点对点及多点共享的场合,支持半双工方式。

由于面向字符协议应用的有效性及灵活性不及面向比特协议,因此目前已很少使用。面向比特协议的特点是数据传输以帧的形式进行,每帧的数据比特长度是任意的,因此不再是“面向字符”,而是“面向比特”;支持任何工作方式与链路结构,如半双工、全双工、点对点、多点共享、分组交换等,采用同步方式传输数据。

2. 面向比特协议

ISO 制定的高级数据链路控制(HDLC)协议就是面向比特协议,它是 ISO 根据 IBM 公司的 SDLC 协议扩充开发而成的。CCITT 也有一个相应的标准,叫作 LAP-B 协议,它其实是 HDLC 的子集。

(1) HDLC 协议的特点

1) 透明传输:对要传输的信息文本的比特结构无任何限制,也就是说,信息文本可以是任意的字符码集或任意比特串,无论采用何种比特结构都不会影响链路的监控操作。

2) 可靠性高:在所有的帧里都采用循环冗余校验,并且将信息帧按顺序编号,以防止帧的漏发和重收。

3) 传输效率高:在通信中无须等到对方应答就可以传送下一帧,可以连续传送,也可以双向同时通信。

4) 灵活性大:传输控制与处理功能分离,应用范围比较广泛。

(2)HDLC协议的适用环境与操作方式

利用HDLC规程进行通信时,可以有三种类型的通信站,即主站、从站和复合站。主站负责建立数据链路、数据传送及链路差错恢复等控制,主站发出命令要求从站执行指定操作。从站负责执行主站指示的操作,并向主站发响应。复合站兼有主站与从站功能,既能发送又能接收命令和响应。

数据通信双方通信站的构成可分为两类,即非平衡型与平衡型结构。非平衡型由一个主站和一个或多个从站组成,即“点—点”和“多点”式结构;平衡型只能是点对点工作,通信双方都具有主站和次站的功能,其链路结构如图6.7所示。

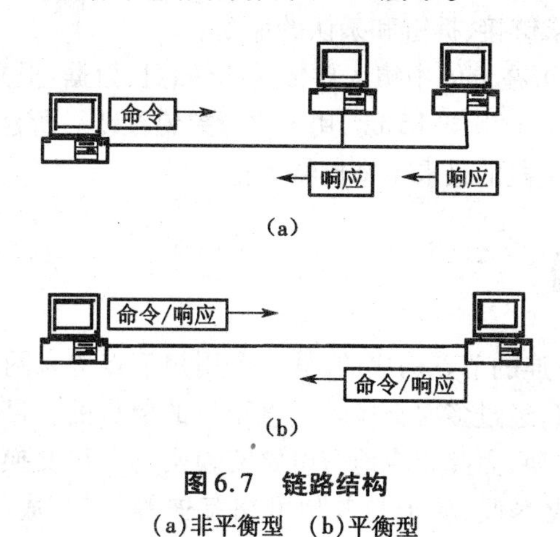

图6.7 链路结构

(a)非平衡型 (b)平衡型

对于非平衡配置,可以有两种数据传送方式。最常用的是正常响应方式NRM,其特点是只有主站才能发起向次站的数据传输,而次站只在收到主站命令才发出响应;另一种用得较少的是异步响应模式ARM,在此种模式下,次站可不必收到主站命令就主动地向主站发出信息,但是主站仍负责全线的初始化、链路的建立和释放以及差错恢复等。

对于平衡配置则只有异步平衡方式ABM,其特点是每个复合站都可以平等地发起数据传输,而不需要得到对方站的允许。

(2)帧结构

数据链路上传送的完整信息组称为“帧”。对于HDLC规程,无论是信息帧还是控制帧都使用统一的标准帧格式,如图6.8所示。它们由标志字段(F)、地址字段(A)、控制字段(C)、信息字段(Info)及帧校验序列(FCS)组成。

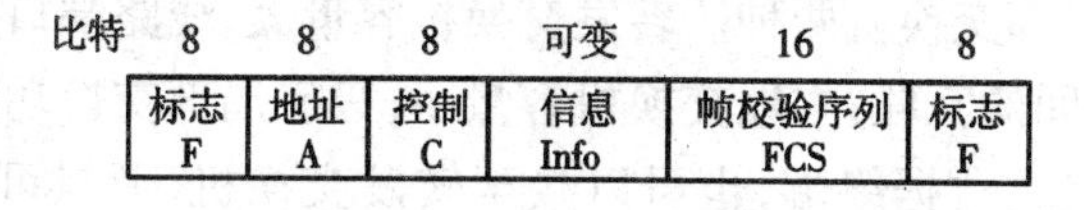

比特	8	8	8	可变	16	8
	标志 F	地址 A	控制 C	信息 Info	帧校验序列 FCS	标志 F

图6.8 HDLC的帧结构

帧格式中各字段的含义如下。

1)标志字段(F)。F是一个8 bit序列(01111110),是表示帧的开始和结束的定界符。因为信息字段的长度可变,故须用标志指示每帧的开始和结束。

为了防止其他字段出现与F相同的比特序列格式,可采用“0”插入技术,即发送端监视除F字段外的发送序列,一旦有5个连续“1”出现,则立即插入一个“0”。采用这种零比特填充后的数据,就可以保证帧中除 F 字段外,不会出现多于 5 个连续“1”的序列,防止了出现与 F 字段相同的比特序列,因此保证了透明传输。同理,在接收端采用“0”删除技术,即将连续 5 个“1”后的“0”自动删除,恢复原来的比特序列。

2)地址字段(A)。A 也是 8 bit。在使用非平衡方式传送数据时,地址字段总是写入次站的地址。但在平衡方式时,地址字段总是填入确认站的地址。

3)控制字段(C)。C 共 8 bit,是最复杂的字段。HDLC 的许多重要功能都靠控制字段来实现。根据其最前面两个比特的取值,可将 HDLC 帧划分为三大类,即信息帧(I)、监督帧(S)以及无编号帧(U)。信息帧的功能是执行信息的传递,监督帧用于传送监控命令及响应,无编号帧用来传送要求链接、拆链和确认的命令。

4)信息字段(Info)。可在 Info 中填入要传送的任意长数据、报文等信息。

5)帧校验序列(FCS)。FCS 共 16 bit,用于进行差错控制。所检验的范围是从地址字段的第 1 个比特起,到信息字段的最末 1 个比特为止。

6.3 分组交换网

交换网络是由许多互连的节点构成的,从一个用户节点进入网络的数据就是通过交换节点输出至另一交换节点,经过多次交换转接直至目的节点的。目前通信网中常用的交换技术是电路交换和分组交换,因此相应地有电路交换网与分组交换网。由于分组交换具有传输质量高、可靠性高、成本低、易于与其他网络互连等优势,成为数据交换的主要应用方式。

分组交换的基本思想是把用户要传送的信息分成若干个小的数据块,即分组(Packet),这些分组长度较短,并具有统一的格式,每个分组有一个分组头,包含用于控制和选路的有关信息。这些分组以“存储—转发”的方式在网内传输。

6.3.1 分组交换网的构成

分组交换网的基本结构如图 6.9 所示。

从设备来看,分组交换网由分组交换机、网络管理中心、用户终端设备、分组装拆设备、远程集中器以及传输线路等组成。

1. 分组交换机

分组交换机是分组交换网的重要组成部分。根据其在网络中的位置,分组交换机可分为转发交换机和本地局部交换机两种。转发交换机容量大,线路端口数多,具有路由选择功能,主要用于交换机之间的互联;本地交换机容量小,只有局部交换功能,不具备路由选择功能。本地交换机可以接至数据终端,也可以接至转发交换机,但只可与一个转发交换机相连,与网内其他数据终端互通时必须经过相应的转发交换机。

分组交换机的主要功能如下。

1)为网络的基本业务、可选补充业务提供支持。

2)进行路由选择、流量控制。

3)支持 X.25、X.75 等多种协议。

4)完成局部维护、运行管理、故障报告与诊断、计费及网络统计等功能。

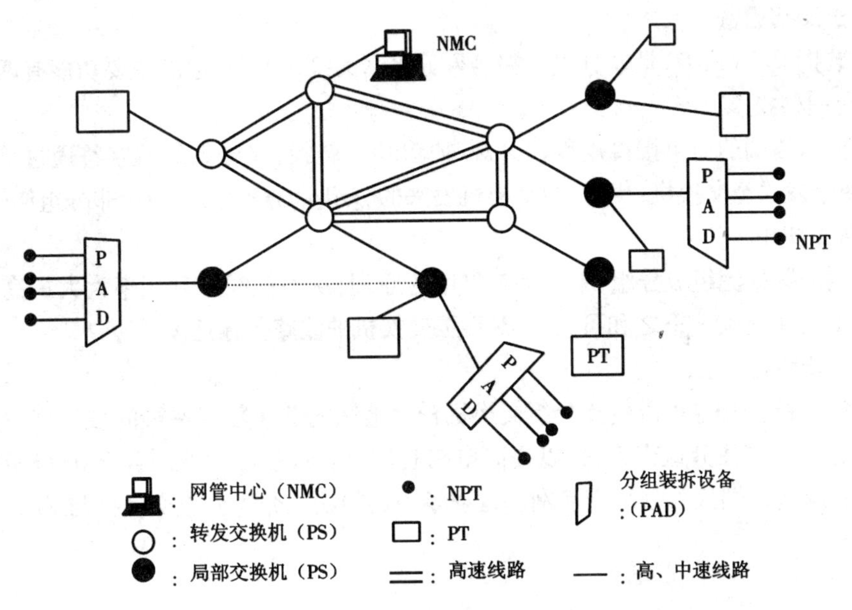

图6.9　分组交换网的基本结构

2. 网络管理中心

网络管理中心的功能一部分是自动完成,另一部分由操作终端控制完成,主要功能如下。

(1)网络管理配置管理与用户管理

网络管理中心汇集各节点的位置、容量、中继线路速率等网络设备参数,这是路由控制和识别网络是否正常工作的基本数据。

用户管理收集用户的终端类型、用户登记的基本业务、可选业务、线路速率等,以提供相应服务。

(2) 路由管理

网络管理中心协同各交换机,根据路由选择原则及收集的各种信息计算修改路由表。

(3)计费管理

网络管理中心根据交换机提供的主叫、被叫参数进行计费,形成计费文件。

(4)网络监测、故障告警及状态显示

网络管理中心监测网内设备的工作情况,发现故障时,通过测试程序定位故障,以图形方式在显示器上表明设备的工作状态、网络的局部负载及告警位置。

3. 用户终端设备

(1)分组终端(PT)

分组终端是指具有X.25协议接口的、有分组处理能力的数据通信终端设备,通常是在PC机内插入一块通信接口板并配上软件。

(2)非分组终端(NPT)

非分组终端不具有分组数据处理能力,对它们不能直接进行分组交换,必须经过分组装拆设备转换。非分组终端种类很多,如带异步通信接口的计算机、可视图文终端等。

4. 分组装拆设备

分组装拆设备(PAD)是非分组终端接入分组网的接口设备,它的主要功能有两个。

(1)规程转换

把非分组终端的简单接口规程与X.25协议相互转换,非分组终端字符通过PAD组成分组,以便于发送至交换机;反之,把交换机发来的分组拆成字符,以便于非分组终端接收。

(2)数据集中

各终端的数据流组成分组,采用动态复用的原理,从而使线路利用率大大提高,即接入PAD的各非分组终端速率之和可大于PAD至交换机的线路传输速率。

5. 远程集中器

远程集中器(RCU)可以将离分组交换机较远地区的低速数据终端的数据集中起来,通过一条高速电路送往分组交换机,以提高电路利用率。远程集中器还含PAD设备的功能,可以使非分组型终端接入分组交换网。远程集中器的功能介于分组交换机与PAD之间,是PAD功能的扩充。

6. 传输线路

传输线路是分组交换网不可缺少的组成部分,分组交换中继传输线路可以是PCM数字信道,速率可达64 kbit/s、128 kbit/s、2 Mbit/s,甚至更高,也可以是Modem转换的模拟信道。

6.3.2 分组交换网的原理

分组交换是以分组或包为单位来传输与交换信息的,每个分组头部都附有接收地址与控制信息。在网络的交换节点中,采用先存储后转发的方式将数据传送出去。以分组作为存储转发的单位,分组在各交换节点之间传送比较灵活,交换节点不必等待整个报文的其他分组到齐,一个分组、一个分组地转发。这样可以大大压缩节点所需的存储容量,也缩短了网络时延。

分组交换的工作过程如图6.10所示。交换节点的交换机接到分组后首先把它存储起来,然后根据分组中的信息、线路的忙闲情况等选择一条路由,再把分组传给下一个交换节点的交换机。如此反复,一直把分组传输到接收方所在的交换机。对于一般终端,没有对报文信息进行分组装拆的能力,则发送端要使用PAD,将报文拆开分组,接收端要使用PAD将收到的分组装配成报文。如果终端是分组式终端(如计算机、智能终端),可自行对报文进行分组与组装,无须PAD。

以上讲的是分组交换网中的数据报方式,每一个数据分组都包含目标地址信息,分组交换机为每一个数据分组独立地寻找路径。由于网络的中间交换机对每个分组可能选择不同的路由,因此各分组到达目的终端时可能不是按发送的顺序到达,在目的终端需要将它们按顺序重新排列。

在分组交换网中还有另外一种方式,叫做虚电路方式(见图6.11)。所谓虚电路,就是两个用户终端在开始发送和接收数据之前,需要通过网络建立逻辑上的连接,一旦这种连接建立后,就在网络中保持已建立的数据通路,用户发送的数据(以分组为单位)将按顺序通过网络到达终点。当用户不需要发送和接收数据时,可以清除这种连接。

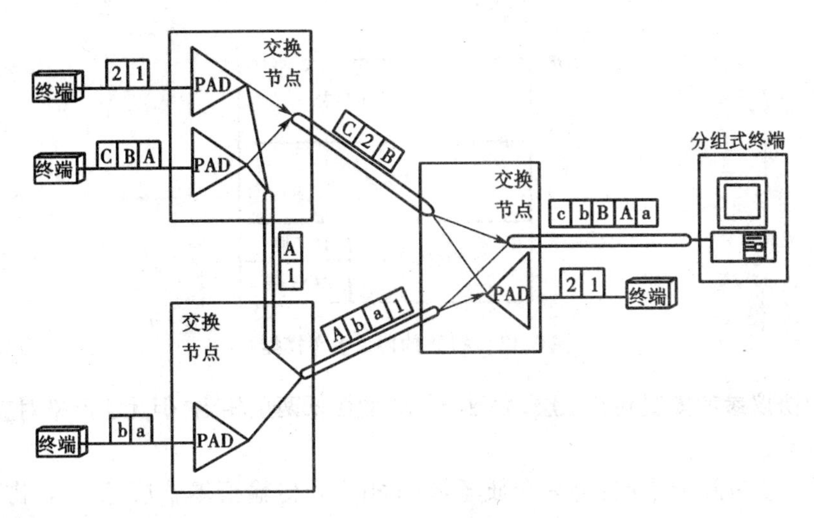

图 6.10 分组交换的工作过程

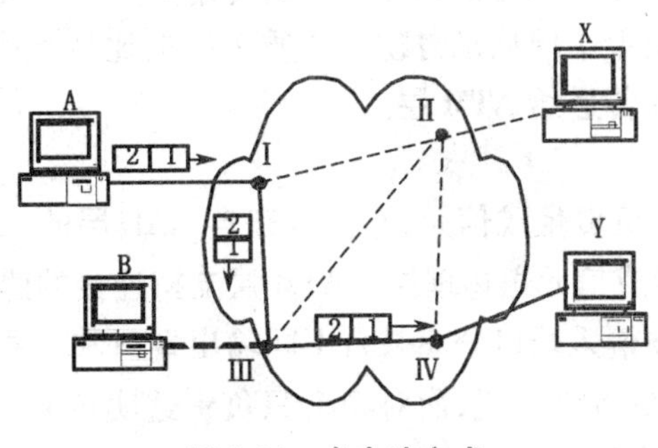

图 6.11 虚电路方式

6.3.3 ATM 网络

ATM 是异步传输模式的简称，也是一种建立在电路交换和分组交换的基础上的面向连接的快速分组交换技术。它采用定长分组，能够较好地对宽带信息进行交换。

ATM 技术是一种信元中继技术。信元是指一个比较小的固定长度的数据单元，在信元网络中，信元是数据复用、交换与传输的基本单元。所有进入信元网络的数据，不管其分组的大小与帧格式，一律都分解成等长度的信元，再附加上地址后在信道中传输。ATM 是以分组交换模式为基础并融合了电路交换模式高速化的优点发展而成的，克服了电路交换模式不能适应任意速率业务、难于导入未来新业务的缺点，简化了分组交换模式中的协议，并用硬件对简化的协议进行处理和实现。

1. ATM 分层结构

ATM 网络技术的目的是为网络用户提供服务。通常，这些服务是由 ATM 协议参考模型的定义给出的，它与网络传输的信息无关。下面介绍 ATM 的协议参考模型，如图 6.12 所示。

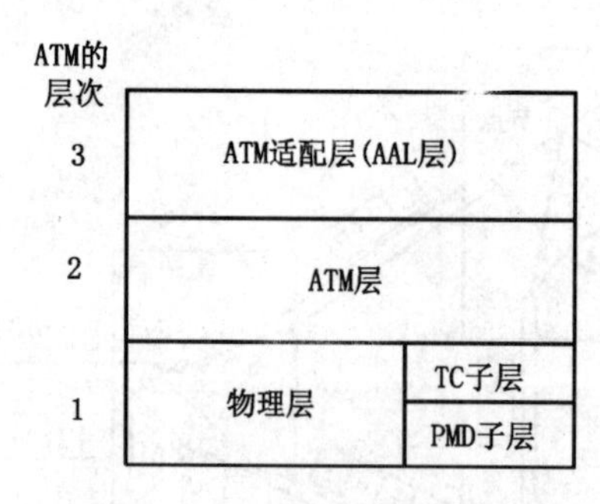

图 6.12 ATM 的协议参考模型

ATM 的协议参考模型共有三层,大致与 OSI 的最低两层相当(但无法严格对应)。

(1)物理层

物理层又分为两个子层:物理介质子层(PMD)和传输汇聚子层(TC)。物理层负责 ATM 信元的线路编码,并将信元传递给物理介质。传输汇聚层从 ATM 层接收信号,组装为适当格式,送到物理介质子层。在无信息传输时由传输汇聚层插入空闲信元,以保证信元流的连续。在接收方,传输汇聚子层从来自物理介质子层的比特流中提取信元,验证信元头,删去空闲信元,将有效信元传递给 ATM 层。

(2)ATM 层

ATM 层的基本功能是负责生成信元,它接收来自 AAL 层的 48 bytes 净荷,并附加上相应的 5 bytes 的信元头以形成信元送物理层。ATM 层支持连接的建立,并汇集同一输出端口的不同的应用信元,同样在输入端口分离来自不同输出端口和不同的应用信元。由于 ATM 层只负责由净荷生成信元的标准格式,而对净荷只负责透明传输,故跨越 ATM 物理层的信元单元只能是 53 bytes 的信元。

(3)ATM 适配层(AAL 层)

适配层的主要功能是适配从上层用户来的各种信息,以形成 ATM 层所需的数据格式。用户传送给 ATM 的信息往往有多种格式,ATM 网可以传送数据、语音和视频信号,每种信号都要求对 ATM 网络有不同的适配,因此 ATM 定义了不同类型的 AAL 服务。服务类别是根据以下条件进行划分的:比特率是固定的还是可变的;源站和目的站的定时是否需要同步;是面向连接还是无连接。ITU-T 规定了 ATM 可提供的四种类别的服务,见表 6.2。

表 6.2 ATM 服务类别

属性	A	B	C	D
ATM 类型	AAL1	AAL2	AAL3/4	AAL3/4
	AAL5	AAL5	AAL5	AAL5
比特率	CBR	VBR		
定时需求	需要		不需要	
连接模式	面向连接			无连接

1)类别 A 服务支持固定比特率(CBR),并具有严格定时关系的应用;它可以用于电路

仿真和实时 CBR 视频流应用。

2)类别 B 服务除了支持可变比特率(VBR)以外,与类别 A 是相同的;它可以用于实时压缩的 VBR 视频应用。

3)类别 C 服务支持面向连接和 VBR 应用,与类别 A、B 不同的是,它不需要在发送者与接收者之间提供定时信息或时钟同步。

4)类别 D 服务除了提供面向无连接的服务外,其他与类型 C 是相同的;它可以用于目前的多类局域网应用,如运行于 IP 或以太网上的应用。

因为 AAL5 支持所有类型的 AAL 服务,故获得了广泛的应用。

2. ATM 信元

ATM 传送信息的基本载体是 ATM 信元。ATM 信元是定长的,长度较小,只有 53 bytes,分成信元首部和信元有效载荷两部分。其中信元首部 5 bytes,信元有效载荷 48 bytes。图 6.13 为 ATM 信元的结构。

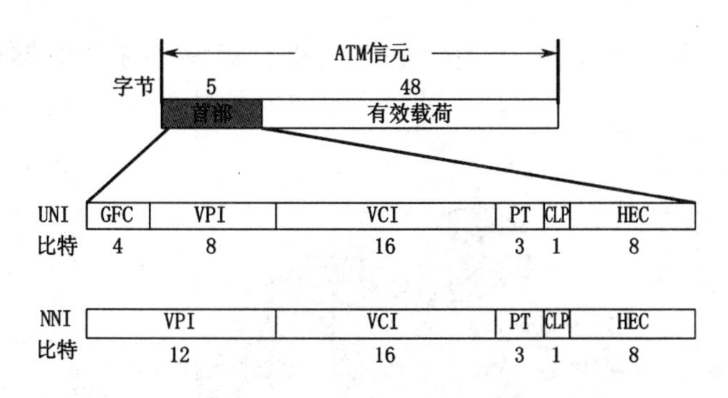

图 6.13　ATM 信元的结构

ATM 信元有两种不同的首部,分别对应于用户到网络接口 UNI 和网络到网络接口。在这两种接口上的 ATM 信元仅是前两个字段不同,后面的字段一样。

下面介绍信元首部各字段的作用。

(1)通用流量控制(GFC)

4 bit 字段,通常置为 0,用来实现端点到交换机的流量控制。GFC 是针对用户—网络接口 UNI 而设置的,对于网络—节点接口不起作用。

(2)VPI/VCI

VPI/VCI 即路由字段。VPI 为虚通道标志符,用来定义 ATM 网络中的一条虚通道连接;VCI 为虚通路标志符,用来定义 ATM 网络中的一条虚通路连接。一条虚通道可包含多条虚通路。使用 VPI 和 VCI 信息的交换机称为 ATM 交换机,而仅使用 VPI 信息的是 ATM 交连机,它是一种特殊的 ATM 交换机。

(3)有效载荷类型(PT)

3 bit 字段,用来区分该信元是用户信息还是非用户信息。第一个比特位表示是用户数据单元,第二个比特位表示有无遭受拥塞,第三个比特位用来区分服务数据单元 SDU 的类型。例如,一个信元发出时 PT 为 000,可能在到达时就变成了 010,因而目的站就知道网络出现拥塞。

(4)信元丢弃优先级(CLP)

1 bit 字段,用来指示与网络拥塞时可丢弃(CLP=1)或应保留的信元(CLP=0)。当网络出现拥塞时,低优先级的信元将被丢弃以保证高优先级信元的服务质量。

(5)首部差错控制(HEC)

8 bit 字段,只对信元首部的前四个字节(但不包括有效载荷部分)进行循环冗余校验,并将检验的结果放在 HEC 字段中。

3. ATM 网络的连接方式

ATM 网络的两类主要设备是端点的服务用户(如工作站、服务器或其他设备)和中间点的 ATM 交换节点(如 ATM 交换机)。所有的连接从端点开始并在端点结束,中间点对端点传送来的信息进行中继传输。

连接是利用一套指定的连接参数建立的,这些连接参数将建立诸如所需的信元速率、可接收的最大延迟等连接特性。ATM 网络是利用端点间的虚电路或虚连接概念来建立起了连接的。

在 ATM 中使用的虚连接是一种逻辑连接,它和 X.25 中的虚电路或帧中继中的数据链路连接相似。在图 6.14 的例子中,从端点 A 到端点 B 经过 ATM 交换机 X、Y 和 Z 建立起了一条逻辑连接。

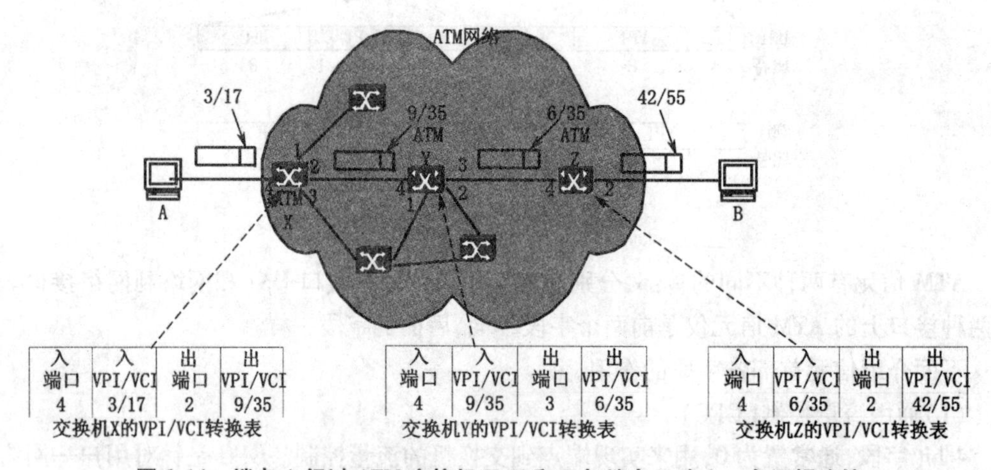

入端口	入VPI/VCI	出端口	出VPI/VCI
4	3/17	2	9/35

交换机X的VPI/VCI转换表

入端口	入VPI/VCI	出端口	出VPI/VCI
4	9/35	3	6/35

交换机Y的VPI/VCI转换表

入端口	入VPI/VCI	出端口	出VPI/VCI
4	6/35	2	42/55

交换机Z的VPI/VCI转换表

图 6.14 端点 A 经过 ATM 交换机 X、Y 和 Z 与端点 B 建立一条逻辑连接

设端点 A 选择 VPI/VCI=3/17 作为供信元从端点 A 到交换机 X 之间传送时使用的标志符,而信元从交换机 X 的端口 4 进入该交换机。假定交换机 X 再从其端口 2 向交换机 Y 转发此信元,并将 VPI/VCI 转换为交换机 X 未在使用的 VPI/VCI 号,如 9/35。交换机 Y 从自己端口 4 收到此信元,再从端口 3 向交换机 Z 进行转发。现在假定 Y 是一个交连机,它只改变 VPI 的数值而不改变 VCI 的值。因此通过交连机 Y 后,信元的 VPI/VCI 从 9/35 转换为 6/35。最后,交换机 Z 从其端口 4 收到信元,再从自己的另一个端口 2 向端点 B 转发,并将 VPI/VCI 从 6/35 转换为 42/55。这样,一个 ATM 信元从端点 A 经过交换机 X→Y→Z 最后到达端点 B,其 VPI/VCI 标志符的数值的变化如下。

VPI/VCI:3/17→9/35→6/35→42/55

由此可见,在每一个交换机中都应当有一个 VPI/VCI 的转换表,其中至少有四个参数,即入端口号、入 VPI/VCI 值、出端口号以及出 VPI/VCI 值。

注意,VPI/VCI 值只具有本地意义,即只在每一段物理链路上具备唯一值。

4. ATM 的优点和存在的问题

ATM 的优点是分组短,将物理层以上的功能(如流量控制、纠错等)全部放在智能终端中完成,使信息在传递和处理过程中的时延大为减小。事实上,ATM 技术既有电路交换低时延的优点,又有分组交换按需分配时隙、电路利用率高及无须速率适配等优点。从此角度来看,ATM 可以看成电路交换与分组交换的结合。故 ATM 适合传送各种实时、非实时的电信级业务,成为宽带综合业务数字网(B-ISDN)的综合平台。

ATM 存在的问题是:ATM 信令复杂、实现困难、价格高以及 ATM 信元到桌面还有困难。另外,ATM 信元不能通过其他数据网,故 ATM 网只能以孤岛形式存在,而遵循 TCP/IP 的 IP 包可以通过低层的任何数据网,故在世界范围内迅速发展。

6.4　局域网

所谓局域网(LAN),是指在一个有限范围内的独立设备可彼此直接进行通信的数据通信系统,如企业或校园中所使用的计算机互联通信。

6.4.1　局域网基本组成

局域网由网络硬件和网络软件两部分组成。网络硬件主要有:服务器、工作站、传输介质和网络连接部件等。网络软件包括网络操作系统、控制信息传输的网络协议及相应的协议软件、大量的网络应用软件等。图 6.15 所示为一种比较常见的局域网。

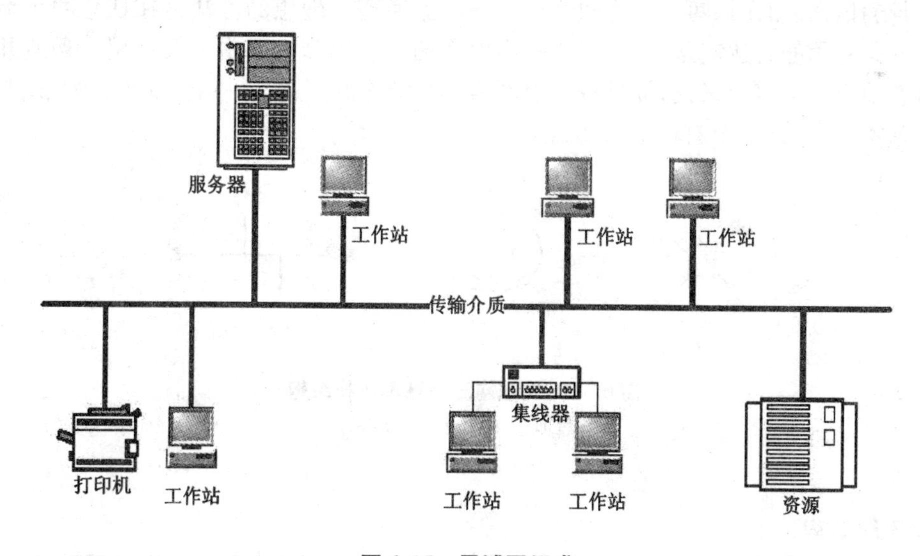

图 6.15　局域网组成

1. 服务器(Server)

服务器是局域网的核心,根据它在网络中所起的作用可分为文件服务器、打印服务器和通信服务器等。文件服务器提供大容量磁盘空间、软件、数据库供网络用户共享;打印服务器接收和完成客户机打印请求;通信服务器主要处理网络与网络之间的通信及远程客户机的通信请求。

2. 客户机(Clients)

客户机也称为用户工作站,一般是微机。每一客户机都可运行自己的程序,共享网络服务器上的资源。

3. 网络设备(Network Devices)

网络设备主要是一些决定局域网的拓扑结构、通信协议以及电缆类型的硬件设备,例如路由器、集线器、网络接口卡等。

4. 通信介质(Communication Media)

局域网中的通信介质主要有同轴电缆、双绞线和光纤等。同轴电缆有粗电缆和细电缆两种,在局域网中粗、细电缆标准传输距离分别为500 m和185 m,超过规定标准传输距离的局域网,需加中继器才能正常运行,且最多允许使用4个中继器。双绞线有UTP(无屏蔽双绞线)和STP(屏蔽双绞线)两种。无屏蔽双绞线的长度一般不超过100 m。传输数据速率可达到100 Mbit/s。光纤技术依赖于光波的特性,不受电子或电磁干扰的影响;而且光传递允许几乎无限的带宽,可达200 Gbit/s。

5. 网络操作系统(NOS)和协议(Protocols)

计算机局域网像一台独立计算机一样必须有操作系统来对整个网络的资源和运行进行管理,操作系统可使用Unix、Novell或Windows等。计算机局域网网络协议是一组规则和标准,使网络中的计算机能进行互相通信,如Netbeui、TCP/IP等。

6.4.2 局域网的拓扑结构

计算机网络上所连的主机通常被称为节点,为了使网络中的每个节点都能和其余任何节点进行通信,必须在每两个节点间建立一条数据通道。理想的方法是在任意两个节点间都建立一条专用的直达链路,但这显然是不现实的。在计算机网中一般只用一条或几条线路把所有节点都连接起来,这样就有一个网络拓扑结构的问题。一般情况下,局域网具有以下三种基本拓扑结构,如图6.16所示。

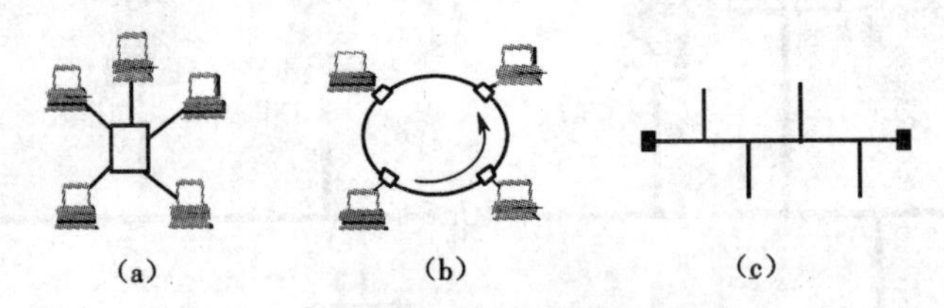

图6.16 局域网三种基本拓扑结构

(a)星形 (b)环形 (c)总线型

1. 星形结构

图6.16(a)是星形网。在星形结构的网络中,有一个中央节点作为公用交换中心,其余每个节点都有链路与中央节点相连接。如果某个节点要给另一节点发送数据,它必须首先发送一个请求到中央节点,然后才能与另一个节点建立连接。一旦建立好连接,两节点就可进行通信。

2. 环形结构

图6.16(b)是环形网。采用环形结构的网络,各个节点通过环路接口首尾相连形成闭合环路。环形网中的数据总是沿一个方向传输,源节点发送信息后,由相邻节点转发,传到

目的节点时，信息被接收，但仍会被继续转发，直至又传回源节点为止。

3. 总线型结构

图6.16(c)是总线型网。在总线型结构的网络上，所有节点都连到一条公共的总线上，任何一个节点发送的信息都沿总线传输，并且能被总线上的目的节点所接收。信息从源节点向两端传输，就像广播电台发送信号一样，故总线型网络也被称为广播式网络。

6.5.2 局域网的访问方式

访问方式是指网络中节点之间建立通信的方式。计算机局域网的访问方式主要有以下三种。

1. 查询方式

在查询方式中，节点按照以下顺序取得对网络信道的访问权。

1)中心节点有规律地查询每一个节点，以便得知哪个节点需要进行通信。

2)如果某一节点需要进行通信，且对方信道空闲，节点就可获得使用该信道的专用权，然后进行通信。

这种方式最适合于有中心控制点的网络，如星形网络。

2. 令牌传送

所谓令牌，是指一个具有特殊格式的信息。令牌在网络信道中一直进行传送，有规律地经过每一节点。采用令牌传送方式的网络，节点传送信息的步骤如下。

1)当某一节点要发送报文时，一旦有令牌经过该节点，它便把令牌的独特标志改为信息帧的标志，把要发送的信息报文附在后面。

2)这个带有信息报文的令牌继续传送，每个节点检查信息报文。

3)在经过目的节点时，该节点识别并接收信息报文，并附上一个收据信息。

4)当信息报文返回源节点时，发现已被接收，源节点便把信息报文清除，并生成一个新的令牌，这样，环路上又有了令牌，它继续在环路中流动。

令牌访问方式适用于环形网及总线型网。

3. 带有冲突检测的载波侦听多点接入(CSMA/CD)

采用CSMA/CD方式的局域网中，所有主机以竞争的方式共享信道。其工作过程详见以太网一节的相关部分。

CSMA/CD访问方式多用于总线型网与星形网。以太网采用的访问方式即CSMA/CD方式。

6.4.3 以太网

1980年9月，DEC公司、英特尔公司和施乐公司联合提出了10 Mbit/s以太网规约的第一个版本DIX V1。1982年修改为第二版规约，即DIX Ethernet V2，成为世界上第一个局域网产品的规约。在此基础上，IEEE 802委员会的802工作组于1983年制定了第一个IEEE的以太网标准，其编号为802.3，数据率为10 Mbit/s。因为以太网的两个标准DIX Ethernet V2与IEEE的802.3标准只有很小差别，因此很多人常将802.3局域网称为以太网。

IEEE的802委员会还制定了其他几种局域网标准，如802.4令牌总线网、802.5令牌环网等。为了使数据链路层能更好地适应多种局域网标准，802委员会又将局域网的数据链路层拆分成两个子层，即逻辑链路控制LLC子层和媒体接入控制MAC子层。与接入到传输媒体有关的内容都放在MAC子层,而LLC子层则与传输媒体无关,局域网对LLC子层是透明的,如图6.17所示。

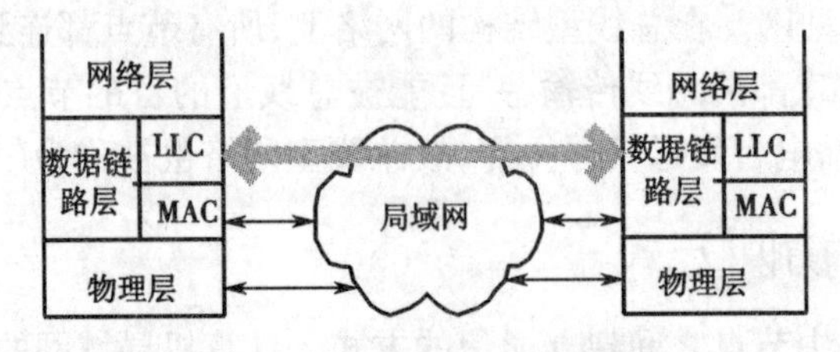

图6.17 局域网分层模型

因现在90%以上的局域网都采用以太网,故本节只讨论这种典型的局域网。

由于现在以太网的数据率已达到每秒百兆比特、吉比特甚至10吉比特,因此常用"传统以太网"来表示最早进入市场的10 Mbit/s速率的以太网,如10 Base-T。将速率达到或超过100 Mbit/s的以太网称为高速以太网,如100 Base-T。其中"Base"表示传送的是基带信号。

1. CSMA/CD

由于多用户可以随意访问一条线路,因此存在着信号重叠、产生碰撞的危险。显然,在一条多址线路上,随着业务量增加,产生碰撞的危险也会增大。为此,一个合理的多址机制是必要的,在以太网中采用带碰撞检测的载波侦听多路访问(CSMA/CD)。

载波侦听是指每一个站在发送数据之前先要检测一下总线上是否有其他计算机在发送数据,如果有,则暂时不要发送数据,以免发生碰撞。

碰撞检测就是计算机边发送数据边检测线路上电压,无电压表示线路空闲,检测到高电压表示线路处于繁忙状态。若发送数据过程中,检测到特别高的电压,表示发生了碰撞。因此,每一个正在发送数据的站,一旦发现总线上出现了碰撞,就要立即停止发送,以免继续浪费网络资源,然后等待一定随机时间后再次发送。

2. 连接方式

所有以太网LAN构造成一条逻辑总线,物理实现可以是总线或星形拓扑,每个帧沿线路传至每个站,只有地址相符的站才能读取。

下面根据使用的电缆形式、连接与信号等对传统以太网(10 Mbit/s速率的以太网)常用的连接方式加以简单介绍,如图6.18所示。

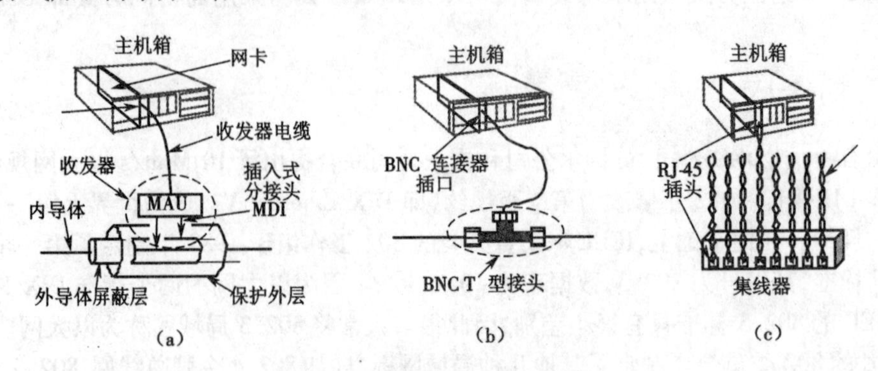

图6.18 以太网常用的连接方法

(a)10 Base5 (b)10 Base2 (c)10 Base-T

(1)10Base5(粗缆以太网)

在10Base5中,采用50 Ω的同轴粗缆为传输介质。联网时,主机要通过收发器与总线相连,收发器与工作站的网卡之间通过收发器电缆相连,如图6.18(a)所示。收发器的作用是将网卡输出的信号转变为适宜电缆传输的信号。当主机数量大于100个或总线长度超过500 m时,可用中继器分段延长。每段电缆两端须安装终端匹配器。

10Base5以太网具有可靠性高、抗干扰能力强等特点,适用于距离远、环境恶劣的场合。

(2)10Base2(细缆以太网)

采用50 Ω的同轴细缆为传输介质,取消了收发器,工作站网卡通过BNC插头和T形接头连接总线,如图6.18(b)所示。由于细缆重量轻,容易弯折,因此与粗缆相比,具有成本低、易于安装等优点,缺点是区段距离短,只有185 m,且细缆衰耗大于粗缆,故适用于环境较好的小型网络。

(3)10Base-T(双绞线以太网)

10Base-T以太网采用两对3、4或5类UTP线缆作为传输介质,一对用于发送数据,另一对用于接收数据。

10Base-T以太网在拓扑结构上采用了总线型和星形相结合的结构。如图6.18(c)所示,所有工作站均经过网卡连接到集线器(Hub)上形成星形拓扑结构。集线器到工作站的最大长度为100 m。

集线器是一种可靠性很高的物理层设备,它的每个端口都具有发送和接收数据的功能。当集线器的某个端口收到工作站发来的比特时,就简单地将该比特向其他端口转发。若两个端口同时有数据发送(即发生了碰撞),那么所有端口都收不到正确的数据。所以,使用集线器的以太网在逻辑上仍是一个总线型网。

10Base-T以太网由于安装方便,价格比粗缆和细缆都便宜,管理、连接方便,性能优良,因此得到了广泛的应用。

另外,还可使用光纤作为传输媒体,相应的标准是10Base-F系列,F代表光纤,如图6.19所示。

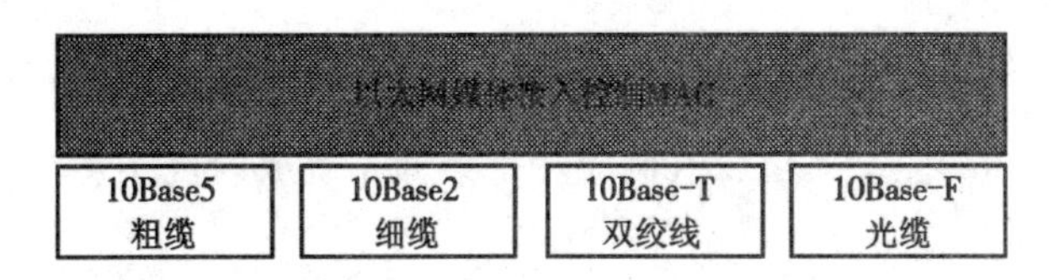

图6.19　以太网的不同物理层

6.4.4　高速以太网

20世纪90年代,多媒体信息技术的成熟和发展,对网络的传输速率和传输质量提出了更高的要求,传统标准的以太网技术已难以满足日益增长的网络数据流量与速率的需求,这促使了高速以太网技术的出现。

1. 快速以太网

快速以太网的数据传输速率为100 Mbit/s,遵循的是100Base-T标准,并由IEEE正式将其命名为IEEE 802.3u标准,作为IEEE 802.3的补充。100Base-T是在10Base-T的基础上发展起来的,因此,100Base-T 的帧格式、访问方式、组网方法及有关管理信息均与 10Base-T 相同,其介质访问方式是 CAMA/CD。

100Base-T 将以太网 MAC 协议传输比特的速率提高了 10 倍。100Base-T 标准中定义了三种物理层规范:100Base-TX、100Base-T4 和 100Base-FX,分别支持不同的传输介质。

(1)100Base-TX

100Base-TX 采用 2 对 5 类 UTP 或 2 对 1 类 STP 作为传输介质,其中一对用于发送,另一对用于接收;100Base-TX 采用全双工传输,站点与集线器之间的最大距离为 100 m。对于 5 类 UTP,使用 RJ-45 连接器;对于 1 类 STP,使用 DB-9 连接器。

(2)100Base-T4

100Base-T4 采用 4 对 3 类 UTP、4 类 UTP 和 5 类 UTP 作为传输介质,其中 3 对用于传输数据(每对速率为 33.3 Mbit/s),1 对用于冲突检测,采用半双工传输,站点与集线器之间的最大距离为 100 m;使用 RJ-45 连接器。

(3)100Base-FX

100Base-FX 采用 2 束 62.5 μm/125 μm 多模光纤作为传输介质,全双工传输,站点与集线器之间的最大距离高达 2 km。

2. 千兆位以太网

继百兆位以太网后,IEEE 802.3 又先后公布了 802.3z 和 802.3ab 千兆位以太网标准。千兆位以太网保留了传统以太网的所有特征:帧格式、介质访问控制方法(CSMA/CD)、组网方法。重新制定了物理层标准。

1)1EEE 802.3z。IEEE 802.3z 定义的传输介质为光纤和短距离屏蔽双绞线 STP。

2)IEEE 802.3ab。IEEE 802.3ab 定义的传输介质为长距离光纤和 UTP5 双绞线。

千兆位以太网的两个标准分别对应以下四个介质规范。

(1)1000Base-SX

1000Base-SX 是短波长激光多模光纤介质系统标准,它使用波长为 770 ~ 860 nm 的多模光纤介质,最大的链路距离为 300 m,使用 SC 标准连接器。

(2)1000Base-T

1000Base-T 使用 4 对 5 类 UTP,能在 100 m 的信道上支持 1 Gbit/s 的传输速率,网络直径可达 200 m。这个标准使千兆位以太网应用于桌面系统成为现实。

(3)1000Base-CX

1000Base-CX 是短距离铜线千兆位以太网标准,它的最大链路距离只有 25 m。1000Base-CX 使用 9 针的 D 型连接器或 8 针带屏蔽的光纤信道 2 型连接器。

(4)1000Base-LX

1000Base-LX 是长波长激光光纤介质系统标准,它使用波长为 1 270 ~ 1 355 nm 的单模光纤或多模光纤。当使用 62.5 μm/125 μm 多模光纤时,最大的链路距离是 550 m;当使用 10 μm/125 μm 单模光纤时,最大的链路距离可达 5 km。1000Base-LX 与 1000Base-SX 相同,也使用 SC 标准连接器。

千兆位以太网采用以交换机为中心的星形拓扑结构,主要用于交换机与交换机之间、交换机与超级服务器之间的网络连接,将网络核心部件连接在千兆位以太网交换机上,而将 100 Mbit/s 以太网系统迁移到网络的边缘。这样既能为用户提供更大的网络带宽,又不至于阻塞主干网络。

3. 万兆位以太网

2000年初,万兆位以太网的IEEE 802.3ae规范被提出,2002年6月得以批准。万兆位以太网并不只是将千兆位以太网的带宽扩展了10倍,它的目标在于扩展以太网,使其能够超越LAN,以进入MAN和WAN。

IEEE为万兆位以太网制定了两个分离的物理层标准:一个是为LAN,另一个是首次为WAN制定的。LAN版本提供了恰好为10 Gbit/s的速率,实际上是千兆位以太网的一个更快的版本。WAN版本与LAN版本不同,它在一个同步光纤网(SONET)链路上以9.58 Gbit/s的速率传输以太网帧。

万兆位以太网采用全双工技术,支持光纤传输介质(不支持铜线)。它是以交换机为中心的星形结构,可为网络提供更大的可用带宽。万兆位以太网采用64B/66B编码形式,它支持的传输距离为100 m、300 m、10 km、40 km,将来与DWDM相结合,可提供更高带宽和更远距离。

万兆位以太网的主要应用是作为主干网配置在核心LAN中,LAN管理员可使用10 Gbit/s以太网连接大量的服务器或到达以太网交换机的服务器;用于连接企业网和校园网,这要取决于它们之间的距离以及LAN用的是单模光纤还是多模光纤。

6.5　Internet与宽带IP网

6.5.1　Internet概述

Internet(国际互联网,又称因特网)与普通意义上的局域网或广域网不同,它由遍布世界的广域网、局域网、公用网、专用网、校园网、企业网、令牌网、有线网、无线网等形形色色的计算机网络,通过运行TCP/IP协议,经网关和路由器互连而成的全球范围的计算机互联网络。从通信的角度看,Internet是一个以统一标准协议TCP/IP连接全球范围内的多个国家、部门、机构的计算机网络,它是以数据方式通信的通信网。Internet是目前全球最大、最流行的计算机网络,覆盖了世界上近200个国家和地区,为众多的网络用户提供涉及各个领域的信息资源共享。

Internet的基本概念如下。

1. Internet服务提供者ISP

对于各级网络用户来说,ISP可以提供连接Internet的接口。

2. ChinaNet主干网

CHINANET主干网是国际Internet在中国的延伸,它是中国最主要的主干网,占据了我国国际出入口总带宽的80%以上。

3. 超文本

超文本是指带超链接的文本或图形,超文本文档中存在大量的超链接,每个超链接都是将某些单词或图像以特殊的方式显示出来,如特殊的颜色、下划线或是高亮度(即热字)表示,通过超链接可以激活一段声音或显示一个图形。

4. 超文本传输协议 HTTP

超文本传输协议 HTTP 是一种简单的通信协议,也是 WWW 上用于发布信息的主要协议,是 WWW 客户机与 WWW 服务器之间的应用层传输协议,它保证超文本文档在主机间的正确传输,能够确定处理传输文档中的哪一部分及传输顺序等。

5. 超文本标记语言 HTML

超文本标记语言 HTML 是一种专门的编程语言,用于编制通过 WWW 显示的超文本文件的页面。HTML 是一种用来定义信息表现方式的格式化语言,它告诉浏览器如何显示信息,如何进行链接。Internet 中的网页便是使用 HTML 语言开发的超文本文件,一般具有 HTM 或 HTML 扩展名,主页的默认文件名为 index. htm 或 default. htm。由于 HTML 具有通用性、简易性、可扩展性、平台无关性等特点,因而被广泛应用。

6. 万维网 WWW

WWW 是英文"World Wide Web"的缩写。WWW 是以超文本标注语言 HTML 与超文本传输协议 HTTP 为基础,能够提供面向 Internet 服务的、一致的用户界面的信息浏览系统。Web 由许多 Web 站点构成,每个站点由许多 Web 页面构成,起始页叫做主页(Home Page)。WWW 通过超文本链接功能将文本、图像、声音和其他 Internet 上的资源紧密结合起来,并显示在浏览器上。

7. URL

URL 是统一资源定位器的英文缩写,用来定位 HTML 的超链接信息资源的所在位置。

URL 描述了浏览器检索资源所用的协议、资源所在的计算机主机名以及资源的路径与文件名。标准的 URL 格式如下:

协议://主机:[端口号]/路径

常用的协议有 http、ftp(文件传送协议)、news(网络新闻论坛)等,其中端口号可以省略,常用 Internet 协议的默认端口号,如 HTTP 为 80、FTP 为 21、SMTP 为 25 等。

6.5.2 TCP/IP 协议

Internet 是把各种网络(如 X. 25、Ethernet、FR、ATM 等)互联而形成的国际互联网,实现这种互联的关键是依靠 TCP/IP 协议,在 Internet 内部计算机之间相互发送信息分组以进行通信,信息分组包含所需传送的数据以及控制与寻址信息。这种信息的传输方式是由 TCP/IP 所规定的,TCP/IP 是 Internet 的核心。

1. TCP/IP 结构

TCP/IP 的体系结构分为四个层次,即网络接口层、网际层、传输层和应用层。表 6.3 给出了 TCP/IP 的层次结构、各层的主要协议以及与 OSI 参考模型的对应关系。

表 6.3 TCP/IP 的层次结构

OSI	TCP/IP	TCP/IP 主要协议
高层(7—5 层)	应用层	TELENET FTP SMTP DNS HTTP TFTP NFS SNMP
传输层(4 层)	传输层	TCP UDP
网络层(3 层)	网际层	IGMP ICMP IP ARP RARP
低层(2—1 层)	网络接口层	可使用各种物理网络

(1)网络接口层

网络接口层负责将网络层的IP数据报通过物理网络发送,或从物理网络接收数据帧(物理网络在链路层所传输的基本单元称为帧),抽出IP数据报上交网际层。TCP/IP标准并没有定义具体的网络接口层协议,而是旨在提供灵活性,以适应不同的物理网络,它可以和很多的物理网络一起使用,物理网络不同,接口也不同。

在一个TCP/IP网络中,低层对应OSI的物理层和数据链路层,主要运行的是网际接口卡及其驱动程序。

(2)网际层

TCP/IP的网际层对应于OSI的网络层,其最主要的协议是网际协议IP(也称互联网协议)。与IP协议配套的网际协议还有地址转换协议ARP、反向地址转换协议RARP和互联网控制报文协议ICMP。

网际层传送的数据单位是IP数据报,即分组。每个分组必须包含目的地址、源地址。在因特网中,路由器是网间互联的关键设备,路由选择是网际层研究的主要对象。

网际层提供的是一种无连接的、不可靠的数据报传输服务。从一台计算机传送到另一台计算机的分组可能会通过不同的路由,报文分组可能会丢失、乱序等。为了达到高的分组传输速率,牺牲了可靠性。

3)传输层

TCP/IP的传输层对应于OSI的传输层,它的主要功能是对应用层传递过来的用户信息分成若干数据报,加上报头,提供一个应用程序到另一个应用程序之间的通信,这样的通信成为端—端通信。

TCP/IP在传输层提供了两个协议,即传输控制协议TCP和用户数据报协议UDP。

(4)应用层

TCP/IP的应用层对应于OSI的高三层,用户通过API(应用进程接口)调用应用程序来运用因特网提供的多种服务。

在这个层次中有许多面向应用的著名协议,如文件传输协议FTP、远程通信协议TELNET、简单邮件传送协议SMTP、域名系统DNS、超文本传输协议HTTP和简单网络管理协议SNMP等。

2. IP协议

(1)IP概述

IP协议主要用于互联异构型网络,如将LAN与WAN(使用X.25技术)互连。尽管这两类网络中采用的低层网络协议不同,但通过网关中的IP可使LAN中的LLC帧和WAN中的X.25分组之间互相交换。各种网络的帧格式、地址格式等差别很大,TCP/IP通过IP数据报和IP地址将它们统一起来,向上层(主要是传输层)提供统一的IP数据报,使低层物理帧的差异对上层协议不复存在,达到屏蔽低层、提供一致性的目的。

(2)IP的功能

IP主要包括以下功能。

1)寻址。IP必须能唯一地标志互联网中的每一个可寻址的实体,即要为网络中的每个实体赋予一个全局标志符。

2)路由选择。确定某个IP数据报需要经过哪些路由器才能到达目的主机。路由选择可以由源主机来决定，也可以由 IP 数据报所途经的路由器来决定。

在 IP 中，路由选择依靠路由表来进行。在 IP 网上的主机和路由器中均保存有一张路由表，它指明下一个路由器（或目的主机）的 IP 地址。路由表如图 6.20 所示的两个部分。

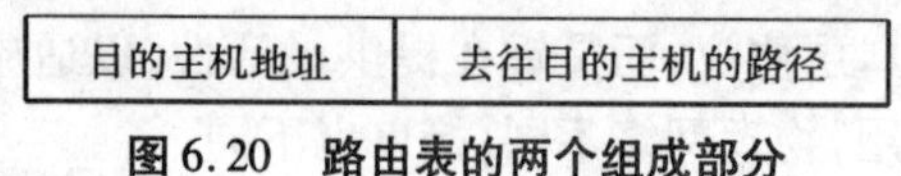

图 6.20 路由表的两个组成部分

3）分段和组装。由于 IP 数据报在实际传送过程中所经过的物理网络所允许的帧的最大长度可能不同（如 IEEE802.3 中，MAC 帧最大长度为 1 518 字节，而 X.25 网络中数据段的最大长度为 16 ~1 024 字节之间，其中优先选用的最大长度为 128 字节）。因此，由 LAN 送往 WAN 的 IP 数据报应先进行分段，由 WAN 送往 LAN 的帧，则需先将已被分段的数据报重新组装。

（3）数据报格式

一个 IP 数据报由首部和数据两部分组成，数据报格式如图 6.21 所示。

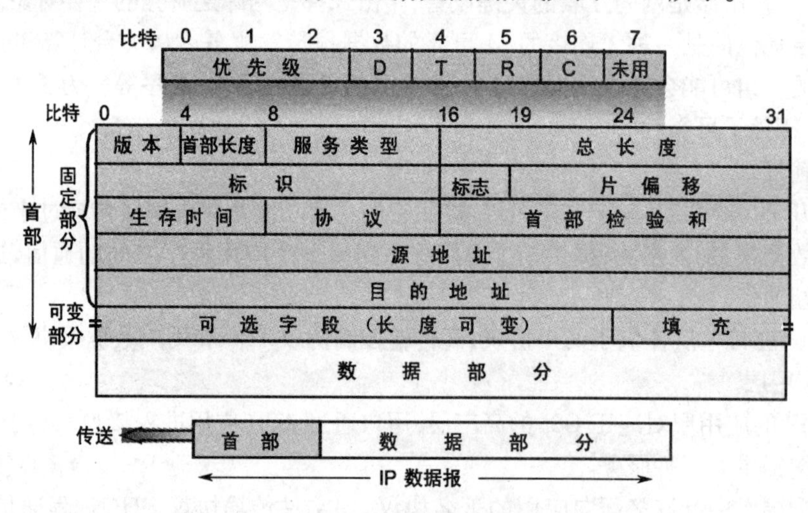

图 6.21 IP 数据报的格式

图中，各字段含义如下。

1）版本：IP 协议版本。当前广泛使用的版本号为 4。

2）首部长度：数据报首部长度。由于在数据报首部有可选字段，因而其首部长度不固定，该字段指明了 IP 首部的实际长度。该字段长度为 4 bit，一个单位表示 4 个字节，最大可表示 60 字节的首部长度。

3）服务类型：规定对本数据报的处理方式，如优先级、可靠性、延时等要求。前 3 位表示优先级，发送者使用该部分指明每个数据报的重要性。D 位、T 位、R 位和 C 位用于指出该数据报所希望的服务类型。D = 1 表示要求网络为该数据报提供较低的传输延迟；T = 1 要求提供较高的吞吐量；R = 1 要求提供较高的可靠性；C = 1 要求选择更廉价的路由。

4）总长度：整个数据报的总长度。该字段占 16 bit，可表示的最大长度为 65 535 字节。

5）标识：每个数据报都被指定了唯一的标识，数据报分片后的各数据报片的标识仍然与原数据报相同。

6)标志:低两位用来控制数据报分片。最低一位为 1,表示后面还有分片的数据报;为 0 时表示这已是若干数据报片中的最后一个。中间一位用来指示可否分片,只有当此位为 0 时才允许分片。

7)片偏移:若该数据报是经过分段的数据报,片偏移用来标明分后某片在原数据报中的相对位置。

8)生存时间:该字段记为 TTL。规定数据报在网络的最长生存时间,避免其在网内无休止地传送。

9)协议:标志上层协议类型,如 TCP、UDP。

10)首部校验和:用于检验数据报首部在传输过程中的正确性。

11)源地址和目的地址:分别用来表示本数据报发送者和接收者的地址。

12)可选字段:该字段是可选项,不是每个数据报都需要。可选项的长度可变,取决于所选项,用于网络测试和纠错。

13)填充:保证数据报首部为 4 字节的整数倍(填 0)。

14)数据部分:IP 数据报中要传送的信息数据。

(4)IP 地址

在二层的物理网络上,每台主机都有其唯一的物理(MAC)地址,而 Internet 通过三层 IP 屏蔽了二层的物理网络。同理,Internet 中的各台主机使用全网唯一的 IP 地址,将其二层的物理地址隐藏起来。IP 地址是一个逻辑标识,每个地址包括两个部分:网络号和主机号。同一个物理网络上的所有主机都使用同一个网络号,而在同一个物理网络上,每台主机的主机号各不相同。

传统上,IP 地址分为五类,称为 IP 地址的有类划分,如图 6.22 所示。

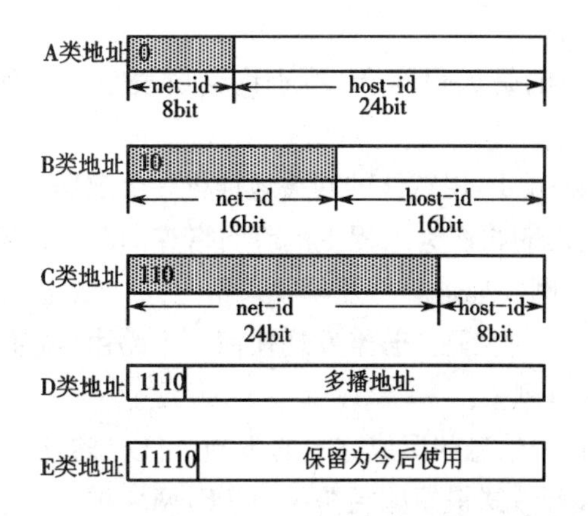

图 6.22　IP 地址中的网络号字段和主机号字段

1)A 类地址:地址的最高位为"0",随后 7 位为网络地址,表示的 IP 地址范围为 0.0.0.0 ~ 127.255.255.255,其中网络号 10 和 127 为特殊地址,10 作为私有地址保留,127 为本机测试保留,因此共有 126 个 A 类地址可分配,每一个 A 类地址可容纳近 1 600 万个主机。这类地址一般可分配给具有大量主机的网络使用。

2)B 类地址:地址的最高两位为"10",后面的 14 位为网络地址,地址范围为 128.0.0.0

~191.255.255.255。每一类 B 类网络可以容纳 65 534 个主机。这类地址一般分配给中等规模主机数的网络使用。

3)C 类地址:地址的前三位为“110”,随后的 21 位为网络地址,地址范围为 192.0.0.0 ~223.255.255.255。每一 C 类网络可以容纳 254 台主机,一般分配给小型的局域网使用。

4)D 类地址:地址的前 4 位为“1111”,用于组播,范围为 224.0.0.0 ~ 239.255.255.255。

5)E 类地址:保留。

由于 IP 地址的有类划分,不同类之间的一个网络地址所能包含的主机数目相差很大,分配给组织时可能导致浪费;而现在 IPv4 地址越来越紧张,人们提出了无类别域间路由 CIDR 的方式来分配 IP 地址。CIDR 的思想是网络地址的长度不限于 8 位、16 位、24 位,可以任意长,表示形式为:“x.x.x.x/y”,这里“x.x.x.x”为网络地址,“y”表示网络地址的长度,也就是网络掩码中 1 的个数。如“210.114.10.0/25”表示网络地址为“210.114.10.0”,网络掩码为“255.255.255.128”。

采用 CIDR 地址格式暂时缓解了 IP 地址紧张的局面,并且有效减少了主干网中的路由条数。

(5)IP 路由技术

IP 路由就是选择一条数据报传输路径的过程。当 TCP/IP 主机发送 IP 数据报时,便出现了路由,且当到达 IP 路由器还会再次出现。路由器是从一个物理网向另一个物理网发送数据包的装置。对于发送的主机和路由器而言,必须决定向哪里转发数据报。在决定路由时,IP 层查询位于内存中的路由表。

1)当一个主机试图与另一个主机通信时,IP 首先决定目的主机使用的是本地网还是远程网。

2)如果目的主机使用的是远程网,IP 将查询路由表来为远程主机或远程网选择一个路由。

3)若未找到明确的路由,IP 用默认的网关地址将一个数据传送给另一个路由器。

4)在该路由器中,路由表再次为远程主机或网络查询路由,若还未找到路由,该数据报将发送到该路由器的默认网关地址。每发现一条路由,数据报被转送到下一级路由器,称为一次“跳步”,最终发送至目的主机。若未发现任何一个路由,源主机将收到一个出错信息。图 6.23 是个路由表的简单例子。

根据路由选择表中路由信息的形成方式的不同,可以将路由分为静态路由和动态路由(如路由信息协议 RIP 和开放式最短路径协议 OSPF)两大类。

静态路由与动态路由的主要区别在于:静态路由是由网络管理员采用手工方法在路由器中配置而成的,而动态路由则是由路由器通过路由器协议收集各种路由信息后动态生成的。在路由器的工作过程中,如果由于网络故障等原因造成部分链路不能传输数据帧,静态路由不会自动发生改变,必须由网络管理员介入才能对其进行修改,而动态路由则会根据网络的实际状况自动调整路由。因此静态路由对保证网络的不间断运行存在一定的局限性。

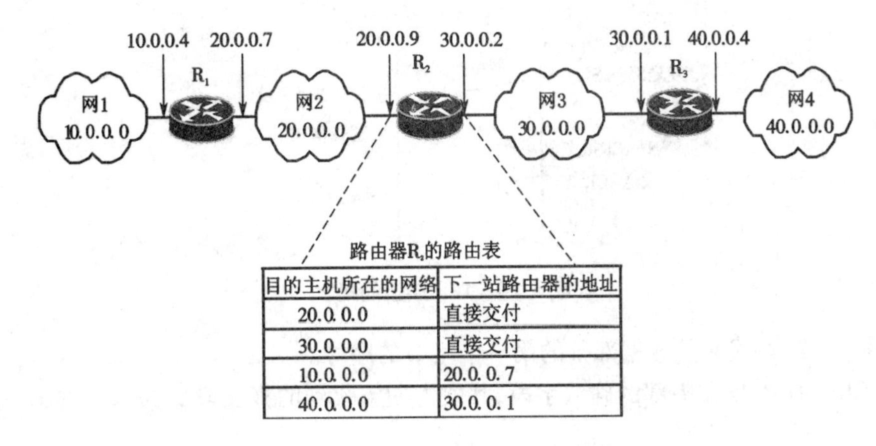

路由器R_2的路由表

目的主机所在的网络	下一站路由器的地址
20.0.0.0	直接交付
30.0.0.0	直接交付
10.0.0.0	20.0.0.7
40.0.0.0	30.0.0.1

图 6.23　路由器中的路由表举例

3. 传输层协议

(1)传输控制协议(TCP)

IP 协议虽然解决了不同网络主机的通信问题,但该协议不能检测 IP 数据报的丢失;而且,IP 只负责按目的 IP 地址传送数据报,但不能区别属于同一应用报文的一组 IP 数据报以及所传送的应用报文的性质。而 TCP 是传输层一个面向连接的协议,它弥补了 IP 协议的某些不足:它能保证数据报正确、可靠地接收,它能区别属于同一应用报文的一组 IP 数据报,并能鉴别应用报文的性质。

TCP 是面向连接的。所谓连接,是指在进行通信之前,通信双方必须建立连接才能进行通信,而在通信结束后,终止其连接。IP 是面向无连接的协议,而 TCP 向应用层提供面向连接的服务,确保网络上所传送的数据报完整、正确、可靠地接收。

为保障端到端传输的可靠性(端到端的连接即源主机与目的主机间的连接),TCP 采取了如下技术与措施。

1)确认。在目的主机,TCP 确认所收到的数据报,并在确认时指出下一个希望收到的数据报编号。

2)超时重传。如果源主机在规定时间内收不到确认信息,就需重发该数据报。

3)差错重传。在目的主机,TCP 使用校验和检查数据是否出错,若查出数据在传输时出错,则要求源主机重传。

4)流量控制。为防止目的主机的接收缓冲区溢出,目的主机可以控制源主机对 IP 数据报的发送。

5)重新排序。因为 IP 是动态、多路径的、无连接的系统,故目的主机可能会收到重复或失序的数据报,而 TCP 能删除重复数据报,且对失序的数据报重新排序。

(2)TCP 连接的建立、释放

在数据传输前,TCP 协议必须在两个不同主机的传输端口之间建立一条连接,一旦连接建立成功,在两个进程间就建立起一条虚电路,数据分组在建立好的虚连接上依次传输。

1)TCP 连接的建立。TCP 在连接建立机制上,采用了三次握手的方法,如图 6.24 所示。所谓的“三次”是指:A 发送一个报文给 B,B 发回确认,然后 A 再加以确认,来回共三次。

①SYN—TCP:报文头部的同步字段,在 TCP 连接建立过程中,该字段置 1。

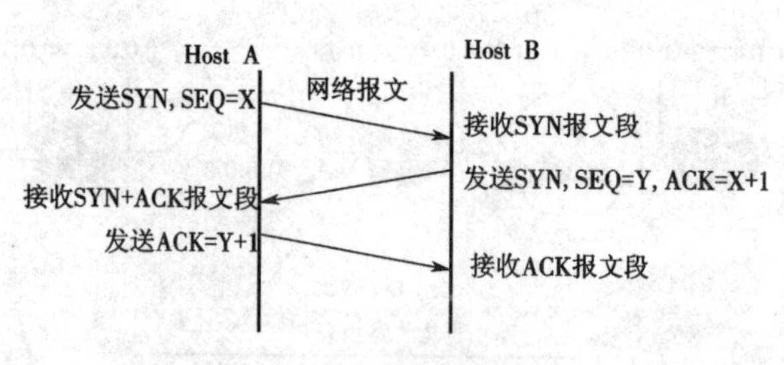

图 6.24 TCP 连接的建立

②SEQ—TCP:报文段数据部分的第一个字节的序号。

③ACK—TCP:报文头部的确认字段,其值为期望收到的报文段数据部分的第一个字节的序号。

2)TCP 连接的释放。当通信的一方没有数据要发送给对方时,可以使用终止连接(FIN)向对方发送关闭连接请求。这时,它虽然不再发送数据,但可以在这个连接上继续接收数据,只有当对方也提交了终止连接的请求后,这个 TCP 连接才会完全关闭,如图 6.25 所示。

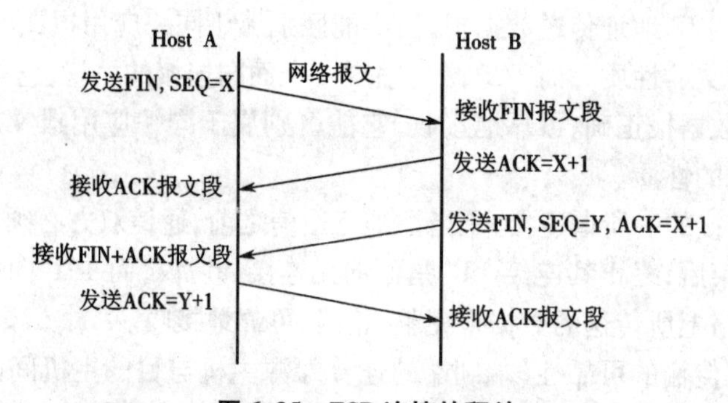

图 6.25 TCP 连接的释放

(3)用户数据报协议(UDP)

UDP 提供无连接、不可靠的数据报传输,对传输的数据报不进行流量控制和差错控制,发送端并不知道它是否到达了目的地。数据的完整性由使用 UDP 协议的上层应用来控制。UDP 协议适用于一次传输少量突发报文的应用,如简单网络管理协议(SNMP)和域名系统(DNS)等。突发性强、实时性要求高的数据传输(如视频会议、IP 电话等)多采用 UDP 协议传输。

(4)端口的概念

传输层之上是应用层,其协议有 FTP、SMTP、TELNET 等,最终是依靠它们实现主机间的通信的。传输层与这些应用程序之间的互访接口称为端口号。表 6.4 为一些常用的应用层程序的端口号,这些规定的端口称为保留端口,其值在 0 ~ 1 023 范围内。此外还有一般端口号,供个人程序使用。

表 6.4　常用的端口号

端口号	关键字	描述
20	FTP-DATA	文件传输协议—数据
21	FTP	文件传输协议—控制
23	TELNET	远程登录协议
25	SMTP	简单邮件传输协议
53	DNS	域名系统
69	TFTP	简单文件传输协议
80	HTTP	超文本传输协议
161	SNMP	简单网络管理协议

为了在通信时不发生混乱（如多个主机申请同一个目的主机的 FTP 服务），必须把端口号和主机的 IP 地址结合在一起。主机的 IP 地址和端口号组合为一个插口号，正在进行通信的每台主机的每个用户会话连接，都有一个插口号。插口号对整个 Internet 是唯一的，一对插口号唯一标志了每个端口的连接，其中：

发端插口号 = 源主机 IP 地址 + 源端口号

收端插口号 = 目的主机 IP 地址 + 目的端口号

利用插口号可在目的主机中区分不同源主机对同一个目的主机的相同端口号的多个用户会话连接。

6.5.3　网络互联设备

1. 集线器

集线器是物理层网络设备，主要负责比特流的传输。集线器是一个共享设备，其实质是一个中继器。主要功能是对接收到的信号进行再生放大，以延长信号的传输距离。集线器提供多种网络接口，它负责将网络中多台计算机连在一起，外观如图 6.26 所示。所谓共享，是指集线器所有端口共用一条数据报总线，因此平均每个端口传递的数据量、速率等受活动端口总数量的限制。集线器不具备交换功能，但由于集线器价格便宜、组网灵活，所以应用十分广泛。集线器多使用于星形网络布线。

图 6.26　集线器

2. 交换机

交换机也叫交换式集线器，是集线器的升级换代产品，是局域网中的一种重要设备。从外观上看，它与集线器没有多大区别，都是带有多个端口的长方形盒状体，它可将用户收到的数据包根据目的地址转发到相应的端口。它与一般集线器的不同之处是：集线器是将数据转发到所有的集线器端口，即同一网段的计算机共享固有的带宽，同一网段的计算机越多,传输碰撞也越多,传输速率会变低;而交换机每个端口为固定带宽,有独特的传输方式,传输速率不受计算机台数的影响,它克服了集线器的种种不足之处,所以在短时间内得到了用户广泛的认可和应用。

交换机是数据链路层设备,数据链路层负责在两个相邻节点间建立数据链路连接,物理层传输数据帧并对信息进行处理,使之无差错地传输。交换机根据数据帧的 MAC 地址(物理地址)进行数据帧的转发操作。

交换机是一种具有简化、低价、高性能和高端口密集等特点的产品。常见的 10 Mbit/s 与 100 Mbit/s 自适应交换机如图 6.27 所示。

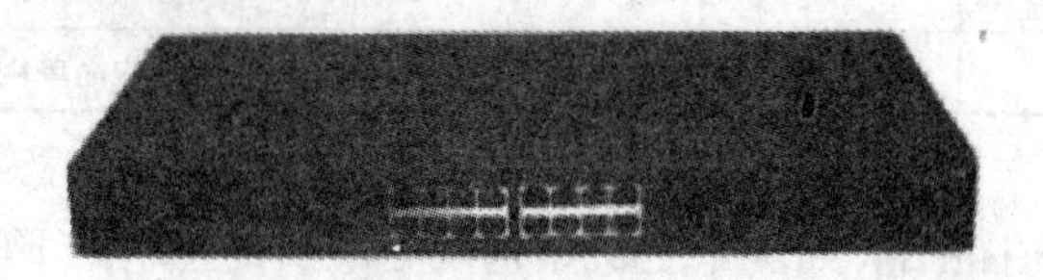

图 6.27　10 Mbit/s 与 100 Mbit/s 自适应交换机

3. 路由器

路由器(Router)是一种多端口的网络设备,它能够连接多个不同网络或网段,并能将不同网络或网络之间的数据信息进行传输,从而构成一个更大的网络,如图 6.28 所示。路由器工作在 OSI 参考模型的第三层(网络层),主要用于异种网络互联或多个子网互联,它的一个主要功能是负责路由选择,即选择转发数据的最佳路径。

路由器是网络互联的枢纽,是实现各种骨干网的内部连接、网间互联及骨干网与互联网连接的主要设备。

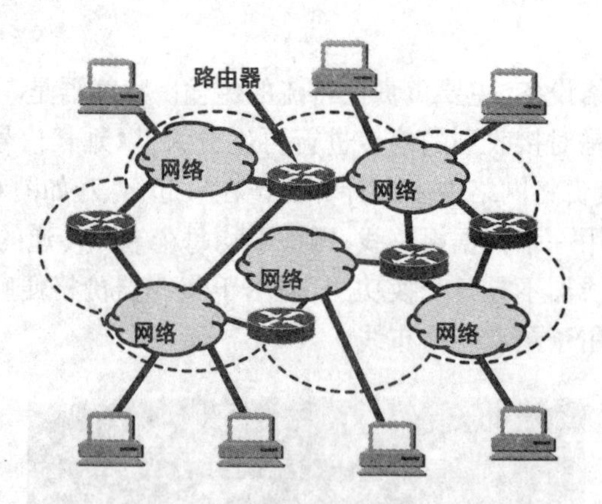

图 6.28　由路由器构成的网络

4. 网关

网关是在网络层以上进行协议转换的设备,可以工作在网络层以上各层,主要有传输层和应用层网关。显然,网关可以互联差异更大的网络。

网关使用适当的硬件和软件实现不同网络的协议转换,硬件提供不同网络的接口,软件进行不同网络的协议转换。根据互联网络的多少,网关可以分为双向网关和多向网关。

网关实现协议转换的方法有两种。一种是直接转换,即把进入网关的数据包转换为输出网络的数据包格式，如图6.29(a)所示。如果网关连接多个网络，采用这种方式的转换模块会非常多。另一种方法是制定一种统一的网间数据包格式，这种格式不在网络内部使用，而只在网关中使用，因此不必修改网络内部的协议。当数据包跨越网络时，网关先把它转换为统一的网间格式，再由网间格式转换为另一网络的数据包格式，如图6.29(b)所示。

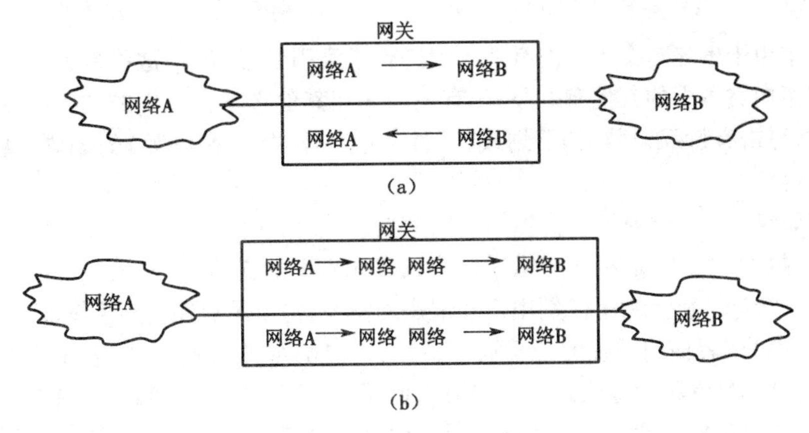

图6.29　网关的两种转换方法

(a)直接转换　(b)通过网间协议转换

网关除了用于异种网的互联外，还用于局域网与大型主机的连接。其原因主要是某些大型主机采用专用的操作系统，与局域网的网络操作系统互不兼容，必须通过网关进行转换。

6.5.4　Internet的基本应用

1. 电子邮件

电子邮件(E-mail)是一种通过计算机网络与网上其他用户进行联系的快速、简便、廉价的手段，它不仅可以传送文本，还可传送图像、音频、视频等多媒体文件。

电子邮件采用简单邮件传输协议SMTP传送文本信息，采用邮件扩展协议MIME协议传送二进制信息。用户使用电子邮件的首要条件是拥有专用的电子邮箱，即在Internet的E-mail服务器上申请一个专门用于存放往来信件的磁盘存储区域。

当用户需要在Internet上发送信件时，必须先与所属的E-mail服务器联机，再启动电子邮件软件，输入信件内容、标题以及收信人标题后，电子邮件系统就会自动将要发送的信件逐站地送到目的地；当用户要接收信件时，同样需与所属的E-mail服务器联机，然后打开自己的邮箱，即可以看到接收到的信件。

2. 信息查询工具

信息查询工具(WWW)是一种基于超级文本的多媒体信息查询工具。它将位于Internet上不同地点的相关数据信息有机地编织在一起，并提供友好的信息查询工具。用户只需提供查询要求，而到什么地方查询及如何查询则由WWW自动完成。因此，用户只要操纵鼠标或键盘按键，就可通过事先安排的链接(Link)，调来所需的文本、图像和音频等信息。

要用WWW，用户必须先上网，并启动WWW浏览软件，然后键入所需查询网站的域名，即可调出所需内容。

WWW 的核心技术就是 Web 技术,Web 技术主要涉及两个标准:一个是应用层协议,即超文本传输协议(HTTP);另一个是表示层句法,称为超文本标记性协议(HTML)。Web 技术就是在这两个标准的基础上发展起来的。用 HTML 语言写成的文本称为主页,在主页上有特殊记号的地方就是超级链接(索引链接),当点击超级链接时,可通过 HTTP 将下一个主页传过来。

超级文本由于事先对文本中的有关词汇进行了索引链接,使得这些带索引链接的词汇或语句可以指向文本中的其他有关段落、有关注解和其他文本文件中的内容。用户在读取这些文本时,点击有特殊记号(如下划线、某种色彩字体、加框字体等)的词语,就可以得到其链接的内容。

3. 远程登录

远程登录(TELNET)是指在网络通信协议 TELNET 的支持下,使用户可以很方便地使用网上的另一台计算机。为了区别用户和记账的需要,每个用户在使用系统前,必须申请一个账户(用户名)或者使用系统的公共账户,每当用户试图进入系统时,系统要查验用户的账号和口令,这一过程称为登录。一旦登录成功,用户即可使用该计算机系统对外开放的相应资源,这些资源包括硬件、软件、数据库及各种信息服务。目前世界上许多大学的图书馆、政府部门、科研机构都对外提供远程联机服务。

4. 文件传输

文件传输协议(FTP)是计算机网络上主机之间传送文件的一种服务协议。它是在 Internet 上最早专门用于传输文件的一种通信协议,通常也把采用这种协议传输文件的应用程序称为 FTP。

与远程登录相似,FTP 也是一种实时的联机服务,在进行工作时首先要登录到对方的计算机上。用户登录后仅可进行与文件传输有关的操作,如改变当前目录、列文件目录、设置传输参数、传送文件等。使用 FTP 几乎可以传输任何类型的文件,如文本文件、二进制可执行文件、图像文件、声音文件及数据压缩文件等。

FTP 可以设置两种传输模式:传输文本文件的 ASCII 传输模式和传输二进制信息的 Binary 传输模式。

5. 域名系统(DNS)

要在 Internet 中正确地寻址,就需要给每个地址进行唯一标志,IP 地址为 Internet 提供了统一的寻址方式。32 位的 IP 地址在网络层次模型中用于 IP 层及以上各层的协议中,由于采用了统一的 IP 地址,Internet 任意一对主机的上层软件就能相互通信。

长达 32 位的二进制 IP 地址对用户而言,显然难以记忆,大家更愿意使用某种易于记忆的主机名字。因此需要一种机制来反映某个地点的 IP 地址与名字地址之间的对应关系,DNS 即域名系统就是用来保存 IP 地址与名字地址之间的对应关系,并实现互换的机制。

Internet 域名采用树状层次结构的命名方法,就像电话系统那样,采用这种命名方法,任何一个连接在 Internet 上的主机,都有一个唯一的层次结构的名字,即域名(Domain Name)。这里,“域”是名字空间中一个可被管理的划分,域可以继续划分为子域,如二级域、三级域等。标志一台主机时,依次写出主机名及各级域名,其中,主机名写在最左边,各级域名之间用“.”分隔,顶级域名写在最右边。例如,fox.tsinghua.edu.cn 是一个四级域名,表示中国教育机构清华大学下属的一台名为 fox 的计算机。

在域名系统中,顶级域名为组织或国家代码,表 6.5 为常见的顶级域名。

表 6.5　常见的顶级域名

域名	意义
com	商业组织
edu	教育结构(美国专用)
gov	政府部门(美国专用)
mil	军事部门(美国专用)
net	网络服务结构
org	其他非营利性组织
arpa	ARPANET 域
int	国际组织
cc	国家代码

域名系统被设计为一个联机分布式数据库系统,并采用客户/服务器方式。所谓客户/服务器方式,即用户使用被称为客户程序的软件,向服务器发出请求,服务器对用户的请求作出回答后,通过客户程序显示给用户。客户端发出域名解析申请(将主机名解析为 IP 地址),服务器端(称为域名服务器)在查找域名后,将对应的 IP 地址返回给客户端。若本地域名服务器不能回答该域名解析请求,则本地域名服务器就成为 DNS 中的另一个客户,并向网络上其他域名服务器发出查询请求,重复这种过程直至找到能够回答请求的域名服务器为止。

6.5.5　网络下载

网络下载方法有多种,下面介绍几种常见的下载方式。

1. HTTP 下载

HTTP 下载就是依靠超文本传输协议通过浏览器来下载网络资源的方式。HTTP 下载的优点是用户只需要使用浏览器软件就可以自由下载 Web 网页上的图片、HTML 文件、压缩文件等,而不需要其他下载软件,通用性强。但它的缺点是下载速度低,不支持断点续传,因此只适合下载容量较小的文件。

2. FTP 下载

FTP 下载就是通过 FTP 文件传输协议,实现两台计算机之间的文件复制工作。

FTP 方式具有限制下载人数、屏蔽指定 IP 地址、控制用户下载速度等特点,所以,FTP 操作灵活,比较适合于大文件的传输(如影片、音乐等)。但是,FTP 所要下载的文件必须是存储在 FTP 服务器上,并且大部分 FTP 下载都需要使用用户名和密码登录 FTP 服务器,下载速度较慢。

一般情况下,访问 FTP 站点时,地址形式习惯输入 FTP 服务器的 IP 地址或域名,如 ftp://202.114.22.148/或 ftp://ftp.whnet.edu.cn/。

3. P2P 下载

P2P 是 Peer-to-Peer 的缩写,即“对等”技术,又被称为“点对点”,这是一种网络新技术,依赖网络中参与者的计算能力和带宽,而不是把依赖较少的几台服务器上。

P2P 下载就是用户可以直接连接到其他用户的计算机来交换下载文件,而不是像过去那样连接到服务器去浏览与下载,在用户自己下载的同时,用户的电脑还要继续做主机上传资源。

P2P 下载的优点是直接将人们联系起来,让人们通过互联网直接交互,使得网络上的沟通变得更容易、更直接,真正地消除中间商,并且人越多速度越高,但缺点是对硬盘损伤比较大,且对内存占用较多,影响整机速度。

P2P 网络主要有纯粹的对等网络和混合的对等网络两种类型。前者指在对等网络中,任意一个参与者的加入和退出都不会导致网络整体服务的损失;后者指在对等网络中,需要一个中心服务器来提供网络服务。

目前常用的下载软件如迅雷、电驴、网际快车、酷狗、BT 下载等都用到了 P2P 技术。

4. BT 下载

BT 下载也是基于 P2P 技术的一种下载方式,全称 BitTorrent,每个 BT 用户的 BT 客户端是其他用户的服务器端。它的特点是:把下载的文件通过种子文件定义成多个块,每个块被分别存储在不同的 BT 客户端计算机上,拥有种子的计算机之间互相传输各自没有的那部分文件,因此在 BT 下载的同时还会进行上传,最后获得完整的文件数据。BT 支持断点续传,下载的人越多,速度越快。

BT 网络是一种混合的对等网络,由 Tracker(跟踪)服务器和 Client(客户)组成,如图 6.30 所示。其中,BT 网络 Tracker 作为中央服务器,起资源定位的作用,为 Client 指明 Seed 的位置。拥有完整文件的 Client 称为 Seed(种子),下载完成的 Client 也会成为一个种子 Seed,正在下载文件的 Client 称为 Downloader(下载用户)。在 BT 系统中,每个 Downloader 既是客户,又是服务器。

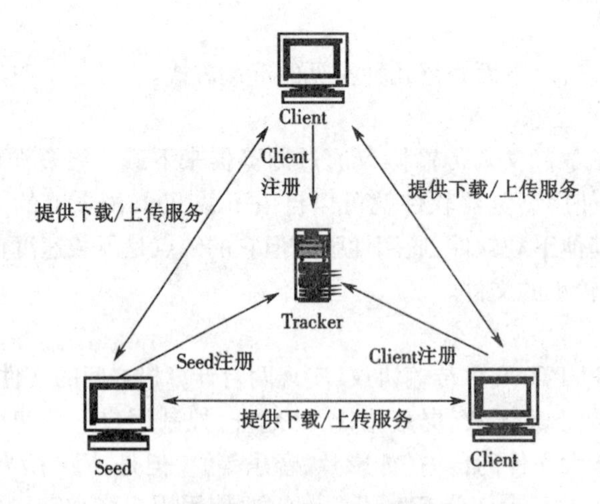

图 6.30 BitTorrent 网络

5. 流媒体下载

流媒体(Streaming Media)是指采用流式传输的方式在网络播放的媒体格式,如音频、视频或多媒体文件。

流媒体下载就是对流媒体文件的下载。流媒体下载在播放前并不下载整个文件,只将开始部分内容存入内存,在计算机中对数据包进行缓存并使媒体数据正确地输出,文件的剩余部分将在后台的服务器内继续下载。与单纯的下载方式相比,这种对多媒体文件边下载边播放的流式传输方式不仅使启动延时大幅度地缩短,而且对系统缓存容量的需求也大大降低,极大地减少了用户等待的时间。

流媒体数据流具有三个特点:连续性、实时性、时序性(即其数据流具有严格的前后时序关系)。常见的流媒体的应用主要有:视频点播、视频广播、视频监视、视频会议、远程教学、交互式游戏等。

思考题

1. 简述数据通信系统的构成。
2. 什么是异步传输?试比较异步传输与同步传输。
3. OSI 参考模型有哪几层?它们的作用各是什么?
4. 为什么要采用数据链路控制规程?
5. 简述分组交换网的组成和各部分的功能。
8. 简述 ATM 的定义、特点。
9. 什么是局域网?简述局域网的访问方式。
10. 以太网采用何种拓扑结构?如何实现多路访问?
11. 什么是 Internet?简述其特点。
12. TCP/IP 的体系结构分为哪几个层次?分析各层功能。
13. 简述 IP 协议的主要功能。
14. 传统的 IP 地址分为哪几类?为什么要采用无类别域间路由?
15. 集线器与交换机的区别体现在哪几个方面?
16. 试述 TCP 协议、UDP 协议的概念。
17. Internet 有哪些基本应用?试举例阐述。

第7章 宽带接入网

7.1 接入网概述

随着各种通信业务的迅速发展,用户不仅要求利用电话业务,还要求接入计算机数据、传真、电子邮政、图像、有线电视等多媒体服务,解决如何将多种业务综合传送到用户的方法就是建设宽带用户接入网。

7.1.1 接入网的产生

接入网(Access Network,AN)称为用户接入网,位于电信网的末端,是信息高速公路的“最后一公里”。

接入网是由用户环路发展而来的。传统的电信网是以电话业务为主而设计的,由长途网和本地网组成,从本地交换机到用户一般使用铜双绞线作为传输介质,中间经交接箱和分线盒等配线及引入设备与用户终端相连,称为用户环路。传统的用户环路网结构如图7.1所示。

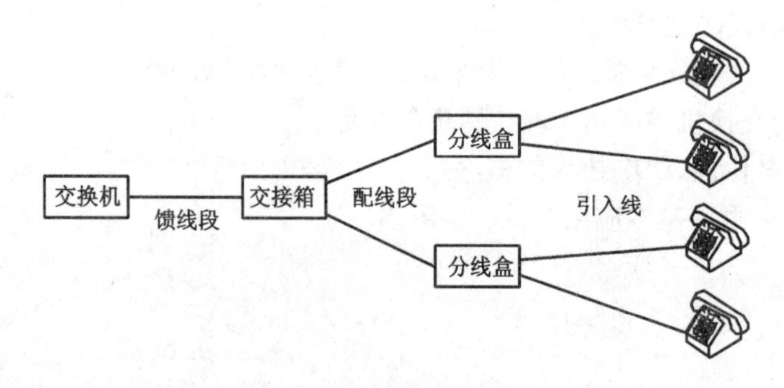

图7.1 传统的用户环路

接入网的产生原因可从以下三个方面来阐述。

1. 铜双绞线的缺陷

本地交换端局与用户电话之间的双绞线,主要是传输音频信号和低速数字信号。以前的电信业务以电话为主,数据量小;这种结构在主干段需要大量铜缆,不仅占用大量通信管道,而且故障率和维护费用高。这种网络的带宽窄,只有4 kHz,不利于提供新的宽带业务,金属电缆传输损耗比较大,使得交换机覆盖半径较小,一般小于5 km。除此之外,金属电缆接入网由于受损耗、串音、噪声和分支的影响易引起信号失真,传输质量很难达到数字化传输的要求。

2. 核心网络的高速发展

公用电信网络在传统上被划分为三个部分，即长途网（长途端局以上部分）、中继网（长途端局与市局或市局之间的部分）、用户接入网（端局与用户之间的部分）。现在更倾向于将长途网和中继网放在一起称为核心网（Core Network，CN），将余下部分称为接入网（Access Network，AN），或称为用户环路，主要完成用户接入核心网的任务。

接入网相对核心网而言，其技术手段差别很大。随着数字通信技术的进步，电信网正朝着数字化、宽带化、智能化和综合化方向发展。程控交换、光缆、卫星、数字微波、SDH、ATM、IP、DWDM 等大量新技术的采用，已使得电信网传输产生了质的变化。

3. 业务的需求

电信网经过多年的发展，其业务发生了巨大的变化，特别是随着 Internet 的爆炸式发展，在 Internet 上的商业应用和多媒体等服务也得以迅猛推广，要享受 Internet 上的各种服务，用户必须以某种方式接入网络。通信业务的多样化及各种复用设备、数字交叉连接设备等多项技术的引入，要求传统的用户环路增加复用、集中、交叉连接以及管理功能，这是一个网络应具有的功能，因此，接入网应运而生。

7.1.2　接入网的功能结构

1. 接入网的基本功能

接入网的功能模型如图 7.2 所示，接入网有五个基本功能组，即用户口功能（UPF）、业务口功能（SPF）、核心功能（CF）、传送功能（TF）和系统管理功能（AN-SMF）。

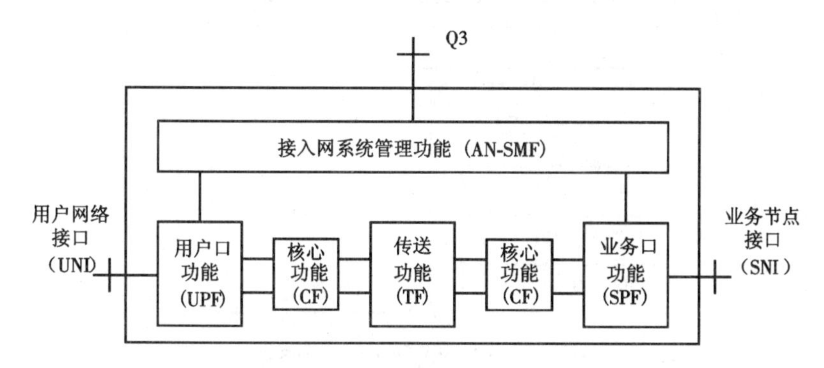

图 7.2　接入网的功能结构图

(1)用户口功能（UPF）

用户口功能将特定的 UNI 的要求适配到核心功能和管理功能。接入网可以支持多个不同的接口和需要特定功能的用户网络接口。UPF 主要是 UNI 功能的终接、A/D 转换、信令转换、UNI 的激活/反激活、UNI 承载通路/承载能力的处理、UNI 的测试、UPF 的维护、管理功能及控制功能。

(2)业务口功能（SPF）

业务口功能将使特定 SNI 规定的要求适配到公共承载体，以便在核心功能中处理并选择用于接入网的系统管理功能处理的有关信息。

(3)核心功能（CF）

核心功能位于 UPF 和 SPF 之间，将单个用户端口承载或业务端口承载的要求与公共传送承载体适配,包括依据所要求的协议适配以及通过接入网传送复用要求进行协议承载处理。核心功能可分布于整个接入网内。CF 主要有接入承载处理、承载通路集中、信令和分组信息复用、对 ATM 传送承载的电力仿真、管理功能和控制功能。

(4)传送功能(TF)

传送功能为接入网中不同位置的公共承载体的传送提供通道,并对所用相关传输媒质进行适配。TF 主要有复用功能、业务疏导和配置的交叉连接功能、管理功能和物理媒质功能。

(5)系统管理功能(AN-SMF)

系统管理功能主要协调接入网中的 UPF、SPF、CF 和 TF 的指配、操作和管理,还负责协调用户终端(经 UNI)和业务节点(经 SNI)的操作功能。AN-SMF 主要有配置和控制、指配协调、故障检测和指示、使用信息和性能数据收集、安全控制、对 UPF 及经 SNI 的 SN 的实时管理及操作要求的协调、资源管理功能。AN-SMF 通过 Q3 接口与 TMN 通信,以便接收监视或控制信息。

2. 接入网的通用协议参考模型

接入网的功能结构是基于 ITU-T G.803 建议中定义的分层模型。该模型用来定义接入网中同等实体间的相互配合。接入网的通信协议分层模型如图 7.3 所示。

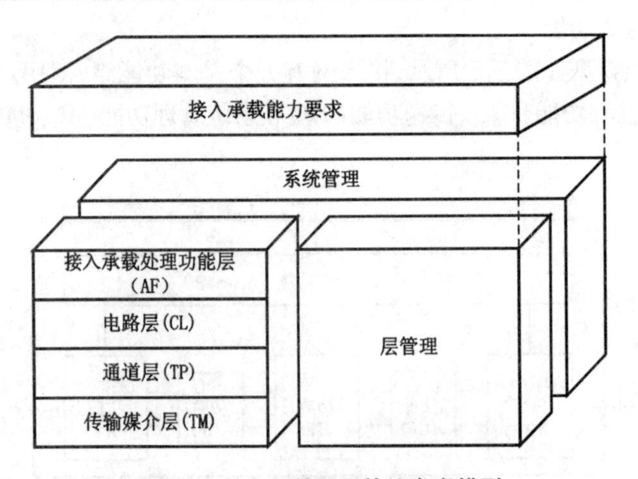

图 7.3 接入网的通用协议参考模型

由图 7.3 可知,接入网的传递网分为接入承载处理功能层(AF)、电路层(CL)、传输通道层(TP)、传输媒质层(TM)。再加上层管理和系统管理,形成了一个立体模型。接入网相邻层之间符合客户/服务器的关系。每一层为相邻的上层提供服务,同时又使用相邻下层提供的服务。下面对构成传送层模型的电路层、传输通道层、传输媒质层分别进行描述。

(1)电路层

电路层是在电路接入点之间进行信息传送的功能层。它独立于传输通道层,直接向用户提供通信业务,如电路交换业务、分组交换业务及租用线业务等。可根据提供的业务来识别不同的电路层。

(2)传输通道层

传输通道层是在传输通道层接入点之间进行信息传送的功能层,它可以支持一个或多个电路层，为其提供传送服务。它独立于传输媒质层。

(3)传输媒质层

传输媒质可进一步分为段层和物理媒质层。段层是在段层接入点之间进行信息传送的功能层，可支持一个或多个传输通道层，如SDH和PDH通道等。物理媒质层是实际传输媒质的功能层，如光纤、金属线、同轴电缆或无线电，以支持段层网络。

以上各层中的每一层均可分解为三个基本功能：适配、终接和交叉连接。

7.1.3 接入网的接口

接入网有三类主要接口，即用户网络接口(UNI)、业务节点接口(SNI)和维护管理接口(Q3)。

1. 用户网络接口(UNI)

用户网络接口(UNI)位于接入网的用户侧，是用户终端设备与接入网络之间的接口，支持各种业务的接入。对不同的业务采用不同的接入方式，对应不同的接口类型。UNI分为独立式和共享式。共享式UNI能支持多个逻辑用户端口功能。例如，在使用ATM的情况下，一个UNI可以支持多个逻辑接入，每个逻辑接入通过不同的SNI接到不同的业务节点。UNI主要包括模拟二线音频接口、N-ISDN接口、B-ISDN接口、各种数据接口和宽带业务接口。

2. 业务节点接口(SNI)

SNI位于接入网的业务侧，是接入网与SN之间的接口。对于不同的用户业务提供相对应的业务节点接口，使其能与交换机连接。

SNI有对交换机的模拟接口(Z接口)及数字接口(V接口)、对节点机的各种数据接口和针对宽带业务的各种接口。V接口经历了从V1接口到V5接口的发展，V1到V4接口的标准化程度不高，通用性差，其应用受到了限制。V5接口是本地交换机和接入网之间适应范围广、标准化程度高的新型数字接口，是一个完全开放式的接口。它能同时支持多种用户接入业务，使不同厂商的设备可在接口上互通，已得到广泛应用。V5接口包括支持窄带接入类型的V5.1和V5.2接口及可支持现有的所有窄带和宽带接入类型的VB5接口。

3. 维护管理接口(Q3)

维护管理接口(Q3)是接入网(AN)与电信管理网(TMN)的接口。把接入的管理纳入整个电信管理网管理范畴中，使电信管理网(TMN)通过Q3接口可实施对接入网的操作、维护、管理功能，在不同网元之间相互协调，从而提供用户所需要的接入和接入承载能力。

7.1.4 接入网的分类

接入网的分类方法有很多种，如可以按传输媒质分、按拓扑结构分、按使用技术分、按接口标准分、按业务带宽分、按业务种类分等。

按传输媒质分，接入网可分为有线接入网和无线接入网两大类。其中，有线接入网又分为铜线接入网(XDSL)、光纤接入网、混合光线同轴电缆接入网(HFC)、以太网接入网、电力线接入网；无线接入网又分为固定无线接入网和移动无线接入网两类，其中移动无线接入网有蜂窝通信、地面微波通信和卫星通信等不同的形式。

7.2 有线宽带接入网

7.2.1 铜线接入网

到目前为止,全球电信运营商的用户有90%以上仍然是通过双绞线接入电信网的,这部分的总投资达数千亿美元。在光纤到户短期内还无法真正实现的情况下,开发基于双绞线的宽带接入技术,既可以延长双绞线的寿命,又可以降低接入成本,对电信运营商和用户都极有吸引力,习惯上将各种基于双绞线的宽带接入技术统称为xDSL,其中ADSL(非对称数字用户线)技术是目前最有活力的一种宽带接入技术,是大多数传统电信运营商从铜线接入到宽带光纤接入的首选过渡技术。

ADSL(Asymmetric Digital Subscriber Line)的提出最初是为了支持基于ATM的VOD视频点播业务。20世纪80年代末,电信界业内人士认为VOD是未来宽带网上的主要应用之一,当时电信网入户的线路资源主要是双绞线,在这种条件下人们自然想到利用双绞线开发宽带接入技术。由于VOD信息流具有上下行不对称的特点,而普通电话双绞线的传输能力又毕竟有限,为了把这有限的传输能力尽可能地用于视频信号的传输,因此,这种服务于VOD的宽带接入技术,应具备上下行不对称的传输能力,即下行速率传输视频流远大于上行速率传输点播命令。在20世纪80年代末期ADSL技术出现后,VOD曾经一度沉寂。

直到20世纪90年代中期,Internet应用由专业领域走向民用领域,并且戏剧性地飞速增长,彻底打乱了电信既定的发展方向,网上的信息量急剧膨胀,使得传统的窄带接入难以满足大量信息传送的要求,ADSL作为一种宽带接入技术,其传输特点恰好与个人用户和小型企事业用户信息流的特征一致,即下行的带宽远高于上行。这样借助于Internet的发展,ADSL不但起死回生,而且从此大规模走向市场,成为目前主流的宽带接入技术。

1. 工作原理及接入参考模型

ADSL技术是一种以普通电话双绞线作为传输媒质,实现高速数据接入的一种技术,其最远传输距离可达4~5 km,下行传输速率最高可达6~8 Mbit/s,上行最高768 kbit/s,速度比传统的56 kbit/s模拟调制解调器高100多倍,这也是传输速率达128 kbit/s的窄带ISDN所无法比拟的。为实现普通双绞线上互不干扰地同时执行电话业务与高速数据传输,ADSL采用了频分复用(FDM)和离散多音调制(Discrete Multitone,DMT)技术。

传统电话通信目前仅利用了双绞线20 kHz以下的传输频带,20 kHz以上频带的传输能力处于空闲状态。ADSL采用FDM技术,将双绞线上的可用频带划分为三部分:上行信道频带为25~138 kHz,主要用于发送数据和控制信息;下行信道频带为138~1 104 kHz;传统话音业务仍然占用20 kHz以下的低频段。正因为ADSL采用这种方式,利用双绞线的空闲频带,才实现了全双工数据通信,如图7.4所示。

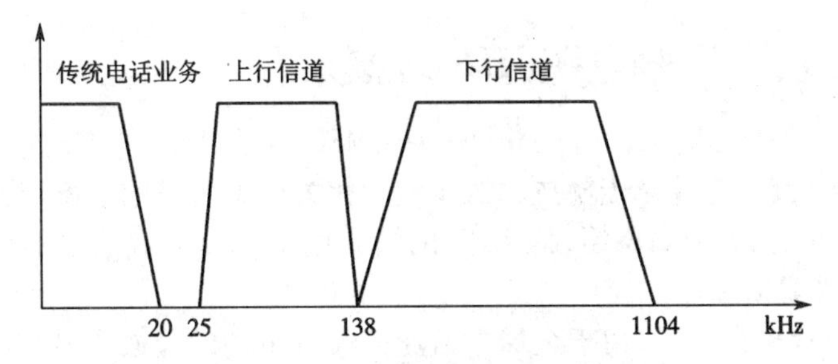

图7.4　ADSL的频谱分配

另外为提高频带利用率，ADSL将这些可用频带分为一个个子信道，每个子信道的频宽为4.315 kHz 。根据信道的性能，输入数据可以自适应地分配到每个子信道上。每个子信道上调制数据信号的效率由该子信道在双绞线中的传输效果决定，背景噪声越低、串音越小、衰耗越低，调制效率就越高，传输效果越好，传输的比特数也就越多；反之，调制效率越低，传输的比特数也就越少。这就是DMT调制技术。如果某个子信道上背景干扰或串音信号太强，ADSL系统就可以关掉这个子信道，因此ADSL有较强的适应性，可根据传输环境的变化而改变传输速率。ADSL下行传输速率最高可达8 Mbit/s ，上行最高768 kbit/s，这种最高传输速率只有在线路条件非常理想的情况下才能达到。在实际应用中，由于受到线路长度、背景噪声和串音的影响，一般ADSL很难达到这个速率。

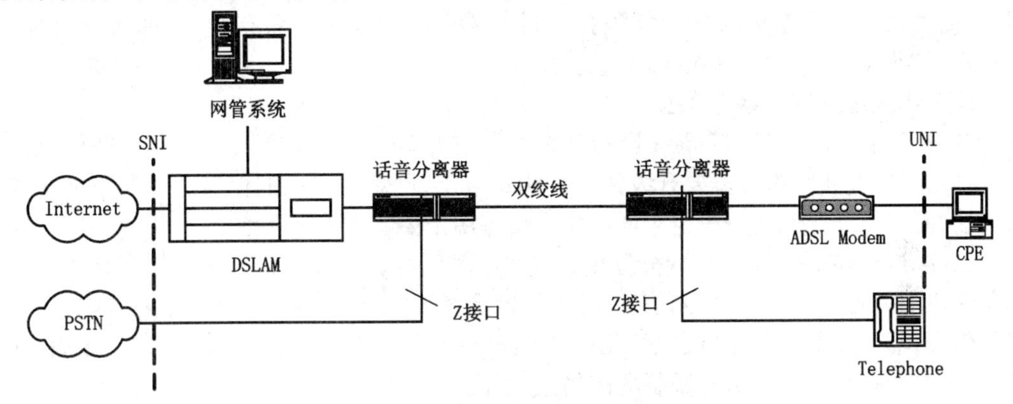

图7.5　ADSL系统接入参考模型

如图7.5所示，基于ADSL技术的宽带接入网主要由局端设备(DSL Access Multiplexer，DSLAM)、用户端设备、话音分离器和网管系统组成。局端设备与用户端设备完成ADSL频带的传输、调制解调，局端设备还完成多路ADSL信号的复用，并与骨干网相连。话音分离器是无源器件，停电期间普通电话可照样工作，它由高通和低通滤波器组成，其作用是将ADSL频带信号与话音频带信号进行合路与分路。这样，ADSL的高速数据业务与话音业务就可以互不干扰。

2. 应用领域及缺点

现在ADSL的应用领域主要是个人住宅用户的Internet接入，也可用于远端LAN、小型办公室/企业Internet接入等。

ADSL的缺点如下。

1)较低的传输速率限制了高等级流媒体应用和HDTV(高清电视)等业务的开展。

2)非对称特性不适于要求数据流收发对称的企事业和商业办公环境。

3)由于ADSL设备是面向ATM体制的，因而ADSL/ATM设备成本仍较高。

7.2.2 混合光纤/同轴电缆(HFC)接入网

光纤和同轴电缆混合网(Hybrid Fiber/Coax,HFC)是从传统的有线电视网络发展而来的。20世纪90年代后,随着光传输技术的成熟和相关设备价格的下降,光传输技术逐步进入有线电视分配网,形成HFC网络,但HFC网络只用于模拟电视信号的广播分配业务,浪费了大量的空闲带宽资源。

20世纪90年代中期以后,由于全球电信业务经营市场的开放以及HFC本身巨大的带宽和相对经济性,基于HFC网的Cable Modem技术对有线电视网络公司很具吸引力。1993年初,Bellcore最先提出在HFC上采用Cable Modem技术,同时传输模拟电视信号、数字信息、普通电话信息,即实现一个基于HFC + Cable Modem的全业务接入网FSAN。由于有线电视(CATV)在城市很普及,因此该技术是宽带接入技术中最先成熟和进入市场的。

所谓Cable Modem,就是通过有线电视HFC网络实现高速数据访问的接入设备。Cable Modem的通信和普通Modem一样,是数据信号在模拟信道上交互传输的过程,但也存在差异,普通Modem的传输介质在用户与访问服务器之间是点到点的连接,即用户独享传输介质,而Cable Modem的传输介质是HFC网,将数据信号调制到某个传输带宽与有线电视信号共享介质;另外,Cable Modem的结构较普通Modem复杂,它由调制解调器、调谐器、加/解密模块、桥接器、网络接口卡、以太网集线器等组成,它的优点是无须拨号上网,不占用电话线,可提供随时在线连接的全天候服务。目前Cable Modem产品有欧、美两大标准体系,DOCSIS是北美标准,DVB/DAVIC是欧洲标准。

1. 工作原理及接入参考模型

在HFC上利用Cable Modem进行双向数据传输时,须对原有CATV网络进行双向改造,主要包括:配线网络带宽要升级到860 MHz以上,网络中使用的信号放大器要换成双向放大器,同时光纤段和用户段也应增加相应设备用于话音和数据通信。

Cable Modem采用副载波频分复用方式将各种图像、数据、话音信号调制到相互区分的不同频段上,再经电光转换成光信号,经馈线网光纤传输,到服务区的光节点处,再光电转换成电信号,经同轴电缆传输后,送往相应的用户端Cable Modem,以恢复成图像、数据、话音信号,反方向执行类似的信号调制解调的逆过程。

为支持双向数据通信,Cable Modem将同轴带宽分为上行通道和下行通道,其中下行数据通道占用50~750 MHz之间的一个6 MHz的频段,一般采用64/256 QAM调制方式,速率可达30~40 Mbit/s;上行数据通道占用5~42 MHz之间的一个200~3 200 kHz的频段,为了有效抑制上行噪声积累,一般采用抗噪声能力较强的QPSK调制方式,速率可达320~10 Mbit/s,HFC频谱安排参考方案如图7.6所示。

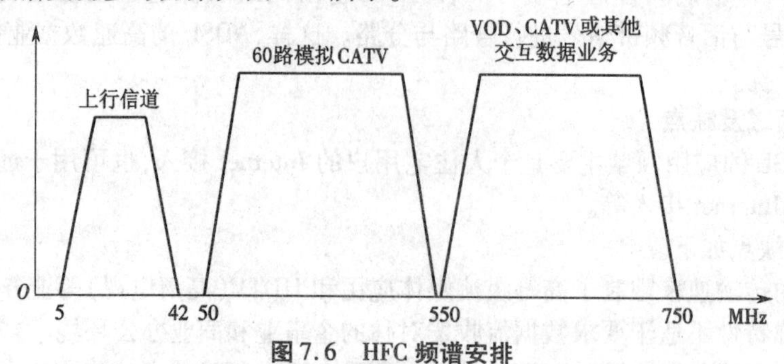

图7.6 HFC频谱安排

采用Cable Modem技术的宽带接入网主要由前端设备CMTS(Cable Modem Termination System)和用户端设备CM(Cable Modem)构成。CMTS是一个位于前端的数据交换系统,它负责将来自用户CM的数据转发至不同的业务接口,同时,它也负责接收外部网络到用户群的数据,通过下行数据调制(调制到一个6 MHz带宽的信道上)后与有线电视模拟信号混合输出到HFC网络。用户端设备CM的基本功能就是将用户上行数字信号调制成5~42 MHz的信号后以TDMA方式送入HFC网的上行通道,同时,CM还将下行信号解调为数字信号送给用户计算机,通常CM加电后,首先自动搜索前端的下行频率,找到下行频率后,从下行数据中确定上行通道,与CMTS建立连接,并通过动态主机配置协议(DHCP),从DHCP服务器上获得分配给它的IP地址。图7.7为HFC系统接入配置图。

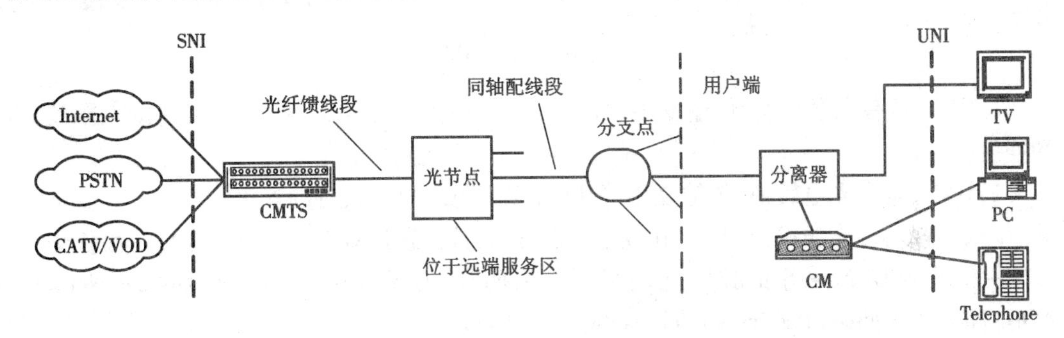

图7.7 HFC系统接入配置图

2. 应用领域及缺点

基于HFC的Cable Modem技术主要依托有线电视网,目前提供的主要业务有Internet访问、IP电话、视频会议、VOD、远程教育、网络游戏等。此外,电缆调制解调器没有ADSL技术的严格距离限制,采用Cable Modem在有线电视网上建立数据平台,已成为有线电视公司接入电信业务的首选。

Cable Modem的速率虽高,但也存在一些问题,比如CMTS与CM的连接是一种总线型连接。Cable Modem用户们是共享带宽的,当多个Cable Modem用户同时接入Internet时,数据带宽就由这些用户均分,从而导致速率下降。另外,由于共享总线型的接入方式,使得在进行交互式通信时必须要注意安全性和可靠性问题。

7.2.3 光纤接入网

光纤接入网指采用光纤传输技术的接入网,一般指本地交换机与用户之间采用光纤或部分采用光纤通信的接入系统。按照用户端的光网络单元(ONU)放置的位置不同又划分为FTTC(光纤到路边)、FTTB(光纤到楼)、FTTH(光纤到户)等。因此光纤接入网又称为FTTx接入网。

光纤接入网的产生,一方面是由于因特网的飞速发展催生了市场迫切的宽带需求,另一方面得益于光纤技术的成熟和设备成本的下降,这些因素使得光纤技术的应用从广域网延伸到接入网成为可能,目前基于FTTx的接入网已成为宽带接入网络的研究、开发和标准化的重点,并将成为未来接入网的核心技术。

光纤接入网一般由局端的光线路终端(OLT)、用户端的光网络单元(ONU)以及光配线网(ODN)和光纤组成,其结构如图7.8所示。

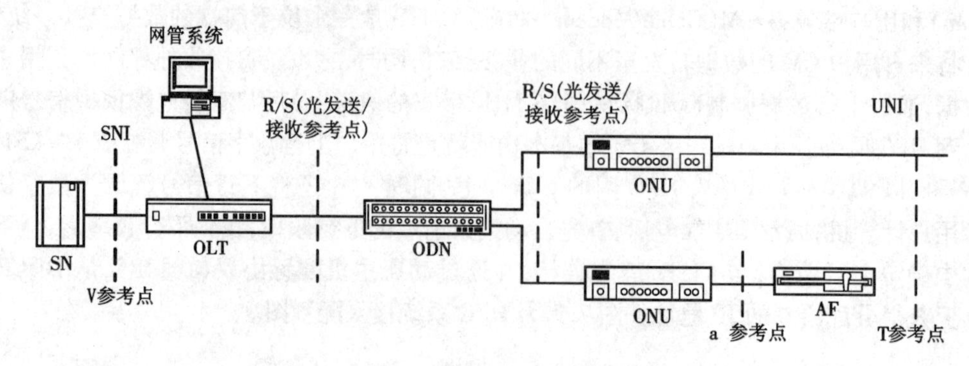

图7.8　光纤接入网结构图

1)OLT:具有光电转换、传输复用、数字交叉连接及管理维护等功能,实现接入网到SN的连接。

2)ONU:具有光电转换、传输复用等功能,实现与用户端设备的连接。

3)ODN:具有光功率分配、复用/分路、滤波等功能,它为OLT和ONU提供传输手段。

一般按照ODN采用的技术光网络可分为两类:有源光网络(Active Optical Network,AON)和无源光网络(Passive Optical Network,PON)。

(1)有源光网络(AON)

有源光网络(AON)指光配线网ODN含有有源器件(电子器件、电子电源)的光网络,它主要用于长途骨干传送网。

(2)无源光网络(PON)

无源光网络(PON)指ODN不含有任何电子器件及电子电源,ODN全部由光分路器(Splitter)等无源器件组成,不需要贵重的有源电子设备。但在光纤接入网中,OLT及ONU仍是有源的。由于PON具有可避免电磁和雷电影响、设备投资和维护成本低等优点,在接入网中很受欢迎。图7.9所示是PON的一般结构。

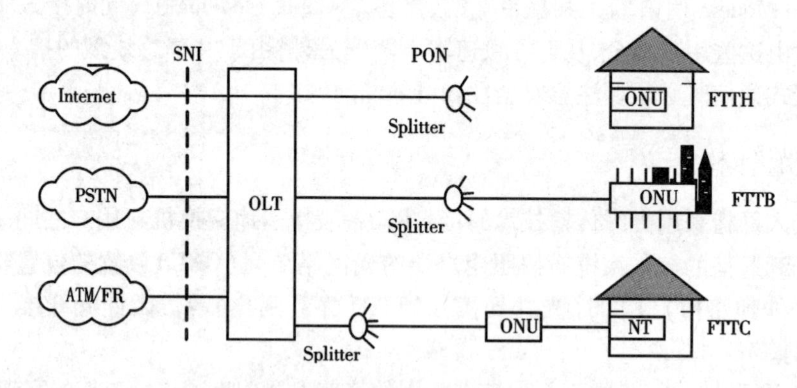

图7.9　PON的接入结构

光纤接入网具有容量大、损耗低、防电磁能力强等优点，随着技术的进步，其成本最终可以肯定也会低于铜线接入技术。但就目前而言，成本仍然是主要障碍，因此在光纤接入网的实现中，ODN 设备主要采用无源光器件，网络结构主要采用点到多点方式，具体的实现技术主要有两种：基于 ATM 技术的 APON 和基于 Ethernet 技术的 EPON 和 GPON，目前 APON 已被逐渐淘汰。

1. EPON

EPON 是 Ethernet Passive Optical Network 的简写，它是在 ITU-T G.983 APON 标准的基础上提出的。近年来，由于千兆比特 Ethernet 技术的成熟，和将来 10 吉比特 Ethernet 标准的推出，以及 Ethernet 对 IP 天然的适应性，使得原来传统的局域网交换技术逐渐扩展到广域网和城域网中。目前越来越多的骨干网采用千兆比特 IP 路由交换机构建，另一方面，Ethernet 在 CPN 中也占据了绝对的统治地位。在这种背景下，接入网中采用 APON，其技术复杂、成本高，而且由于要在 WAN/LAN 之间进行 ATM 与 IP 协议的转换，实现的效率也不高。在接入网中用 Ethernet 取代 ATM，符合未来骨干网 IP 化的发展趋势，最终形成从骨干网、城域网、接入网到局域网全部基于 IP、WDM、Ethernet 来实现综合业务宽带网。

EPON 的工作原理如图 7.10 所示。

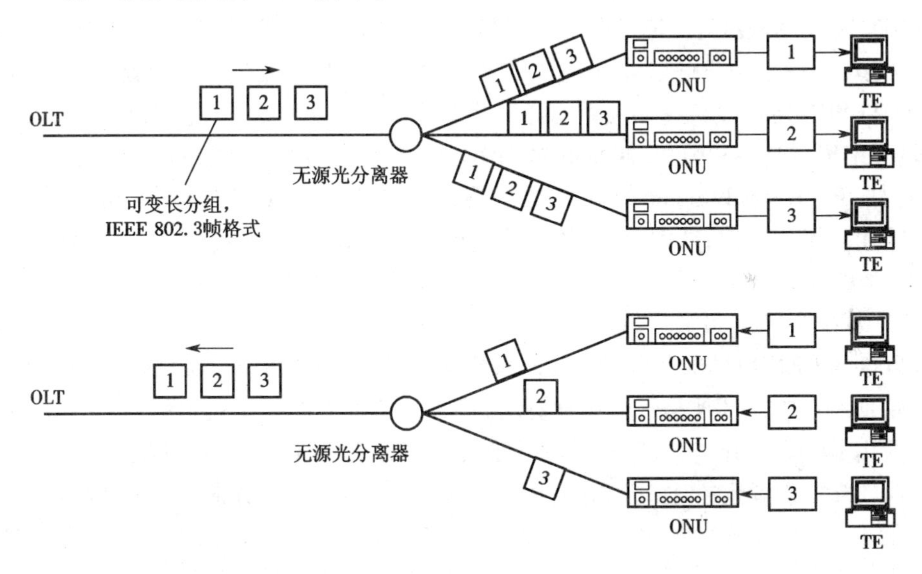

图 7.10　EPON 的工作原理图

EPON 与 APON 关键的区别在于：EPON 中数据传输采用 IEEE 802.3 Ethernet 的帧格式，其分组长度可变，最大为 1 518 字节；APON 中采用标准的 ATM 53 字节的固定长分组格式。由于 IP 分组也是可变长的，最大长度为 65 535 字节，这就意味着 APON 承载 IP 数据流的效率低、开销大。

在 EPON 中，OLT 到 ONU 的下行数据流采用广播方式发送，OLT 将来自骨干网的数据转换成可变长的 IEEE 802.3 Ethernet 帧格式，发往 ODN，光分路器以广播方式将所有帧发给每一个 ONU，ONU 根据 Ethernet 帧头中的 ONU 标志接收属于自己的信息。

ONU 到 OLT 的上行数据流采用 TDMA 发送，与 APON 相同，OLT 为每个 ONU 分配一个时隙，周期是 2 ms。

EPON 采用双波长方式实现单纤上的全双工通信,下行信道使用 1 510 nm 波长,上行信道使用 1 310 nm 波长。

目前相关的标准主要由 IEEE 的 EFM 研究组进行制定。

2. GPON

GPON 是 Gigabat-capable Passive Optical Network 的简写,即吉比特无源光网络技术,是 ITU-T/FSAN 组织于 2002 年 9 月在 BPON(即是 APON)的基础上推出的具有高速率、高效率,支持多业务透明传输,能够提供明确的服务质量保证和服务级别,具有电信级的网络监测和业务管理能力的光接入网解决方案。ITU-T 于 2003 年批准了 GPON 标准 G. 984. 1 和 G. 984. 2,2004 年又相继批准了 G. 984. 3 和 G. 984. 4,从而形成了 G. 984. x 系列的通用 GPON 标准。下一代 GPON 标准 NG-PON(NG-PON1 和 NG-PON2)也正在研究之中,2009 年 4 月完成了 NG-PON1 的技术白皮书,GPON 和 EPON 两种技术均被公认为是当前 FTTH 的主要实现技术。

(1)GPON 概述

GPON 是一种下行速率高达 2. 5Gbit/s、上行速率也高达 1. 25Gbit/s,能以原有格式和极高的效率(90% 以上)传送包括语音、以太网、ATM、租用线等多种业务的技术。GPON 的主要技术特点是采用全新的传输汇聚层协议"通用成帧协议(GFP)",实现多种业务码流的通用成帧封装,为高层用户信号业务流和传输网络提供一种通用的适配机制;同时又保持了 G. 983 中与 PON 协议没有直接关系的许多功能特性,如 OAM、DBA(动态带宽分配)等。这里,传输网络可以是多种类型,如 SONET/SDH 和 ITU-T G. 709(OTN);用户信号可以是基于分组的(如 IP/PPP 或 Ethernet MAC),或是持续的比特速率,或是其他类型的信号;而 GFP 则对不同业务提供通用、高效、简单的方法进行原有格式封装后,经由 PON 传输;因为使用标准的 8 kHz(125 μs)帧,从而能够直接支持 TDM 业务。

GPON 的传输距离最大可以达到 60 km,是 EPON 最大传输距离 20 km 的 3 倍;GPON 系统中可以接的 ONU 数量也远多于 EPON 系统中可接的 ONU 数量。GPON 与各种 PON 的最大差别就是:APON、EPON 是进行各种协议的"转换",而 GPON 则是进行各种协议的"透明传输",所以 GPON 的开销少,带宽利用率/效率自然就比 APON 和 EPON 的高。GPON 以 E1 的原有格式支持语音业务,而 EPON 受限于 802. 3MAC 协议,不易兼容语音以及以太网之外的任何业务;另外,在成本方面,各种 PON 系统的成本是相似或相近的,只是 EPON 要作 E1 接口、APON 要作 E1、IP 接口时,除了光接口的成本外,还要增加相应的附加成本,而 GPON 的业务透传,使它的外加适配少,此成本相对略低一些。综合比较,GPON 技术要比 EPON 技术更为先进。

GPON 系统采用点到多点的网络结构,通常由局侧的 OLT、用户侧的 ODN 和 ONU 组成。ODN 由单模光纤和光分路器、光连接器等无源光器件组成,为 OLT 和 ONU 之间的物理连接提供光传输媒质。GPON 系统参考配置如图 7. 11 所示。

由图可知,GPON 包括四种基本功能块,即 OLT、ODN、ONU 和适配功能块(AF)。另外还有可提供选择的波分复用(WDM)模块、OLT 和 ONU 处使用不同波长的网络单元 NE。如果 GPON 不使用 WDM,则不需要该功能模块及相应的 NE。

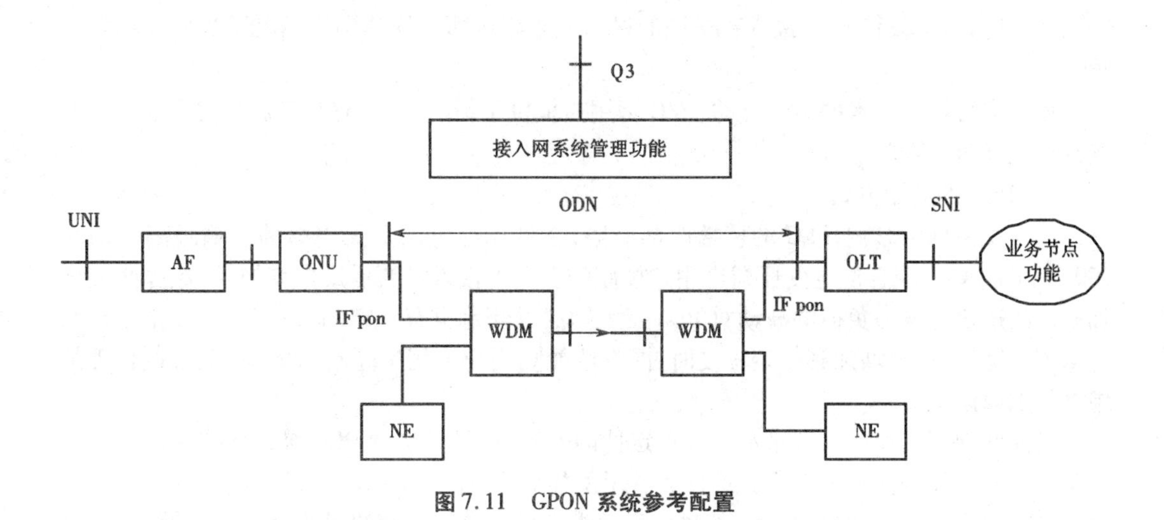

图 7.11　GPON 系统参考配置

7.2.4　其他有线宽带接入技术

1. 电力线接入技术

PLC 是一种利用中、低压配电网作为通信介质,实现数据、语音、图像等综合业务传输的通信技术,不仅可以作为解决宽带末端接入瓶颈的有效手段,而且可以为电力负荷监控、远程抄表、配用电自动化、需求管理、企业内部网络、智能家庭以及数字化社区提供高速数据传输平台。

(1) PLC 的特点

1) 经济性好。电力线是现有的电力基础设施,是世界上覆盖面最广的网络。在此基础上建设宽带接入网和宽带用户驻地网,充分利用现有的配电网络基础设施,无须新建线缆,无须改造室内布线,无须穿墙打洞,是一种"No New Wires"技术,避免了对建筑物和公共设施的破坏,节约了资源,同时也节省了人力。

2) 接入网和驻地网一气呵成。PLC 利用室内电源插座安装简单、接入点多、设置灵活、使用方便的特点,易于实现宽带驻地网。通过与控制技术的结合,为在现有基础上实现"智能家庭"提供了有力的支持。利用电力线路为物理媒介,可将遍布住宅角落的信息家电、PC 等连为一体,接入 Internet,实现远程、集中的管理控制。

3) 电力系统和通信系统合二为一、永久在线的特性,易于构建安保、急救系统。利用 PLC 的永久在线连接,易于构建防火、防盗、防有毒气体泄露等保安监控系统,让上班族高枕无忧;构建的医疗急救系统,让有老人、孩子和病人的家庭备感放心。

4) 建设和投资灵活。PLC 的网络建设灵活,可根据用户需要按小区甚至可以按照若干用户进行组网安装,可实现滚动式投资,收回投资时间短。

5) 费用低。由于建设规模和投资规模小而灵活,运行费用低,因此用户的上网费用也较低。

6) 能够为电力公司的自动抄表、配用电自动化、负荷控制、需求侧管理等提供传输通道,实现电力线的增值服务,进而实现数据、语音、视频、电力的"四线合一"。

7) 适合于中国城市多数居民的居住方式。中国高密度的公寓式居住现状与 PLC 接入特点相适应,这就使得 PLC 接入在中国的投入成本相对西方发达国家别墅型居住环境要低很多。

作为宽带接入技术的后起之秀,PLC 为用户提供了新的选择,有利于宽带接入技术和业务的相互促进、共同发展。

(2)PLC 的应用方式

由于受电网的影响,PLC 的传播距离有限,在低压配电网上无中继的传输距离一般在 250 m 以下,要实现自配电变压器至用户插座的全电力接入需要借助中继技术,这势必要增加系统的造价。电力负荷的波动对 PLC 接入网的吞吐量也有一定的影响,由于多个用户共享信道带宽,当用户增加到一定程度时,网络性能和用户可用带宽有所下降,但通过合理的组网可加以解决。

目前在保证用户接入宽带和接入稳定性的前提下,最经济的 PLC 接入系统采用光纤 + 五类线 + 电力线的方式。其中光缆作为骨干网接到小区,在小区内通过五类线布线到各个居民楼的单元。在单元里安装一台 PLC 局端设备供该单元的用户共享使用,局端设备的高频信号线通过串接的方式耦合到各个用户的电表处,并将信号传送到用户的家庭电力网络中,这样单元楼内的各个用户就可以通过家庭电力线以及位于家庭外部的配套网络实现宽带接入和其他数据通信。这是目前普遍采用的 PLC 接入方式,它不仅可以实现用户的电力线接入,提高系统的稳定性和传输带宽,大大降低负荷波动对吞吐量的影响,同时也可大大降低系统造价。此举的应用特点可概括为"楼宇共享"。

"楼宇共享"式 PLC 网络结构如图 7.12 所示,当以电力线作为传输媒质接入互联网时,只需在楼里配备一台 PLC 局端设备(电力路由器)进行信号覆盖,通过将传统的以太网信号转化成在 220 V 的民用电力线上传输的高频信号,来实现信号的加载和传输。此时传统意义上的电力线就成了用户上网的传输媒质了,而用户只要有一台 PLC 用户端设备(即"电力猫")就可以实现上网了。

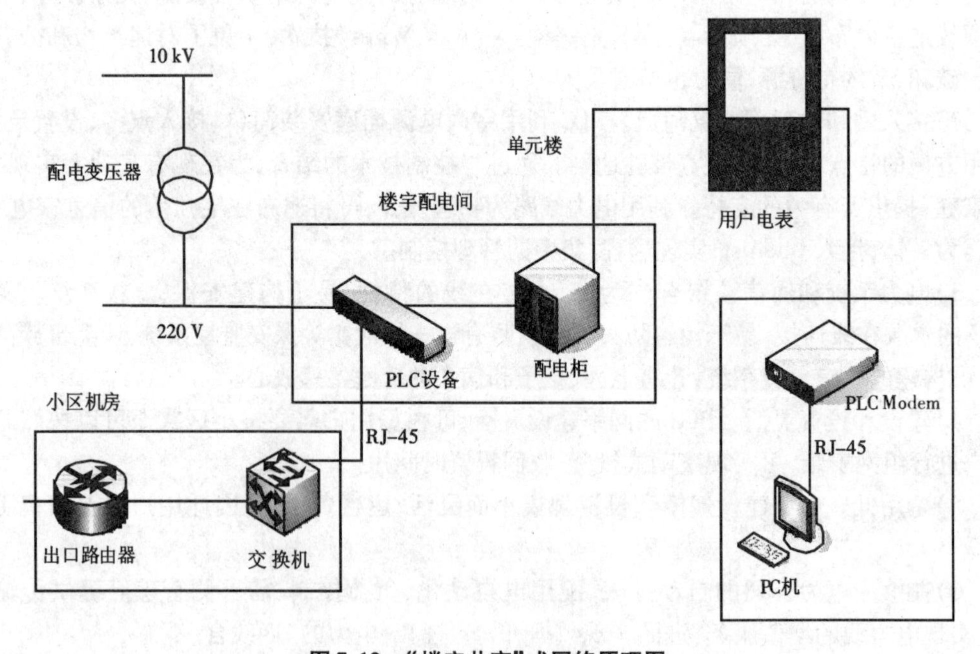

图 7.12　"楼宇共享"式网络原理图

如果家庭已经接入了宽带网络,需要通过室内电源线构成用户网,那么只需选购两个“电力猫”(PLC调制解调器)即可,一个用来与外部接入的宽带网络相连,另一个插入室内任意一个电源插座中,再用双绞线与计算机的网卡连接(如果“电力猫”是USB接口,利用USB连接线与计算机的USB接口连接即可),然后在房间里只要有电线插座的地方即可实现有线上网。此种方式的实质是利用两个“电力猫”及家庭里的电源线代替网线(五类线),故可称为“电源线点到点”式运用PLC。

如果要实现一个家庭多台计算机同时上网,则应购置一台“电力路由器”,不过此设备一般在ISP布置电力上网线路时,可以要求配置。将电力路由器的WAN口与外部宽带接入相连,然后插入室内电源插座中;接着再为每一台需要共享上网的计算机配置一个“电力猫”,用双绞线分别连接到各台计算机的网卡接口,即可实现多台计算机共享宽带接入。此种共享方式跟一般有线网络的共享原理类似,只是电力线共享少了一台中间设备(交换机),而转由屋内电力线路来实现,其网络结构如图7.13所示。此种方式可称为“电源线—点对多点”式运用PLC。

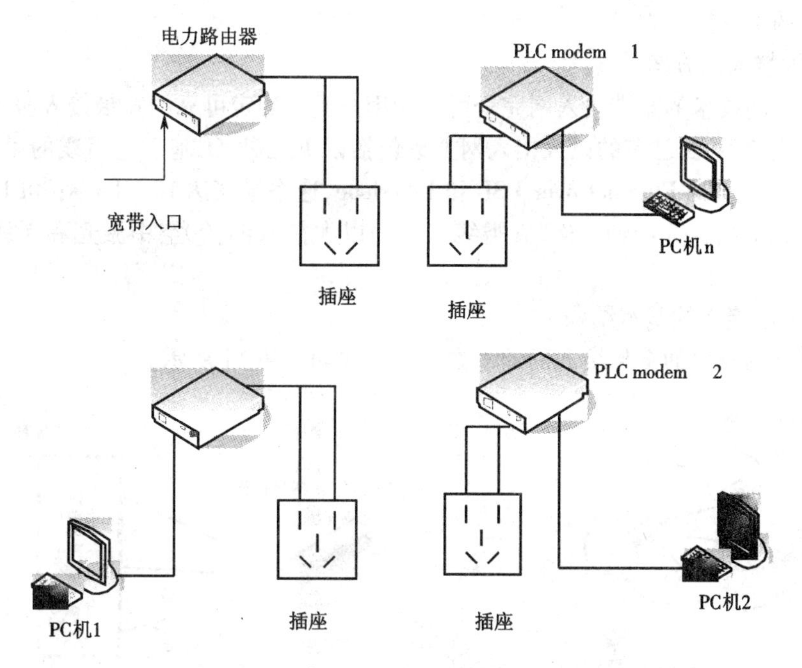

图7.13　“电源线—点对多点”式网络结构

软件设置跟普通有线网络类似,首先进入电力线路由器,输入宽带接入账号,并配置DHCP及NAT,然后各台计算机都采用“自动获取IP地址”的设置,即可实现开机即接入互联网。

2. 以太网接入技术

随着千兆位以太网的成熟和万兆位以太网的出现,以太网已经进入城域网和广域网领域。如果接入网也采用以太网,将形成从局域网、接入网、城域网到广域网都是以太网的结构。采用与IP网一致的以太网帧结构,各网之间可实现无缝连接,不需要任何格式转换,这将大大提高运行效率,方便管理、降低成本。这种结构可以提供端到端的连接,使网络能够提供服务质量(QoS)保证。因此以太网接入网是宽带接入网的一种重要的选择方案。

(1)以太网接入概述

传统的以太网是一种局域网,而基于以太网技术的宽带接入网与传统的以太网已经大不一样。虽然它也采用TCP/IP协议,也利用以太网的帧结构和接口,并保留了以太网的简单性,但其余基本特征已有根本性变化,网络的结构和工作原理完全不一样,在LAN交换、星形布线、大容量MAC地址存储以及用户管理、安全管理、故障管理和计费管理等方面都有很大不同。它具有高度的信息安全性、电信级的网络可靠性、强大的网管功能,并且能保证用户的接入带宽。

以太网接入网给用户提供标准的以太网接口,能兼容所有带有标准以太网接口的终端,因此用户不需另配任何新的接口卡或协议软件,就可获得10 Mbit/s、100 Mbit/s甚至更高的接入速率。目前大部分商业大楼和新建住宅楼都进行了综合布线,布放了五类UTP(非屏蔽双绞线),将以太网插口布到了桌边。住宅小区建立起光纤到大楼、五类线入户的或直接利用电信网现有双绞线入户的以太接入网,提供了高性价比的宽带业务。不少城域网的接入部分也都选用了以太网,全球企事业用户、校园网用户广泛采用以太网接入,以太网已成为广大用户的主导接入方式。

(2)以太接入网方案

基于以太网技术的宽带接入网完全可以为用户提供稳定可靠的宽带接入服务。根据使用的传输媒质的不同,已有的以太接入网方案包括以下几种:①基于电话线的以太接入网;②基于DSL的以太网Ethernet over DSL和Etherloop,速率最高达10 Mbit/s;③FTTH的无源光以太网(EPON);④光纤到大楼、五类线入户的以太接入网;⑤空中激光和无线电以太接入网。

(3)以太网接入的基本结构

基于以太网技术的宽带接入网的基本网络结构如图7.14所示。

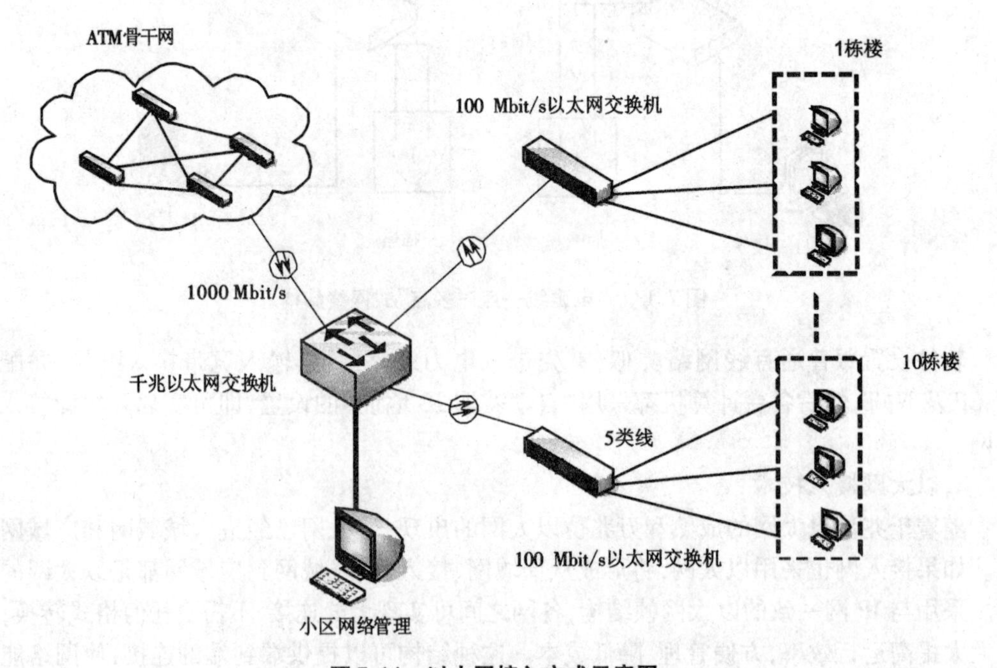

图7.14 以太网接入方式示意图

由图可见,以太接入网由局侧设备和用户侧设备组成。一般局侧设备位于小区内或商业大楼内,用户侧设备位于居民楼内或楼层内。局侧设备提供与IP骨干网的接口,用户侧设备提供与用户终端计算机相接的10/100Base-T接口。

局侧设备具有汇聚用户侧设备网管信息的功能,还支持对用户的认证、授权和计费以及用户IP地址的动态分配。为了保证设备的安全性,局侧设备与用户侧设备之间采用逻辑上独立的内部管理通道。局侧设备负责维护端口—主机地址映射表;对于组播业务,由局侧设备控制各多播组状态和组内成员的情况。

用户侧设备只有链路层功能,工作在MUX(复用器)方式下,各用户之间在物理层和链路层相互隔离,从而保证用户数据的安全性。另外用户侧设备可以在局侧设备的控制下动态改变其端口速率,从而保证用户最低接入速率、限制用户最高接入速率,支持对业务的QoS保证。用户侧设备只执行受控的多播复制,不需要多播组管理功能。用户侧设备负责以太网帧的复用和解复用。

(4)以太网接入的主要解决方案

将以太网技术应用到接入网中,主要的解决方案有VLAN、VLAN + PPPoE及三网融合下的接入方式。

1)VLAN方式。VLAN即虚拟局域网,其组网时所依据的不是站点的物理位置,而是逻辑位置(MAC地址、IP地址或其他),即所谓"逻辑上相关而物理上分散"的网络。VLAN(Virtual LAN)技术在广播抑制、动态组网、网络安全等方面具有其他网络无法比拟的优越性。它具有的重要特征是:同一虚拟网的所有成员组成一个"独立于物理位置而具有相同逻辑的广播域",共享一个VLAN标识(VLAN ID);VLAN的所有成员都能收到由同一VLAN的其他成员发送来的每一个广播包;同一VLAN的成员之间的通信不需要路由的支持,而不同VLAN的成员之间的通信则需要。VLAN方案的网络结构如图7.15所示。

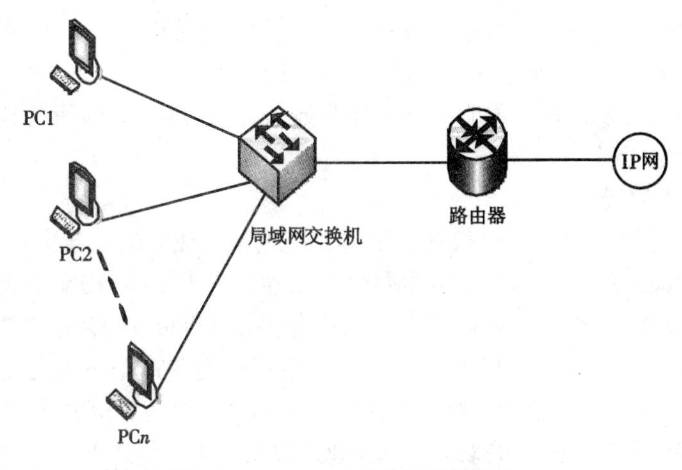

图7.15　VLAN方式的网络结构图

其中,局域网交换机(LAN Switch)按端口配置成独立的VLAN,享有独立的VID(VLAN ID)。在VLAN方式中,利用支持VLAN的LAN Switch进行信息的隔离,如隔离携带用户信息的广播消息,从而使用户数据的安全性得到进一步提高,但这种方案不能对用户进行认证和授权;可以将用户的IP地址与该用户所连接的端口VID进行绑定,这样设备可以通过核实 IP 地址和 VID 来识别用户的合法性,同时保证正确的路由选择,但这将导致只能进行静态 IP 地址分配的问题。另一方面,因每个用户处在逻辑上独立的网内,所以对每个用户至少要配置一个子网的 4 个 IP 地址,即子网地址、网关地址、子网广播地址和用户主机地址,这会造成地址利用率极低。

2)VLAN + PPPoE 方式。VLAN + PPPoE 方式的网络结构如图 7.16 所示。

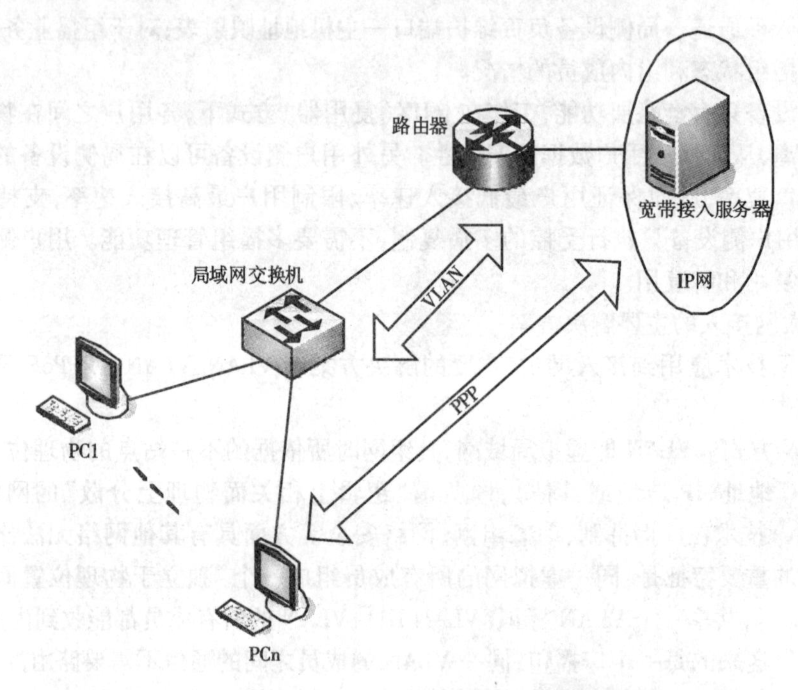

图 7.16 VLAN + PPPoE 方式的网络结构图

VLAN + PPPoE 方式可以解决用户数据的安全性问题,同时由于 PPPoE 协议提供用户认证、授权以及分配用户 IP 地址的功能,所以不会造成上述 VLAN 方式所出现的问题。但是面向未来网络的发展,PPPoE 不能支持组播业务,因为它是一个点到点的技术,所以还不是一个很好的解决方案。

3)三网融合下的接入方式。

从原则上讲,可以采用单一的 IPoE 方式提供三网融合业务的综合接入。由于目前上网业务已经普及 PPPoE 方式,而这种方式的最大局限性在于不支持 IPTV 等组播业务。因此,在三网融合的业务接入架构中,可以考虑上网业务保留 PPPoE 的接入方式,而其他业务采用 IPoE 的混合接入方式。由于 IPoE 方式不再使用用户名和口令来识别用户及业务类型,而是用 MAC 地址,所以要做好用户接入的 VLAN 规划。同时为 DHCP 接入方式引入 RADIUS 认证、计费过程,通过 DHCP 获取 IP 地址,通过以太网直接传送 IP 报文。

7.3　无线宽带接入网

7.3.1　无线宽带接入网的概念

无线接入是指从交换节点到用户终端部分或全部采用无线手段的接入技术。无线接入系统具有建网费用低、扩容可按需而定、运行成本低等优点，所以在发达地区可以作为有线网络的补充，能迅速、及时地替代有故障的优先系统或提供短期临时业务；在发展中或边远地区可广泛地替换有线用户环路，节省时间和投资。

无线接入技术接终端根据入网方式可以分为固定接入网和移动接入网两大类。

固定接入网是从交换节点到固定用户终端采用无线接入，它实际上是 PSTN/ISDN 网的无线延伸，传统的固定无线接入有：一点到多点微波系统（MARS）、多路多点分配业务（MMDS）、本地多点分配业务（LMDS）、无线本地环路（WLL，包括一点多址微波、固定蜂窝、固定无线及它们的组合）、直播卫星系统（DBS）、甚小口径天线地球站（VSAT）、低轨卫星本地固定宽带接入及光无线接入等。

移动接入网可分高速和低速两种。高速移动接入一般包括蜂窝系统、卫星移动通信系统、集群系统等；低速接入系统一般是 PCN（个人通信）系统，如 CDMA 本地环路、PACS、PHS 等。

无线接入技术的另一研究热点就是无线接入 Internet。通过无线接入 Internet 的方式分为两大类，一是基于蜂窝的接入技术，如 CDPD、GPRS、EDGE 等；二是基于局域网的技术，如 IEEE 802.11WLAN、Bluetooth、HomeRF 等。目前无线接入技术正朝数字化、宽带化、多媒体化和智能化的方向发展。

7.3.2　本地多点分配业务

本地多点分配业务（Local Multipoint Distribution Service，LMDS）主要工作在 20～40 GHz 频带上，每个服务区可拥有 1.3 GHz 的带宽，是一种传输容量可与光纤比拟，同时又兼有无线通信经济和易于实施等优点的宽带无线接入技术。之所以叫它“本地”，是因为 LMDS 的无线信号传输距离不能超过 5 km。它主要有如下特点。

1）单个基站所能覆盖的范围有限。根据所采用的频率的高低，LMDS 的覆盖半径一般为 5 km 左右。晴朗的天气条件下，覆盖范围较大；阴雨天气时，覆盖范围将要受雨衰因素影响，频率越高，影响越大。

2）从基站到用户的下行信号采用点到多点方式，这也是“多点分配”的含义所在。用户到基站的上行传送可以采用 FDMA 方式，也可以采用 TDMA 方式，相对比较灵活。

3）提供的业务范围广。LMDS 可以提供包括窄带话音、宽带数据等各种业务。用户能够从 LMDS 网络得到的业务量的大小，完全取决于运营者对业务的开放度。

LMDS 基于 MPEG 技术，是从微波视频分配系统（Microwave Video Distribution System，MVDS）发展而来的。与传统点到点高速固定无线接入方式相比，LMDS 为“最后一千米”宽带接入和交互式多媒体应用提供了更经济和更简便的解决方案，是对 FTTx 的有益补充，它的宽带属性使它可以提供大量的电信服务和应用。

1. 工作原理及接入参考配置

LMDS 工作在 20～40 GHz 频率上，被许可的频率是 24 GHz、28 GHz、31 GHz、38 GHz，其中以 28 GHz 获得的许可最多，该频段具有较宽松的频谱范围，最有潜力提供多种业务。但由于在该频段信号的传输距离有限，LMDS 采用了多扇区、多小区的空间分割技术组网，以重用频率，提高系统容量。典型的 LMDS 系统可支持下行 45 Mbit/s、上行 10 Mbit/s 的传输速率。

LMDS 接入系统构成如图 7.17 所示，一般包括中心站、终端站和网管系统三大部分。中心站和终端站又分别由室内单元(IDU)和室外单元(ODU)两部分组成。IDU 提供业务相关的部分，如业务的适配和汇聚；ODU 提供基站和远端站之间的射频传输功能，一般安置在建筑物的屋顶上。系统组网形式与 3.5 GHz 固定无线方式相似。

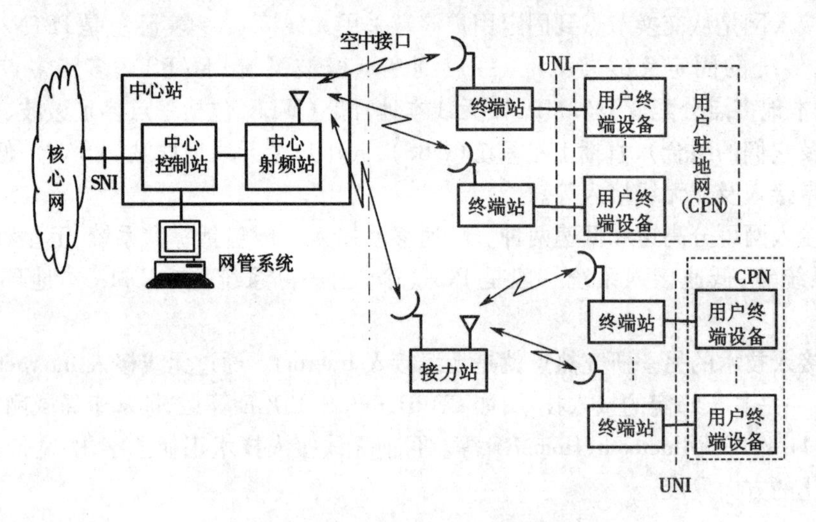

图 7.17 LMDS 接入系统构成

中心站位于小区(Cell)中心，它覆盖的服务区一般分为多个扇区，可以对一个或多个终端站提供服务。中心站 IDU 将来自各个扇区不同用户的上行业务量进行汇聚复用，提交到不同的业务节点，同时将来自不同业务节点的下行业务量分送至各个扇区，具体地说，就是采用 TDMA 或 FDMA 接入方式。中心站系统提供丰富的 SNI 接口类型，网络侧可连接 PSTN/ISDN 交换机、ATM 交换机、路由器等，为远端用户接入业务节点提供服务。

终端站设置在用户驻地，用户驻地网设备为用户终端提供 PSTN 电路仿真、高速 IP 等业务；远端站 IDU 可连接用户小交换机、路由器等，将来自 CPN 的业务适配汇聚，通过中频电缆传送到 ODU，然后通过无线链路传送到基站，在相反方向从下行业务流中提取本站业务分送给用户。目前商用系统中终端站一般提供 E1 接口和 10 Base-T 接口，E1 接口与用户小交换机相连，对普通话音、ISDN 业务提供支持；10 Base-T 接口用于与 Hub 或其他设备相连，提供数据业务。终端站也可以直接提供 Z 接口和 ISDN U 接口。中心站和终端站的 ODU 包括射频收发器和射频天线两部分，射频收发器将来自 IDU 的中频信号进行上变频调制到射频频带，通过射频天线进行发射，同时将射频信号进行下变频传送到 IDU，从而在基站与远端站之间建立双向通信通道。

由于 LMDS 中心将覆盖的服务区划分为若干个扇区，因此基站天线为扇区天线，现有的扇区天线波束角一般有15°、22.5°、30°、45°、60°或90°等,可将服务区划分为24、16、12、8、6或4个扇区。从具体实现上看,90°的扇区天线居多,终端站射频天线为定向天线,定向接收来自本扇区天线的信号,系统一般可以进行自动增益控制,在满足一定的误码率和系统可用性的前提下,自动调整射频发射功率,使扇区之间的干扰降到最小,LMDS扇区半径一般为2~4 km。

2. LMDS接入技术的缺点

1)传输距离很短,仅有5~6 km,因而不得不采用多个微蜂窝结构来覆盖一个城市。

2)多蜂窝结构会增加系统的复杂性。

3)设备成本高。

4)雨衰太大,降雨时很难工作

7.3.3 无线局域网

无线局域网(WLAN)是以无线电波或红外线作为传输媒质的计算机局域网(LAN),它是IP接入网的一种形式。

WLAN与有线局域网(LAN)相比,最大的优点是:建设周期短,施工容易,易于扩展,且能支持用户在移动中上网,为用户提供多媒体业务。

1. 系统组成

WLAN是由通过无线电相互连接的一些设备组成的,如图7.18所示。通常将相互连接的设备称为“站”,将无线电波覆盖的范围成为“服务区”。

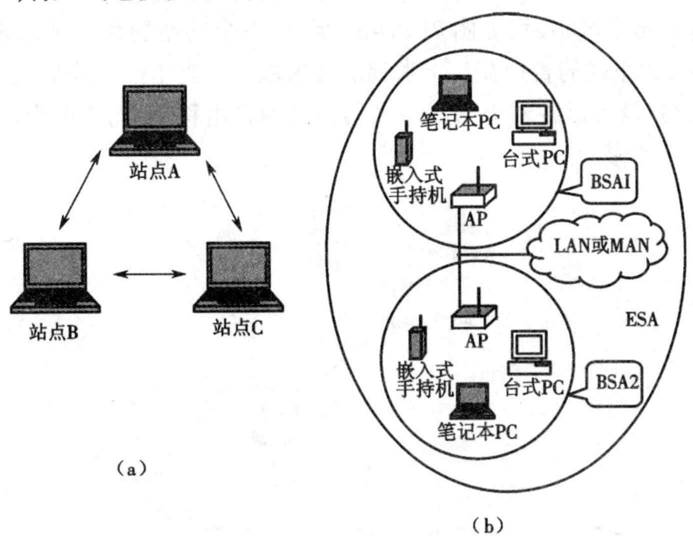

图7.18 WLAN系统组成

(a)BSA (b)ESA

所谓“站”,是指连接在WLAN中的各种智能化终端设备。这些设备通常是装有无线适配卡(Wireless Adapter Card)的台式计算机、便携式计算机或嵌入式IEEE 802.11终端设备(如802.11手机)。WLAN中的站有三类,即固定站、移动站与半移动站。固定站的天线一般为定向天线,不能随便移动;移动站可以在覆盖范围内随便移动;半移动站可以改变位置,但不能在移动中保持通信。

WLAN 中的服务区可分为两类,即基本服务区(Basic Service Area,BSA)和扩展服务区(Extended Service Area,ESA)。BSA 是 WLAN 中最小的服务区,又称为小区(Cell),其覆盖范围一般在几十米到上百米之间,在有些应用中也可达到几十千米;ESA 则是通过接入点(Access Point,AP)将不同 BSA 连接起来,并将其接入到有线主干网,以扩大 WLAN 的服务区域。

2. 拓扑结构

WLAN 的拓扑结构有两类:无中心拓扑和有中心拓扑。

(1)无中心拓扑

无中心拓扑又称为对等式(Peer to Peer)拓扑,如图 7.18(a)所示 BSA 中的站连接。这是一种网状拓扑结构。在这种结构的网络中,至少包括两个站。任意两个站点之间均可直接进行通信,因此它是"无线"以太网。这种结构的网络是一个独立的 WLAN。其主要特点是:建网容易(无须布线),费用低;网络整体移动性好;抗毁性强;容量有限。因此,无中心拓扑结构的 WLAN 仅适用于用户群较小的应用环境。

(2)有中心拓扑

有中心(Hub Based)拓扑,如图 7.19(a)所示。这是一种星形拓扑结构。在这种结构的网络中,至少包含一个中心站(或基站)。所有站点对媒体的访问均由基站来控制,同时,任意两个站点之间的通信都必须通过基站来转接。另外,基站还可作为连接有线主干网的接入点。因此,基站一般有两个接口,即符合 IEEE 802.11 协议的无线接口和符合 IEEE 802.3 协议的有线接口。

当网络中存在多个基站时,如图 7.19(b)所示,一个基站的覆盖范围形成一个微小区(即 BSA)。通常,微小区的直径在几十米到上百米之间。当不同微小区之间存在一定范围的重叠时,移动站点就可以在整个 WLAN 的覆盖区内自由移动,而不会中断与网络的连接。这种现象被称为无线漫游。

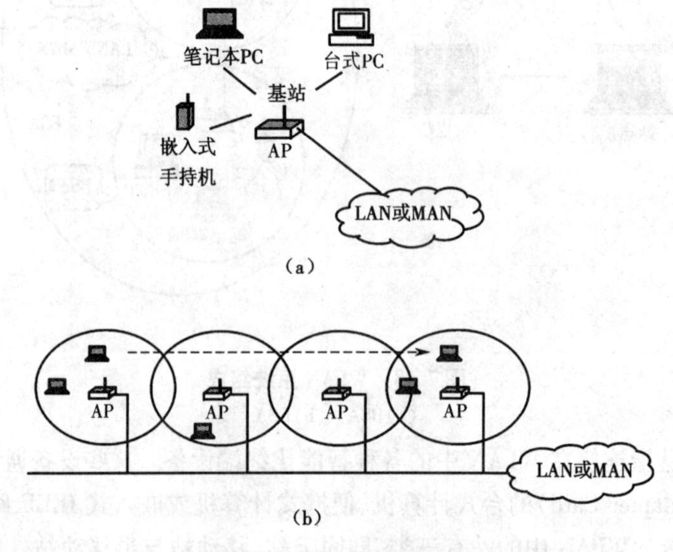

图 7.19 WLAN 拓扑结构
(a)有中心结构 (b)多基站结构

因为,移动站点的无线网卡能够随时自动发现附近信号最强的AP,并切换到该AP的工作频率上,通过该AP收发数据,从而保持不间断的网络连接。这种多基站的网络常常与有线LAN或MAN互连,从而可以构成覆盖范围较大的混合MAN或WAN。

需要说明,与无中心网络相比,有中心网络的可靠性对基站的依赖性较大,因为基站的任何故障都会导致整个网络或一个微小区范围的通信瘫痪。

3. 关键技术

WLAN用到的关键技术有以下几种。

(1)抗干扰与抗衰落技术

有线LAN的信道BER一般可达10^{-9},而在WLAN中,由于无线电干扰和衰落的影响,其无线信道的BER远达不到有线LAN的水平。过大的信道BER会导致WLAN单位时间的数据吞吐量明显下降,从而影响网络的性能。为了保证网络的性能,必须采用相应的抗衰落与抗干扰技术,其中包括扩频技术、跳频技术以及纠错编码技术等。

(2)通信保密技术

由于WLAN的无线传输信道是公开的,任何无权的非法用户都有可能接收和入侵网络。为了保证网络安全和用户信息安全,必须采用相应的保密技术。为此,WLAN在不同层次采用了许多不同技术,如严密的用户身份认证技术、用户信息加密技术、无线信道的扩频技术与跳频技术等。采用扩频技术能降低单位频带内的发送功率,从而使盗听者难以从空中捕获到有用信号;采用跳频技术不仅能躲避干扰,而且能使不知道随机跳频序列的无权用户无法接收到其他用户发送的信息。

(3)兼容技术

兼容技术包括网络兼容技术和电磁兼容技术两个方面。前者要求WLAN应与有线LAN在操作系统与网络软件的使用上相互兼容,以方便用户的使用;后者则要求WLAN必须考虑其发送电磁功率对周围电磁环境的影响,以免影响其他设备正常工作以及对人体健康造成不良影响。

(4)节能技术

WLAN必须面向便携机以支持个人通信。为了节省便携机的电池能耗,网络应具有节能管理功能,即当某站不收发数据时,应使该站的收发信机处于休眠状态;当该站需要收发数据时,再激活其收发信机。这样,可以达到节省便携机电池能耗的目的。

4. 协议标准

WLAN的协议标准是由电气电子工程师协会(the Institute of Electrical and Electronics Engineers, IEEE)制定的。目前,IEEE已提出了三个WLAN协议,即1997年提出的802.11,1999年9月提出的802.11a和802.11b。这三个协议都是针对WLAN的物理(Physical, PHY)层和媒体接入控制(Media Access Control, MAC)层而制定的。下面对它们进行概要介绍。

(1)PHY层

WLAN的物理层涉及两个主要问题,即采用的无线传输媒质和传输技术。

WLAN使用的无线传输媒质是红外线(Infrared)和位于ISM(Industrial, Scientific and Medical)频段的无线电波。前者一般用于室内环境,传输速率可以很高,因其无法穿透非透明障碍物,故只能以视线进行点对点传播;后者既可用于室内环境,也可用于室外环境,具有一定的穿透能力。

红外线不受无线电管理部门的管制，ISM 频段属于非注册使用频段，因此，构建 WLAN 不需要申请无线电频率。但是，为了防止对同频段的其他系统造成干扰，对于工作在 ISM 频段的 WLAN，若采用窄带调制技术，则必须获得无线电管理部门颁发的许可证；若采用扩频技术，只要发送功率低于 1 W，则无须该许可证。

采用无线电波作为 WLAN 的传输媒质时，可以有两种调制方式，即窄带调制方式与宽带调制方式。采用红外线作为 WLAN 的传输媒质时，也有两种方式，即扩散红外（Diffused Infrared，DF-IR）方式与定向波束红外方式（Directed Beamed Infrared，DB-IR）。在 DF-IR 方式中，发送方把多个发光装置排成圆形，使各发光装置从不同方向把红外线发出去。在 DB-IR 方式中，又有两种方式，即点对点方式与反射方式。前者是指发送方瞄准接收方后再把红外波束发出去；后者则是指发送方将红外波束射向特制的反射装置，经其反射后到达接收方。

在 ISM 频段上，可使用的频段包括 902 ~ 928 MHz（可利用带宽 26 MHz）、2.4 ~ 2.483 5 GHz（可利用带宽 83.5 MHz）和 5.725 ~ 5.850 GHz（可利用带宽 125 MHz）。

在 802.11 协议中，规定的无线传输媒质是红外线和 2.4 GHz 的无线电；规定的无线传输技术为两种扩频技术，即 FHSS（Frequency Hopping Spread Spectrum）和 DSSS（Direct Sequence Spread Spectrum）技术。前者采用 GFSK（Gaussian Frequency Shift Keying）调制技术；后者则采用 BPSK（Binary Phase Shifting Keying）或 QPSK（Quadrature Phase Shifting Keying）调制技术。802.11 协议支持的数据传输速率是 1 Mbit/s 和 2 Mbit/s。

802.11a 和 802.11b 是 802.11 协议的补充，前者使用的是 5.8 GHz 无线频段；后者使用的仍是 2.4 GHz 无线频段。前者支持的数据传输速率为 5 Mbit/s、11 Mbit/s 和 54 Mbit/s；后者支持的数据传输速率则为 1 Mbit/s、2 Mbit/s、5.5 Mbit/s 和 11 Mbit/s。

另外，802.11b 协议还具有动态速率自适应调节功能，即它能根据无线信道的传输质量（如噪声干扰的大小）自动调整其数据发送速率。例如，在理想的传输条件下，移动站点可以全速（11 Mbit/s）运行；当干扰较大时，移动站点则自动降速到 5.5 Mbit/s、2 Mbit/s 或 1 Mbit/s 的速率上运行，以适应恶化的传输环境。

（2）MAC 层

MAC 层的任务是进行共享媒体的多用户接入控制以及无线资源的管理。802.11 协议与有线 LAN 使用的 802.3 协议基本相似。在 802.3 协议中，采用的是 CSMA/CD（Carrier Sense Multiple Access with Collision Detection）技术；而在 802.11 协议中，采用的则是 CSMA/CA（Carrier Sense Multiple Access with Collision Avoidance）技术。

CSMA/CD 技术要求发送站边发边收，即在发送信号的同时，进行冲突检测，遇到冲突停止，并进行随机回避；而 CSMA/CA 技术则是通过接收站返回肯定应答信号 ACK 来避免冲突发生的。

根据 CSMA/CA 技术，接收站在成功收到发送站送来的数据包后，应回复肯定应答信号 ACK 给发送站。如果发送站没有收到 ACK 信号（可能发生冲突），那么它会在等待一段时间（回避冲突）后，再尝试重发；如果发送站收到 ACK，则表明数据传送成功，未发生冲突。

CSMA/CA 技术与 CSMA/CD 技术相比，传输效率较低。WLAN 中之所以采用 CSMA/CA 技术，而不采用 CSMA/CD 技术，是因为在 WLAN 中，通信存在“远近效应”问题，移动站点不能同时进行收发的缘故。

MAC 层的另一个任务是进行 CRC 校验和数据报分片。在 802.11 协议中，每一个被传数据报都被附加上了 CRC 校验位，以供收端进行差错校验。数据报分片的功能则是指将较长的数据报分成较小的部分（分片）分批传送。由于无线信道存在无线干扰和多径传播现象，使得长数据报在传送过程中很容易遭到破坏，而对于短数据报则成功传送的概率较高。因此，数据报分片能大大减少数据报被重传的概率，从而有效提高网络的吞吐量。在接收端，MAC 层负责将收到的分片数据报进行重新组装，以恢复原来的长数据报。此过程对于上层协议是完全透明的。

7.3.4　其他无线宽带接入技术

1. WiMAX 技术

WiMAX（World Interoperability for Microwave Access）是一种可用于城域网的宽带五项接入技术，并且是针对微波和毫米波段提出的一种新的空中接口标准。它的主要作用是提供无线"最后一公里"接入，可提供面向互联网的高速连接，覆盖范围达 50 km，最大数据速率达 75 Mbit/s，可看作是 NGN 的延伸。

WiMAX 技术主要应用于基于 IP 的综合数据业务的无线接入环境，对全 IP 网络和下一代网络有良好的支持。随着 IMS（IP 多媒体子系统）技术的出现和部署，WiMAX 技术成为下一代无线网络中具有极强竞争力的技术。WiMAX 网络结构如图 7.20 所示，从图中可以看出，WiMAX 网络由核心网和接入网构成。

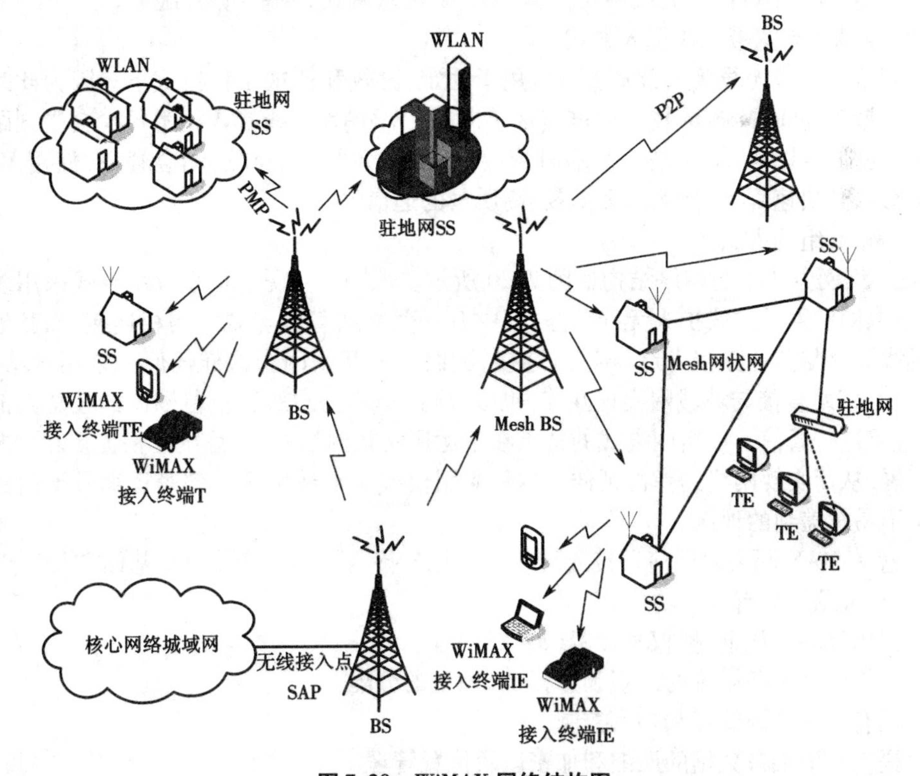

图 7.20　WiMAX 网络结构图

经过长期的分析论证，众多专家学者一致认为未来下一代网络是一种以软交换为核心的 IP 网络,而 WiMAX 核心网络的设计恰恰符合下一代网络的技术特点:IP 化、宽带化、智能化,成本更经济,更便于管理,可支持多种技术通过 WiMAX 网络接入到核心网络以实现业务的融合和业务间的无缝切换。相信随着 WiMAX 核心网络逐步向 IMS 演进,它与其他网络的互通能力会更强。WiMAX 核心网络具有如下功能。

1)可满足不同业务及应用的 QoS 需求,充分利用端到端的网络资源。

2)具有可扩展性、伸缩性、灵活性和鲁棒性,能够满足电信级组网要求。

3)支持终端用户固定式、游牧式、便携式、简单移动和全移动接入能力。

4)具有移动性管理功能,如呼叫、位置管理、异构网络间的切换、安全性管理和全移动模式下的 QoS 保障。

5)支持与现有的 3GPP/3GPP2/DSL 等系统的互连。

6)从结构而言,WiMAX 核心网络主要设备包括路由器、认证、授权、计费(AAA)代理或服务器、用户数据库、Internet 网关等。该网络可以是一个新建的网络实体,也可以是以现有的通信网络为基础构建的网络。

2. WiMAX 接入端的组网方式

在 WiMAX 中可支持三种接入组网方式:点到点(P2P)、点到多点(PMP)和 Mesh 组网方式。

(1)点到点宽带无线接入方式

点到点宽带无线接入方式如图 7.20 所示,主要应用于点到点之间的无线传输和中继服务之中。这种工作方式既能使网络覆盖范围大大增加,同时又能够为运营商的 2G/3G 网络基站以及 WLAN 热点提供无线中继传输,为企业的远程接入提供宽带服务。

(2)点到多点宽带无线接入方式

点到多点宽带无线接入方式主要应用于固定、游牧和便携工作模式下。因为此时若采用 xDSL 或者 Cable Modem 技术很难实现接入,而 WiMAX 无线接入技术很少会受到距离和社区用户密度的影响,特别是一些临时聚会地,例如会展中心和运动会赛场,使用 WiMAX 技术能够做到快速部署,从而保证高效、高质量的通信。

(3)Mesh 组网方式

Mesh 组网方式下的网络结构如图 7.20 所示。从图中可见,Mesh 应用模式采用多个用户站 SS 以网状网的方式扩大无线覆盖,其中有一个基站直接与城域网相连接,而其他基站通过无线链路与该业务接入点(网关)连接,进而接入互联网。这样任何一个用户站 SS 可通过 Mesh 基站直接与城域网实现互连,也可以与 Mesh 基站所管辖范围内的任意其他用户站 SS 直接进行通信。该组网方式的特点在于运用网状网结构,使系统可根据实际情况进行灵活部署,从而实现网络的弹性延伸。这种应用模式非常适用于市郊等远离骨干网并且有线网络不易覆盖到的地区。

无论 WiMAX 网络采用何种接入结构,WiMAX 接入网将由 WiMAX 基站和接入业务网网关构成,可见其具有以下功能。

1)提供终端的认证、授权和计费(AAA)代理。

2)支持网络服务协议的发现和选择、IP 地址的分配。

3)具有无线资源管理和功率控制。

4)提供空中接口数据的压缩和加密以及位置管理。

3. 3.5 GHz 固定无线接入

固定无线接入由于具有建网快、容量大、业务接入灵活等特点,因此成为目前无线通信业最热门的技术之一。固定无线接入开放的频段主要是3.5 Hz、10.5 GHz、26 GHz、40 GHz等;目前主流的技术有低频段的3.5 GHz固定无线接入和高频段的26 GHz LMDS两种方式。

在我国,原信息产业部于2001年8月正式推出“3.5 GHz固定无线接入标准”和“26 GHz频段FDD方式本地多点分配业务(LMDS)频率规划(试行)”。

3.5 GHz固定无线接入适合于在业务发展初期进行城域范围的一般覆盖,它可以有效集中大范围内中低速率需求的大量用户。对于新的电信运营商,在缺乏线缆资源、敷设光纤的成本较高、建设周期较长的情况下,如果要快速抢占市场、发展用户,无线接入则是最有效的手段。尤其是对在地理上非常分散的中小容量用户来说,固定无线则是目前可行的主要接入手段。

(1)工作原理及接入参考配置

3.5 GHz固定无线接入系统工作在3.5 GHz频段,是一种点对多点的系统,上行频段为3 400~3 430 MHz,下行频段为3 500~3 530 MHz,可用带宽为30 MHz,上下行链路均采用频分双工方式(FDD),典型的接入速率为8~10 Mbit/s,虽不高,但仍属宽带。它主要为中小企业、小型办公室和小区住宅用户提供话音、数据、Internet、图像等业务,可以在有限的频带内,将多个用户的业务流汇聚到核心网络。

3.5 GHz固定无线接入系统和其他点对多点无线系统有相似的构成,即基站(BS)、远端站(RS)和网管系统(NMS)。在特殊情况下,基站和远端站之间可以通过接力站进行传输。一般一个城市需要一个或多个基站以类似宏蜂窝的方式组成覆盖整个城区的无线接入网络,系统组成如图7.21所示。

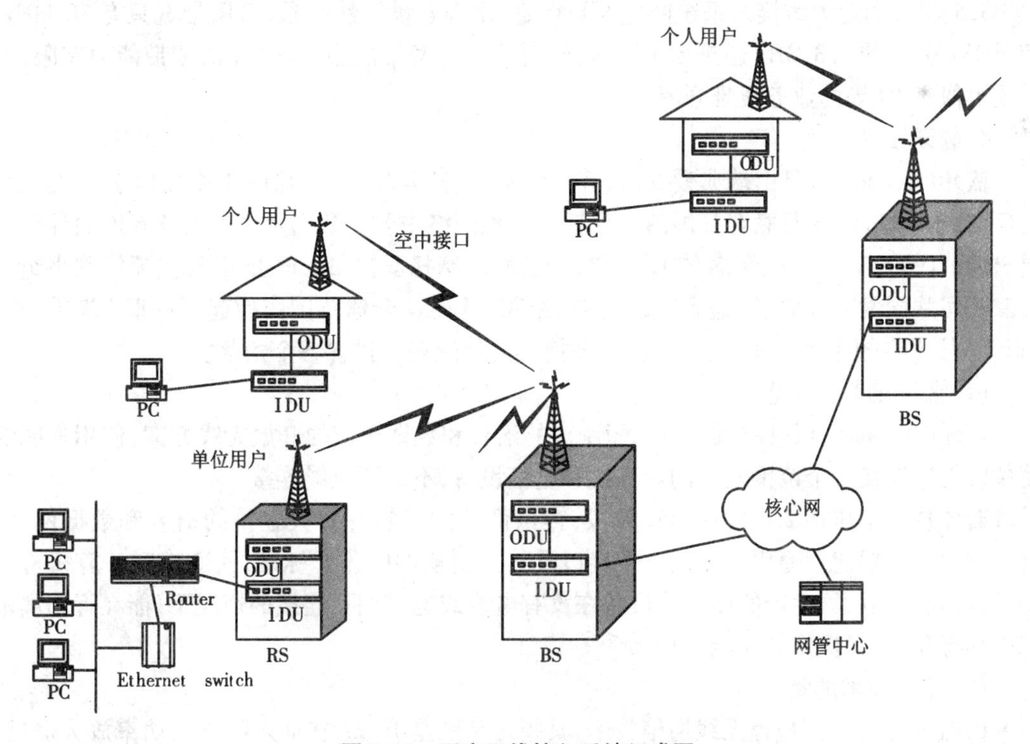

图7.21　固定无线接入系统组成图

1)基站(BS)。基站从逻辑上又可分为两部分:中心控制站(CCS)和中心射频站(CRS)。中心控制站主要汇聚中心射频站的业务和信令数据,并提供至网络侧的接口。中心射频站主要负责对远端站进行覆盖,并提供至中心控制站的接口,主要的物理接口类型有:100 Base-T、STM-1、E1 等。中心站一般采用多扇区天线,覆盖远端站,扇区数一般为 4 ~ 8,特殊情况下也可多达 24 扇区。

2)远端站(RS)。远端站由室外单元(ODU,定向天线、射频单元)和室内单元(IDU,调制解调、业务接口)组成。通常采用口径较小的定向天线,用户端业务接口为各种用户业务提供接口,并完成复用/解复用功能。系统可提供多种类型的用户接口:10 Base-T、100 Base-T、E1、V.35、POTS 等,目前常见的业务都可直接接入。远端站可以为中小商业用户提供语音、数据等业务,也可以为住宅小区用户提供宽带数据接入服务。

3)网管系统(NMS)。网管系统完成基站和远端站的设备配置、故障、性能、安全管理以及多个基站组成一个城市全面覆盖的接入网络,基站通过光纤或微波手段接入骨干网络。

(2)3.5 GHz 固定无线接入技术的特点

从业务带宽和速率上来看,3.5 GHz 固定无线接入系统主要面向中小企业用户提供数据业务,侧重于中低速的数据服务。另外,3.5 GHz 固定无线接入与其他宽带无线接入技术相比(如 LMDS),技术成熟度高、技术难度小,因而设备成本较低。

3.5 GHz 固定无线接入系统的主要优点是:建网速度快、覆盖范围较广。一般来说,3.5 GHz固定无线接入技术的覆盖范围可达 5 ~ 10 km,甚至更高,雨衰对 3.5 GHz 固定无线接入技术的影响不严重;而 LMDS 系统的覆盖范围则在 1 ~ 5 km,受雨衰的影响非常严重。

3.5 GHz 固定无线接入系统的主要缺点是:系统容量仍然有限,可用带宽只有 30 MHz,相对于 LMDS 的 1.3 GHz 还是太小。这样,对于用户密集的服务区,提供宽带能力有限,尤其是类似 VOD 等的业务很难开展。

4. 蓝牙技术

蓝牙(Bluetooth)是由瑞典爱立信、芬兰诺基亚、日本东芝、美国 IBM 和 Intel 公司五家著名厂商,于 1998 年 5 月联合开展的一项旨在实现网络中各类数据及语言设备互连的计划中提出的。1999 年下半年,著名的 IT 业界巨头微软、摩托罗拉、3Com、朗讯与蓝牙特别小组的五家公司共同发起成立了“蓝牙”技术推广组织,从而在全球范围内掀起了一股“蓝牙”热。“蓝牙”技术在短短的时间内,以迅雷不及掩耳之势遍布了世界各个角落。

(1)蓝牙的基本概念

蓝牙(Bluetooth)是一个低成本、短距离的语音和数据通信的开放无线方案,使用户能够简单容易地连接一个范围较大的计算机和电信设备,不需要电缆连接。

蓝牙技术工作在 2.4 GHz ISM 频段,提供低价的、强壮的、大容量的语音和数据网络。其实质内容是要建立通用的无线空中接口及其控制软件的公开标准,使通信和计算机进一步结合,使不同厂家生产的便携式设备在没有电线或电缆相互连接的情况下,能在近距离范围内具有互用、互操作的性能。

(2)蓝牙技术的特点

1)蓝牙作为一种短程无线通信技术,其指定范围是 10 m,在加入额外的功率放大器后,可以将距离扩展到 100 m(或者 20 dBm)。这样的工作范围使得蓝牙可以保证较高的数据传输速率,同时可以降低与其他电子产品和无线电系统的干扰,此外,还有利于安全性的保证。

2)提供低价、大容量的语音的数据网络。蓝牙支持64 kbit/s 的实时语音传输和各种速率的数据传输,语音和数据可单独或同时传输,语音编码采用对数 PCM 或连续可变斜率增量调制(Continuous Variable Slope Delta Modulation,CVSD)。当仅传输语音时,蓝牙设备最多可同时支持3路全双工的语音通信,辅助的基带硬件可以支持4个或者更多的语音信道;当语音和数据同时传输或仅传输数据时,支持433.9 kbit/s 的对称全双工通信或723.2 kbit/s、57.6 kbit/s 的非对称双工通信,后者特别适合无线访问 Internet。

3)工作在2.45 GHz 频段,数据频率为1Mbit/s,使用扩频和快速跳频(1 600 跳/s)技术。与其他工作在相同频段的系统相比,蓝牙系统跳频更快,数据报更短,这使蓝牙比其他系统都更稳定,即使在噪声环境中也可以正常无误地工作。另外,蓝牙还采用 CRC、FEC 及 ARQ 技术,以确保通信的可靠性。

4)支持点到点和点到多点的链接,可采用无线方式将若干蓝牙设备连成一个主从网(Piconet),多个主从网又可互联成特殊分散网(AD Hoc Scatternet),形成灵活的多重主从网的拓扑结构,从而实现各类设备之间的快速通信。

5)每个收发机配置了符合 IEEE 802 标准的48位地址,任何一个蓝牙设备都可根据 IEEE 802 标准得到一个唯一的48bit 的 BD-DDR。它是一个公开的地址码,可以进行人工或自动查询。在 BD-DDR 基础上,使用一些性能良好的算法可获得各种保密码和安全码,从而保证了设备识别码(ID)在全球的唯一性,以及通信过程中设备的鉴权和通信的安全保密。

6)TDM 结构。采用 TDM 方案来实现全双工传输,蓝牙的一个基带帧包括两个分组,首先是发送分组,然后是接收分组。蓝牙系统既支持电路交换和分组交换,也支持实时的同步定向连接(SCO)和非实时的异步不定向连接(ACL)。实时的同步定向连接主要传送语音等实时性强的信息,在规定的时隙传输;非实时的异步不定向连接则以数据为主,可在任意时隙传输。

(3)蓝牙系统的组成

1)蓝牙系统由天线单元、链路控制(固件)单元、链路管理(软件)单元和蓝牙软件(协议栈)单元组成。

2)链路控制(固件)单元。目前,在蓝牙产品中,人们使用了3个 IC 分别作为连接控制器、基带处理器以及射频传输/接收器,此外还使用了30~50个单独调谐元件。随着集成度的提高,它也朝着单片化方向发展。

3)链路管理(软件)单元。链路管理(LM)软件模块携带了链路的数据设置、鉴权、链路硬件配置和其他一些协议。LM 能够发现其他远端 LM 并通过 LMP(链路管理协议)与之通信。

4)软件(协议栈)单元。蓝牙的软件(协议栈)单元是一个独立的操作系统,不与任何操作系统捆绑,它必须符合已经制定好的蓝牙规范。蓝牙规范是为个人区域内的无线通信制定的协议,它包括两部分:第一部分为核心(Core)部分,用以规定诸如射频、基带、连接管理、业务搜寻、传输层以及与不同通信协议之间的互用、互操作性等组件;第二部分为协议子集(Profile)部分,用以规定不同蓝牙应用(也称使用模式)所需的协议和过程。

蓝牙规范的协议栈仍采用分层结构,分为4层:核心协议层、电缆替代协议层、电话控制协议层和采纳的其他协议层,分别完成数据流的过滤和传输、跳频和数据帧传输、连接的建立和释放、链路的控制、数据的拆装、业务质量(QoS)、协议的复用和分复用等功能。在设计协议栈,特别是高层协议时,设计的原则就是最大限度地重用现存的协议,而且其高层应用协议(协议栈的垂直层)都使用公共的数据链路和物理层。

(4)蓝牙设备的组网

蓝牙根据网络的概念提供点到点和点到多点的无线连接。在任意一个有效通信范围内,所有设备的地位都是平等的。首先提出通信要求的设备称为主设备(Master),被动进行通信的设备称为从设备(Slave)。

利用TDMA,一个Master最多可同时与7个Slave进行通信,并和多个(最多可超过200个)Slave保持同步但不通信。一个Master和一个以上的Slave构成的网络称为蓝牙的主从网络(Piconet)。若两个以上的Piconet之间存在着设备的通信,则构成了蓝牙的分散网络(Scatternet)。Piconet和Scatternet的示意图如图7.22所示。

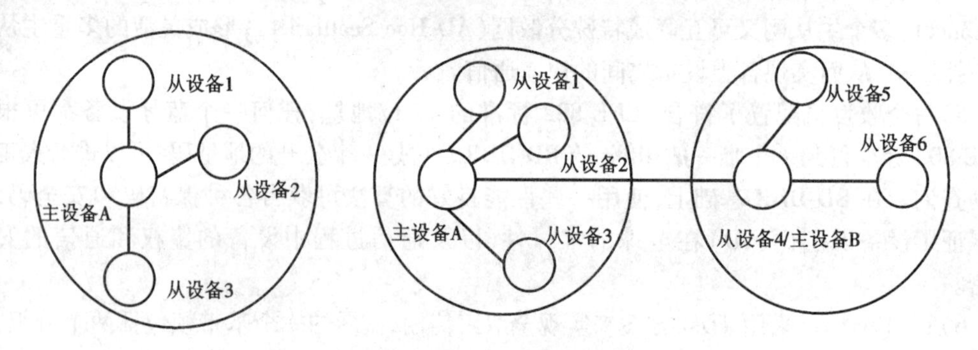

图7.22　蓝牙的结构

基于TDMA原理和蓝牙设备的平等性,任一蓝牙设备在Piconet和Scatternet中,既可作Master,又可作Slave,还可同时既是Master又是Slave。因此,在蓝牙中没有基站的概念。另外,所有设备都是可移动的。

通过蓝牙技术连接在一起的所有设备被认为是一个Piconet,一个Piconet可以只是两台相连的设备,比如一台便携式计算机和一部移动电话,也可以使八台连在一起的设备。在一个Piconet中,所有设备都是级别相同的单元,具有相同的权限。但是在初建Piconet时,其中一个单元被定义为Master,其他单元被定义为Slave。

(5)蓝牙的应用

蓝牙技术面向的是移动设备间的小范围连接,因而本质上说是一种代替线缆的技术,可以用来在较短距离内取代目前多种线缆连接方案,并且克服了红外线的缺陷(可穿透墙壁等障碍物),通过统一的短距离无线链路,在各种数字设备之间实现灵活、安全、低成本、小功耗的语音和数据通信。蓝牙技术的应用范围相当广泛,可以应用于局域网络中各类数据及语音设备,涉及家庭和办公室自动化、家庭娱乐、电子商务、工业控制、智能化建筑物等场合,如PC机、HPC(掌上型计算机)、拨号网络、便携式计算机、打印机、传真机、数码相机、移动电话和高品质耳机等。下面几个例子可供参考。

1)桌上计算机的周边设备传输,如无线打印机、无线键盘、无线鼠标、无线音响等。

2)便携式计算机、个人数字助理、移动电话上的通信录等信息的自动同步更新功能。

3)便携式计算机通过移动电话以无线方式上网。

4)无线语音传输功能可省略移动电话与头戴免提耳机之间的连线。

5)数码相机可通过移动电话作实时资料传输。

思考题

1. 接入网的定义是什么？它可以由哪些接口来定界？

2. 接入网的供电方式有哪几种？

3. 接入网的接口有哪些？

4. 常见的接入网分为哪几类？

5. 简述 ADSL 系统的基本结构和各部分的主要功能，以及它的应用场合。

6. 为什么在使用 ADSL 上网的同时仍然可以打电话？为什么停电以后，ADSL 虽然不能上网，但并不影响打电话？

7. 什么叫 Cable Modem？其工作原理是什么？

8. Cable Modem 有哪些优势？

9. 什么叫 PON？什么叫 APON？

10. 什么叫 LMDS？它有哪些主要技术特点？

11. 什么叫无线局域网？无线局域网系统是由哪几个部分组成的？

12. 无线局域网的技术要求有哪些？

第 8 章 物联网技术

8.1 物联网简介

迄今为止,Internet 连接着全世界绝大多数人直接使用的设备,如计算机和手机。其主要沟通形式是建立在人与人之间的,但是在不远的将来,每一个物体都可以被联系起来。物体可以通过自身或者和网络连接在一起的物体进行信息交换,与网络连接在一起的物体要远远多于人类,这也使得它们成为交流中的发送机与接收机。我们把物质世界和信息世界混合在一起,未来将不会是人与人之间的对话,也不会是人们去访问信息,而是用代表人类的机器来访问其他机器。我们正在进入一个新的时代,一个将人与物、物与物交流形式连在一起的物联网新时代。“物联网”被称为继计算机、Internet 之后,将第三次在世界信息产业掀起浪潮。

8.1.1 物联网的定义

物联网(Internet of Things)这个概念,早在 1999 年就由美国麻省理工学院的自动识别实验室(MIT Auto-ID)提出来。在 2005 年国际电信联盟(ITU)以及欧洲智能系统集成技术平台组织(EPoSS)在《Internet of Things in 2020》的报告中,物联网的定义和范围已经发生了变化,覆盖范围有了较大的拓展。目前,物联网比较公认的定义是:通过射频识别(RFID)、红外感应器、全球定位系统、激光扫描器等信息传感设备,按约定的协议,把任何物品与 Internet 连接起来,进行信息交换和通信,以实现智能化识别、定位、跟踪、监控和管理的一种网络。

从分解的方式可以认为,物联网有两大部分:①各种信息传感设备,如电子标签(RFID)装置、红外感应器、全球定位系统、激光扫描器等装置;②把上述装置连接在一起的互联网。可以说,物联网就是“物物相连的互联网”。

一方面,物联网的基础和核心仍然是互联网,物联网是在互联网的基础上延伸和扩展的网络。互联网最基本的功能是人与人之间的信息共享和交互,但在物联网中,强调的是物与物、人与物之间的信息共享和交互。

另一方面,进行信息交互和通信的用户端延伸和扩展为任何物品与物品之间。不仅是钥匙、手机这类小物品,即使是汽车、大厦这类物品,只要将射频标签芯片或者传感器微型芯片嵌入其中,就能够通过互联网实现物与物之间的信息交互了。在这样一个无所不在的“物联网”中,所有的物品(包括人)在任何时间和任何地点都能够很方便地实现信息交互。

8.1.2　物联网的工作环境

物联网是以 Internet 为基础，利用传感器、电子标签（RFID）、条形码等技术，将世界上万事万物连接起来。以这个网络为核心，所有物品可以进行“自由交流”，而无须人的干涉，将人从管理和使用物品的繁复环节中解脱出来。其根本实质是利用感知层、网络层、应用层关键技术，通过 Internet 实现物体/商品的自动识别和信息的互联与共享。可以想象，当物联网出现以后，人的视线会延伸到世界各个角落，如同古代神话中的“千里眼”。

1. 物联网的技术工作环境

物联网要感知事物，最重要的技术是传感器、电子标签（RFID）、条形码技术，而传感器技术和电子标签（RFID）是能够让物体主动显示其身份的关键技术。RFID 系统是最简单、最原始的传感网，是身份感知，不带有其他功能，因而国家电信联盟（ITU）将电子标签作为无线传感器网络的一个重要部分。在物联网的构想中，电子标签存储着规范而具有互用性的信息，通过无线数据通信网络把它们自动采集到中央信息系统，实现物体或商品的身份识别，进而通过开放性的计算机网络实现信息交换和共享，最终实现对物体或商品的透明化管理。

2. 物联网的社会工作环境

物联网是为整个社会所用的，在实际应用中要覆盖到经济社会中的各行各业。物联网的开展具有规模型、广泛的参与性、全面的管理性、高端的技术性以及物品的属性等鲜明特征，其中，技术性是重中之重。物联网的技术是一项综合性技术，如果技术问题得到解决，那么物联网的广泛应用也就指日可待了。物联网的广泛参与性、全面管理性，决定了必须以国家政府为主导，辅以相关政策法规并举国布局，才能使物联网尽快得到健康的发展和应用，使国家经济在这次信息浪潮中得以长足发展。

8.1.3　物联网的体系模型及特点

物联网是信息技术发展的前沿，是多领域高新技术的结合。无论在军事领域还是民用领域，它都得到了广泛的应用。物联网不是一种简单的网络，而是一种支持多种不同应用的智能信息基础设施，它可以将信息随时随地传送到任何地方的任何人、任何物品。物联网完成这些信息的传递，需要传感器网络采集和传输相关信息。

1. 物联网体系结构

物联网的实现是基于 3I 时代（IBM 的提法），即 Instrumented（工具植入化）、Interconnected（互联化）以及 Intelligent（智能化）的基础上，其前景是实现 5A 化（Anywhere——任何地点，Anything——任何事物，Anytime——任何时间，Anyway——任何方式，Anyhow——任何原因）的物联网世界。

目前，物联网的体系结构分为 5 个层次，并且使用 TCP/IP 已经正常工作了很长时间。物联网的 5 层分别是业务层、应用层、处理层、传输层和感知层，如图 8.1 所示。

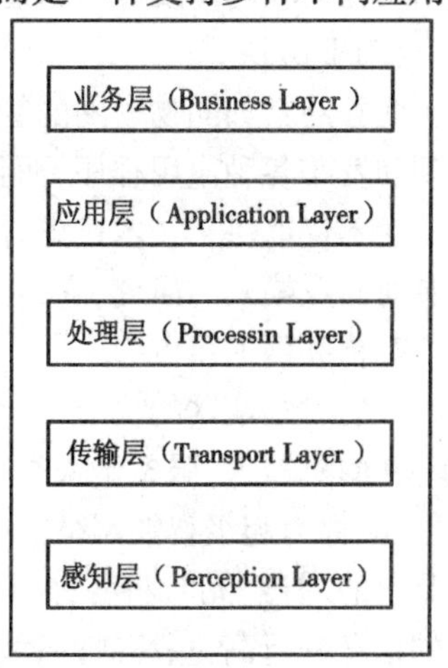

图 8.1　物联网体系结构

(1)感知层

感知层的主要任务是感知物体的物理性质(如温度,位置等),各种传感器(如红外传感器、RFID、二维条码等)将感知的信息转换为数字信号,以方便在网络上的传输。各种感知层传感器设备如同电信管理网中的网络单元一样。这一层的关键技术是传感技术,如射频识别技术(包括标签和读写)、二维条码及GPS等。因此,感知层的主要功能是收集信息,并转化为数字信号。同时,许多物体不能直接感知,所以需要将芯片植入它们的体内,这些芯片可以检测温度、速度等,甚至处理这些信息。由于纳米技术的芯片很小,可以植入到每一个对象,甚至沙子。因此,纳米技术和嵌入式智能技术同样是感知层的关键技术。

(2)传输层

传输层也称为网络层,负责传导从感知层收到的数据,通过各种网络发送到数据处理中心,如无线网络或有线网络,甚至企业局域网(LAN)。在这一层的主要技术包括光纤到户、3G的无线上网、蓝牙、ZigBee、超移动宽带及红外技术等。因此,传输层的主要功能是传输数据。在这一层有很多协议,如IPv6(Internet协议第6版),它是声明数十亿个地址所必需的协议。物联网是一个巨大的网络,它不仅连接着数十亿个物体,也包括大量各种式样的网络。因此不同网络和实体之间的通信是非常重要的。

(3)处理层

处理层主要用于存储、分析和处理从传输层接收到的大量信息。要存储和处理这些庞大的数据,是非常重要和困难的,所以必须从其他层次中分出处理层这个新的结构层。一些数据库和智能处理技术可以用于云计算、一般计算等。云计算和一般计算是这一层的主要技术,在将来,有可能出现新的计算技术,更加适合于物联网的使用。因此,我们认为,对于处理层的研究和开发对未来物联网的发展有着重要的意义。

(4)应用层

应用层的任务是根据处理层的数据开发多种关于物联网的运用,如智能交通、逻辑管理、身份认证、基于位置服务和安全等。该层的功能是为各行业提供各种应用程序,同时,应用层管理着用户的隐私,这对于物联网是非常重要的。由于各种应用促进了物联网的发展,应用层在物联网的发展中起着重要推动作用。

(5)业务层

业务层就如同物联网的管理者,包括管理应用、相关业务模型和其他业务。业务层不仅管理和发布各种应用程序,而且同样管理着对商业模式和赢利模式的研究。总之,一项技术的成功不仅取决于技术优先,同时还取决于创新和合理的商业模式。基于这点,物联网如果没有对商业模式的研究,它将不会有高效和长远的发展。

2. 物联网的特点

人们对物联网的构想,是将其作为一个“巨型机器人”来设想的。它像一个无形的、无处不在的机器人,服务于人类社会的方方面面。它通过云计算和高效传输,将终端能力聚合在一起,称为超级智能网络。感知层是它的“视觉”、“听觉”、“触觉”、“嗅觉”、“味觉”;接入层是它的“神经元”,将各种感觉及时、准确地传递给“大脑”;处理层是它的“大脑”,对接收到的信息进行高速、高效的运算;应用层是它的“行动”,对信息运算结果作出迅速反应。

物联网三大特点:利用RFID、传感器、二维码等随时随地获取物体信息的“全面感知”性;通过无线网络和互联网的融合,将物体的信息实时准确地传递给用户的“可靠传递”性;

利用云计算、数据挖掘和模糊识别等人工智能技术,对海量的数据和信息进行分析和处理,对物体实施控制的"智能处理"性。

(1)全面感知

物联网的全面感知是指利用无线射频技术、传感器、定位器和二维条形码等手段随时随地对物体进行信息采集和获取。

物联网为每一件物品植入一个"能说会道"的高科技感应器,让这些物品像有了生命一样可以"有知觉,有感受",并通过网络表达出来,与人沟通,与物沟通。当你身边的物品能主动让你知道它的状态,并提醒你它的需求、满足你的要求时,那么,你已经步入了物联网时代。例如,公文包提醒你有什么文件漏带了;冰箱通知你什么食品快到保质期了、什么食品需要补充了;汽车提示你哪个部件需要更换、保养了;体重计告诉你哪些指标即将或已经超标了,需要注意的饮食标准;洗衣机能"知道"衣服对水温和洗涤方式的要求等。

在物联网中传感器发挥着类似人类社会语音的作用,借助这种特殊的语言,人和物体、物体和物体之间可以感知对方的存在、特点和变化等信息。

(2)可靠传递

物联网通过传感器获取信息,通过它的"神经元"——Internet 和各种电信网络进行可靠传递,将接收到各种信息进行实时远程传送,实现信息交互和共享,并进行有效的处理。在可靠传递这一过程中,通常需要用到现有运行的有线或无线电信运行网络。由于传感器网络是一个局部的无线网,因而无线移动通信网、3G 网络就成为物联网的一个有力支撑。

未来,如果物联网和手机 3G 网络结合,将会使人们的生活变得便捷、更安全。例如,将电子标签植入家用电器、汽车、安全防护系统,将这些电子标签与 3G 手机用户相连,形成一个小型"物联网"。那么,这些事物的任何变化,都将实时传递到用户手机中,使得机主可监控、操纵它们。

(3)智能处理

物联网必须对获得的大量信息数据进行实时高效的运算、智能分析和处理,才能实现智能化。智能处理是指利用云计算、模糊识别等智能计算技术,对随时接收到的跨地域、跨行业、跨部门的海量数据和信息进行分析处理,提升对物理世界、经济社会各种活动和变化的洞察力,实现智能化的决策和控制。

例如,物联网连接中的智能冰箱能够通过内置电子标签,了解冰箱内各种食品的保质期、保鲜期、适宜温度、主人对食物的喜好、食物短货等情况,对于即将到保质期、已过保鲜期的食物通过 3G 手机网络提醒主人;而对于需要补充的食品,通过物联网了解超级市场供应情况及价格,并由主人确认后自动订货。

8.1.4 物联网标准化

物联网是继计算机、互联网和移动通信之后的又一次信息产业的革命性发展,目前已被正式列为国家重点发展的战略性新型产业之一。因此,我国高度重视物联网标准问题,力争主导国际标准的制定。

互联网发展到今天,标准化问题、全球进行传输的 TCP/IP 协议、路由器协议、终端的架构与操作系统,这些都解决得非常好,因此,人们在任何地方都可以使用计算机连接到互联网中去,可以很方便地上网。在物联网发展过程中,传感、传输、应用各个层面会有大量的技术出现,可能会采用不同的技术方案。如果各行其是,大量的小型专用网相互无法连通,不能进行联网,不能形成规模经济,不能形成整合的商业模式,也不能降低研发成本。因此,尽快统一技术标准,形成一个管理机制,这是发展物联网迫切需要解决的问题。

因此我们必须通过分析国内外物联网标准化组织的构成与任务,掌握这些物联网标准化组织的工作进展情况,认清中国物联网标准化工作面临的机遇和挑战。

1. 物联网国际标准化组织

就物联网来说,由于其涉及面广、影响大,从感知层、网络层到应用层,每一个层面都会涉及一些标准化组织,目前已经包括24个标准化组织,主要分为国际标准化组织以及国际工业组织和联盟两类。

(1)国际标准化组织

国际标准化组织是负责制定包括物联网整体架构标准、WSN/RFID标准、智能电网/计量标准和电信网标准的国际组织。

负责制定物联网整体架构标准的国际组织主要包括ITU-T SG13、ETSI M2M技术委员会以及ISO/IEC JTC1 SC6中的传感器网络研究组(SGSN)。ITU-T SG13负责制定USN网络的需求和加固设计标准。ETSI M2M技术委员会负责制定M2M需求和功能架构标准。ISO/IEC JTC1 SC6 SGSN负责起草与传感器网络有关的标准。负责制定WSN/RFID标准的国际组织主要包括IEEE 802.15 TG4、Zigbee联盟、IETF 6LoWPAN工作组、IETFROLL工作组、EPCgloble、AIM协会、UID中心和IP-X。IEEE 802.15 TG4和Zigbee联盟负责制定低速近距离无线通信技术(如Zigbee)标准。IETF 6LoWPAN工作组负责制定基于IEEE 802.15.4的IPv6协议标准。IETFROLL工作组负责制定低速功耗有损路由方面的标准。EPCgloble、AIM协会、UID中心和IP-X负责制定RFID标准。

负责制定智能电网/计量标准的国际组织主要包括美国联邦通信委员会(FCC)、IEEE P2030项目组和第4任务组(TG4)、欧洲标准委员会(CEN)、欧洲电子技术标准委员会(CENELEC)和欧洲电信标准化协会(ETSI)。FCC已开始着手制定美国智能电网标准。IEEE P2030项目组于2009年5月4日公布了《IEEE P2030指南:能源技术及信息技术与电力系统(EPS)、最终应用及负荷的智能电网互操作性》项目,主要任务是为智能电网制定标准,关注重点是电网信息化与互操作性。IEEE TG4负责制定智能电网近距离无线标准,目前已制定的智能电网相关标准有66项,正在制定中的有35项。CEN/CENELEC/ETSI正在制定欧洲智能计量标准。

负责制定电信网标准的国际组织主要包括3GPP/3GPP2、GSMA SCAG和开放移动联盟(OMA)等。3GPP/3GPP2组织负责制定CDMA2000、WCDMA、LTE、M2M优化需求、网络和无线接入的M2M优化技术方面的标准;GSM协会(GSMA)下的智能卡应用组(SCAG)负责制定智能SIM卡方面的标准;OMADM是开放移动联盟(OMA)定义的一套专门用于移动与无线网络的管理协议,是OMA协议的一种应用。

(2)国际工业组织和联盟

国际工业组织和联盟是负责制定包括互联网、端网/终端标准的工业组织和联盟。

负责制定互联网标准的工业组织和联盟包括W3C和OASIS。W3C是专门致力于创建Web相关技术标准并促进Web向更深、更广发展的国际组织,负责制定HTML、HTTP、XML等标准;OASIS是一个推进电子商务标准的发展、融合与采纳的非营利性国际化组织。相比其他组织,OASIS形成了更多的Web服务标准的同时也提出了面向安全、电子商务的标准,同时在针对公众领域和特定应用市场的标准化方面也付出了很多努力。

负责制定端网/终端标准的工业组织和联盟包括 IPSO(智能物体中的 IP 协议)联盟、欧洲智能计量产业集团(ESMIG)、KNX 协会和 HGI 组织。IPSO 联盟负责制定与 IPv6 智能物体硬件和协议有关的标准;ESMIG 负责制定智能计量标准;KNX 协会制定了 KNX 标准,即基于 OSI 的智能建筑网络通信协议,这是一部家居和楼宇控制领域的开放式国际标准;HGI 组织负责制定与家庭网关有关的标准。

2. 物联网国内标准组织

物联网国内标准化组织主要有电子标签国家标准工作组、传感器网络标准工作组、泛在网技术工作委员会和中国物联网标准联合工作组。

(1)电子标签国家标准工作组

为促进我国电子标签技术和产业的发展,加快国家标准和行业标准的制定修订速度,充分发挥政府、企事业单位、研究机构、高校的作用,经原信息产业部科技司批准,2005 年 12 月 2 日,电子标签标准工作组在北京正式宣布成立。该工作组的任务是联合社会各方面力量,开展电子标签标准体系的研究,并以企业为主进行标准的预先研究和制定修订工作。

(2)传感器网络标准工作组

传感器网络标准工作组是由国家标准化管理委员会批准,全国信息技术标准化技术委员会批准成立并领导,从事传感器网络(简称传感网)标准化工作的全国性技术组织。传感器网络标准工作是由 PG1(国际标准化)、PG2(标准体系与系统架构)、PG3(通信与信息交互)、PG4(协同信息处理)、PG5(标识)、PG6(安全)、PG7(接口)和 PG8(电力行业应用调研)八个专项组构成,开展国家标准的具体制定工作。

(3)泛在网技术工作委员会

2010 年 2 月 2 日,中国通信标准化协会(CCSA)泛在网技术工作委员会(TC10)成立大会暨第一次全会在北京召开。TC10 的成立,标志着 CCSA 今后对泛在网技术与标准化的研究将更加专业化、系统化、深入化,必将进一步促进电信运营商在泛在网领域进行积极的探索和有益的实践,不断优化设备制造商的技术研发方案,推动泛在网产业健康快速发展。

(4)中国物联网标准联合工作组

2010 年 6 月 8 日,在国家标准化管理委员会、工业和信息化部等相关部委的共同领导和直接指导下,由全国工业过程测量和控制标准化技术委员会、全国智能建筑及居住区数字化标准技术委员会、全国智能运输系统标准化技术委员会等 19 家现有标准化组织联合倡导并发起成立物联网标准联合工作组。联合工作组将紧紧围绕物联网产业与应用的发展需求,统筹规划,整合资源,坚持自主创新与开放兼容相结合的标准战略,加快推进我国物联网国家标准体系的建设和相关国标的制定,同时积极参与有关国际标准的制定,以掌握发展的主动权。

目前,我国物联网技术的研发水平已位于世界前列,在一些关键技术上处于国际领先地位,与德国、美国、日本等国一起,成为制定国际标准的主要国家,逐步成为全球物联网产业链中的重要组成部分。然而在产业领域仍存在较多问题,有专家指出:"传感网产业的发展涉及产业链中信息采集、信息传输和信息服务等多个厂商,目前不仅缺乏传感网本身的标准,也缺乏传感网和其他网络互联互通的标准,这将成为传感网大规模应用推广的障碍。"此外,由于物联网潜在的安全问题,国内诸多学者在要不要与国际统一标准和如何统一标准的问题上存有分歧,有待进一步协调解决。

8.2 物联网的主要技术

物联网指的是将各种信息传感设备,如射频识别装置、红外感应器、全球定位系统、激光扫描器等种种装置与互联网结合起来而形成的一个巨大网络。其中非常重要的技术是射频识别电子标签技术。以简单的射频识别系统为基础,结合已有的网络技术、数据库技术、中间件技术等,构成一个由大量联网的阅读器和无数移动的标签组成的、比 Internet 更为庞大的物联网成为射频识别技术发展的趋势。

物联网的基础技术要素包括互联网、射频识别、读写器、物联网中间件、物联网名称解析系统、物联网信息服务系统等。

8.2.1 射频识别技术

无线射频识别(Radio Frequency Identification,RFID)也称为射频识别,它是一种新兴的自动识别技术。RFID 是利用电磁波的反射能量进行通信的一种技术。RFID 可以归入短距离无线通信技术,与其他短距离无线通信技术如 WLAN、蓝牙、红外、ZigBee 及 UWB 相比最大的区别在于 RFID 的被动工作模式,即利用反射能量进行通信。

RFID 技术采用大规模集成电路计算、电子识别、计算机通信等技术,通过读写器和安装于载体上的 RFID 标签,能够实现对载体的非接触识别和数据信息交换。再加上其具有方便快捷、识别速度高、数据容量大、使用寿命长、标签数据可动态更改等特点,较条码而言具有更好的安全性和动态实时通信能力,最近几年得到迅猛的发展。沃尔玛、IBM、惠普、微软、美国国防部、中国国家标准委员会,均开展了基于 RFID 技术的研究。RFID 系统逐渐应用于物流、航空、邮政、交通、金融、军事、医疗保险和资产管理等领域。

(1)RFID 系统的工作原理

RFID 系统由 RFID 标签、阅读器、天线、数据传输及处理系统组成。最常见的是被动射频系统,当附有 RFID 电子标签的物体接近阅读器时,阅读器将发射微波查询信号,而电子标签接收到读写器的查询信号后,会将此信号与标签中的数据信息合为一体反射回读写器,反射回的微波合成信息,已带有电子标签上的数据信息,读写器接收到标签返回的微波信号后,经读写器内部微处理器处理后可将标签内存储的信息读取出来。在主动射频系统中,标签中装有电池并可在有效范围内被识别。RFID 系统能识别高速运动物体,还可同时识别多个电子标签,操作快捷方便。RFID 工作原理如图 8.2 所示。

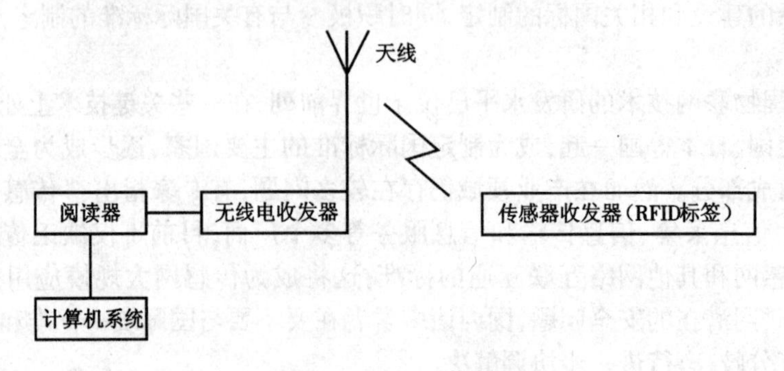

图 8.2 RFID 工作原理

(2)RFID 的系统组成

最基本的 RFID 系统由 RFID 标签、天线和阅读器组成,如图 8.3 所示。大部分 RFID 系统还要有数据传输和处理系统,用于对阅读器发出命令以及对阅读器读取的信息进行处理,以实现对整个系统的控制管理。

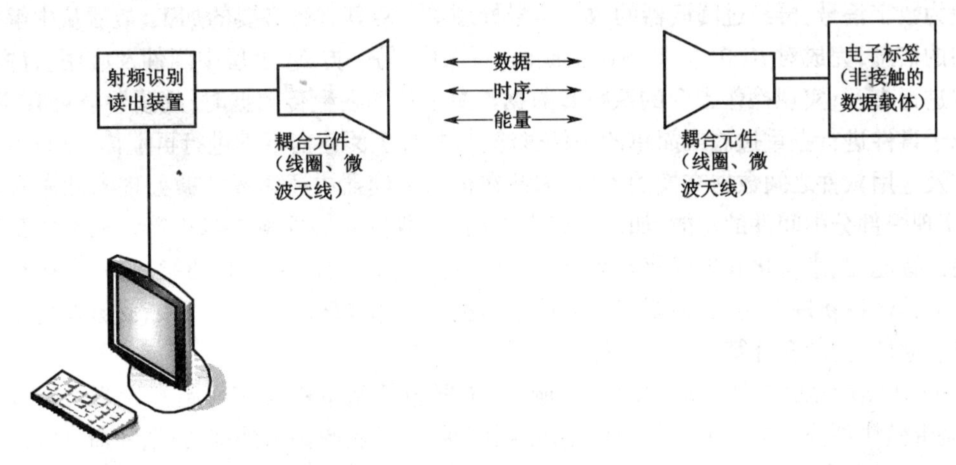

图 8.3　RFID 的系统组成

1)RFID 标签。RFID 标签俗称电子标签,也称应答器。电子标签中存储有能够识别目标的信息,由耦合元件及芯片组成,有的标签内置有天线,用于和射频天线间进行通信。标签中的存储区域可以分为两个区,一个是 ID 区,每个标签都有一个全球唯一的 ID 号码,即 UID。UID 是在制作芯片时放在 ROM 中的,无法修改。这个 ID 通常为 64bits、96bits 甚至更高,其地址空间大大高于条码所能提供的空间,因此可以实现单品级的物品编码。另一个是用户数据区,是供用户存放数据的,可以进行读写、修改、增加的操作。

RFID 标签的组成部分包括:天线、编/解码器、电源、解码器、存储器、控制器以及负载电路。

RFID 的基本工作原理是:从阅读器传来的控制信息经过天线单元和编/解码单元进行解调和解码传输到控制器,由控制器来完成控制指令所规定的操作。从阅读器传来的数据信息同样要经过解调和解码后,由控制器完成对数据信息的写入操作。相反,如果从 RFID 标签传送信息到阅读器,状态数据在 CPU 的控制下从存储器中取出经过编码器和负载调制单元发送到阅读器。

2)天线。天线是一种以电磁波形式把前端射频信号功率接收或辐射出去的装置,是电路与空间的界面器件,用来实现导行波与自由空间波能的转化。在 RFID 系统中,天线分为电子标签天线和阅读器天线两大类,分别具备接收能力和发射能力。

目前的 RFID 系统主要集中在 LF、HF(13.56 MHz)、UHF(860 ~ 960 MHz)和微波频段。不同工作频段的 RFID 系统天线的原理和设计有着根本上的不同。RFID 天线的增益和阻抗特性会对 RFID 系统的作用距离产生影响,RFID 系统的工作频段反过来对天线尺寸以及辐射损耗有一定要求。所以 RFID 天线设计的好坏对整个 RFID 系统的成功与否是至关重要的。

3)阅读器。阅读器也称为读写器、询问器,是对 RFID 标签进行读/写操作的设备,可分为手持式和固定式两种，阅读器对标签的操作有三类：识别读取 UID、读取用户数据、写入用户数据。

阅读器主要包括射频模块和数字信号处理单元两部分。阅读器是 RFID 系统中最重要的基础设施，一方面，RFID 标签返回的微弱电磁波信号通过天线进入阅读器的射频模块中转换为数字信号，再经过阅读器的数字信号处理单元对其进行必要的加工，最后从中解调出返回的信息，完成对 RFID 标签的识别或读/写操作；另一方面，上层中间件及应用软件与读写器进行交互，实现操作指令的执行和数据汇总上传。在上传数据时，阅读器会对 RFID 标签原子事件进行去重过滤或简单的条件过滤，将其加工阅读器事件进行再上传，以减少与中间件及应用软件之间数据交换的流量，因此在很多阅读器中还集成了微处理器和嵌入式系统，实现一部分中间件的功能，如信号状态控制、奇偶位错误校验与修正等。未来的阅读器呈现出智能化、小型化和集成化趋势，还将具备更加强大的前端控制功能，例如直接与工业现场的其他设备进行交互，甚至是作为控制器进行在线调度。在物联网中，阅读器将成为同时具有通信、控制和计算功能的核心设备。

RFID 阅读器的工作原理如图 8.4 所示，主要包括基带模块和射频模块两大部分。其中，基带模块部分包括基带信号处理、应用程序接口、控制与协议处理、数据和命令收发接口及必要的缓冲存储区等；射频模块可以分为发送通道和接收通道两部分，主要包括射频信息的调制解调处理、数据和命令收发接口、发射通道和接收通道、收发分离（天线接口）等。

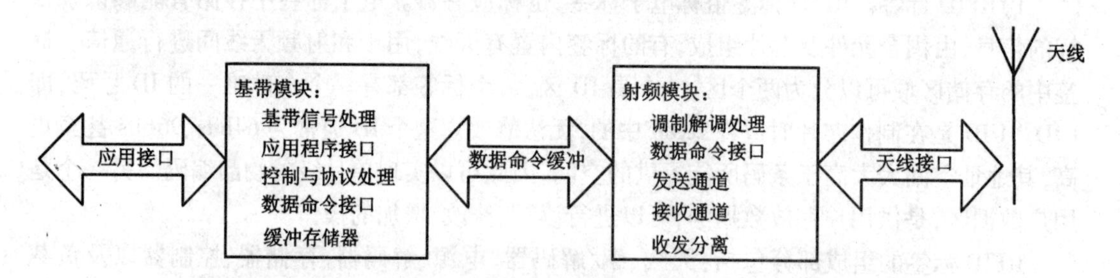

图 8.4 RFID 阅读器的工作原理

4）数据传输及处理系统。数据传输及处理系统是决定 RFID 能否顺利推广的关键环节，它用于对阅读器发出命令以及对阅读器读取的信息进行处理，以实现对整个系统的控制管理。只有把 RFID 系统与用户的实际系统和需求结合起来，并通过数据管理软件进行处理和分析，由 RFID 系统产生的大量数据，才能提供对用户真正有用的信息，让用户体会到应用 RFID 带来的好处。

国外许多大型应用系统开发商如 Sun、Oracle、IBM、Microsoft 等公司已经看到这个商机，纷纷开始在其产品中集成支持 RFID 的技术，以满足未来这方面的巨大需求。在这些大公司的帮助下，许多大型实验项目如欧洲麦德龙的“未来商店”、美国吉列的“智能货架”等都在积极地进行中。

国内已出现一批从事这方面工作的公司，在铁路车号自动识别应用、第二代身份证、机动车自动识别应用及航空行包运输等方面取得了较好的成效。

目前，虽然国内系统集成商有一定的大型系统集成能力，但主要使用的还是国外的产品。国内的 ERP 软件开发商也开始进行 RFID 软件模块的开发，并准备进行大型实验，但在系统集成和软件开发这两个方面，与国外相比，仍有一定的差距。

8.2.2 传感器技术

传感器网络是物联网的核心,主要解决物联网中的信息感知问题。物品总是在流动中体现它的价值或使用价值,如果要对物品的运动状态进行实时感知,就需要用到传感器网络技术。传感器网络通过散布在特定区域的成千上万的传感器节点,构建了一个具有信息收集、传输和处理功能的复杂网络,通过动态自组织方式协同感知并采集网络覆盖区域内查询对象或事件的信息,用于跟踪、监控和决策支持等。"自组织"、"微型化"和"对外部世界具有感知能力"是传感器网络的突出特点。传感器网络只是一种物联网感知和获取信息的重要技术手段,不是物联网所涉及的全部技术,不能因为传感器网络在物联网中的核心地位,或者从局部利益或个人目的出发,将物联网等同于传感器网络。物联网的一个重大突破是促进物质世界与信息世界的结合,传感器对于连接这两个世界起到了至关重要的作用。传感器不仅能收集数据、生成信息、提高对周边环境的感知,还可以检测到传感器周边环境的变化,如果有需要,相关物体也可以通过传感器产生回应。

1. 传感器的基本概念

传感器是一种能把特定的被测信号按一定规律转换成可用输出信号的器件或装置,以满足信息的传输、处理、记录、显示和控制等要求。这里"可用输出信号"是指便于传输、转换及处理的信号,主要包括气、光和电等信号,现在通常是指电信号(如电压、电流、频率等各种电参数)。

我们在日常生活中使用着各种各样的传感器,如电视机、电扇、空调遥控器等所使用的红外线传感器;电冰箱、微波炉、空调机温控所使用的温度传感器;家庭使用的煤气灶、燃气热水器报警所使用的气体传感器;数码相机、家用摄像机所使用的光电传感器;汽车所使用的传感器就更多,如速度、压力、油量、角度线性位移传感器等。这些传感器的共同特点是利用各种物理、化学、生物效应等,实现对被测信号的测量。由此可见在传感器中包含两个不同的概念:一是监测信号;二是能把监测的信号转换成一种与被测量有对应的函数关系且便于传输和处理的物理量。如家庭使用的遥控器是把光信号转换成电信号,楼道照明的声控开关是把声音转换成电信号。

随着信息科学和半导体微电子技术的不断发展,使传感器与微处理器、计算机有机结合,传感器的概念又得到了进一步的扩充。如智能传感器,它是集信息监测和信息处理于一体的多功能传感器。与此同时,在半导体材料的基础上,运用微电子加工技术发展起各种门类的敏感元件,如固态敏感元件,包括光敏元件、力敏元件、热敏元件、压敏元件、气敏元件等。随着光通信技术的发展,今年来利用光纤的传输特性已研究开发出不少光纤传感器。

目前,传感器技术的含义还在不断扩充和发展,已成为一个综合性的交叉学科,涉及国防、工业、农业、民用等各个领域。可以说现代传感器是高智能技术的标志,也是现代科学发展的重要基础。

2. 传感器的组成

传感器的种类繁多,工作原理、性能特点和应用领域各不相同,所以其结构与组成差异很大。总的来说,传感器通常由敏感元件、转换元件及测量电路组成,有时还要加上辅助电源,传感器的基本组成如图 8.5 所示。

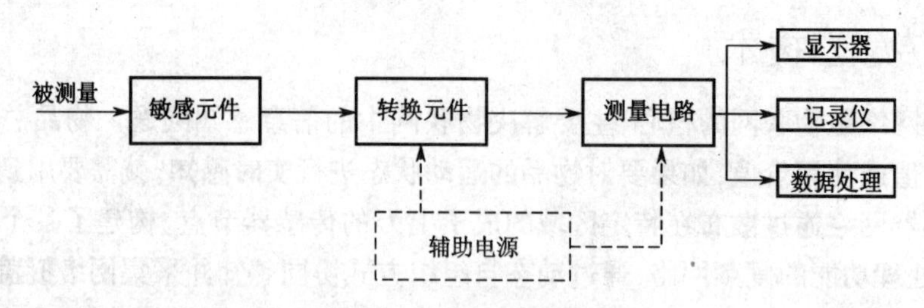

图8.5 传感器的基本组成

(1)敏感元件(Sensing Element)

敏感元件是指传感器中能直接感受被测量的变化,并输出与被测量有确定关系的某一物理量的元件。敏感元件是传感器的核心,也是研究、设计和制作传感器的关键。能够灵敏地感受被测量并作出响应的元件很多,如金属或半导体应变片,能感受压力的大小而引起形变,形变程度就是对压力大小的响应,所以金属或半导体应变片是一种压力敏感元件。

(2)转换元件(Transduction Element)

转换元件是指传感器中能将敏感元件输出的物理量转换成适合传输或测量的电信号的部件。转换元件实际上就是将敏感元件感受的被测量转换成电路参数的元件,如果敏感元件本身就能直接将被测量变成电路参数,该敏感元件就是具有了敏感和转换两个功能,因此,许多敏感元件也可以兼做转换元件。如热敏电阻不仅能直接感受温度的变化,而且能将温度变化转换成电阻的变化,也就是将电路参数(温度)直接变成了电路参数(电阻)。有的传感器转换元件不止一个,需要经过若干次的转换,有的则合二为一。

(3)测量电路(Measuring Element)

测量电路又称为转换电路或信号调整电路,作用是将转换元件输出的电信号作进一步转换和处理,如放大、滤波、线性化、补偿等,以获得更好的品质特性,便于后续电路实现显示、记录、处理及控制等功能。测量电路的类型以传感器的工作原理和转换元件的类型划分,如电桥电路、阻抗变换电路、振荡电路等。

3. 无线传感器网络

无线传感器网络(Wireless Sensor Network,WSN)由部署在监测区域内大量的微型传感器节点组成,通过无线通信方式形成的一个多跳的自组织网络系统,目的是协作地感知、采集和处理网络覆盖区域中感知对象的信息,并发送给观察者。传感器、感知对象和观察者构成了传感器网络的三个要素。

如果说因特网构成了逻辑上的信息世界,改变了人与人之间的沟通方式,那么WSN就是将逻辑上的信息世界与客观上的物理世界融合在一起,改变人类与自然界的交互方式。人们可以通过传感网络直接感知客观世界,从而极大地扩展现有网络的功能和人类认识世界的能力。

(1)无线传感器网络结构

WSN结构如图8.6所示,传感器网络系统通常包括传感器节点(Sensor Node)、汇聚节点(Sink Node)和管理节点(Managed Node)。大量传感器节点随机部署在监测区域内部或附近,能够通过自组织方式构成网络。传感器节点监测的数据沿着其他传感器节点逐跳地进行传输,在传输过程中,监测数据可能被多个节点处理,经过多跳后路由到汇聚节点,最后通过互联网或卫星到达管理节点。

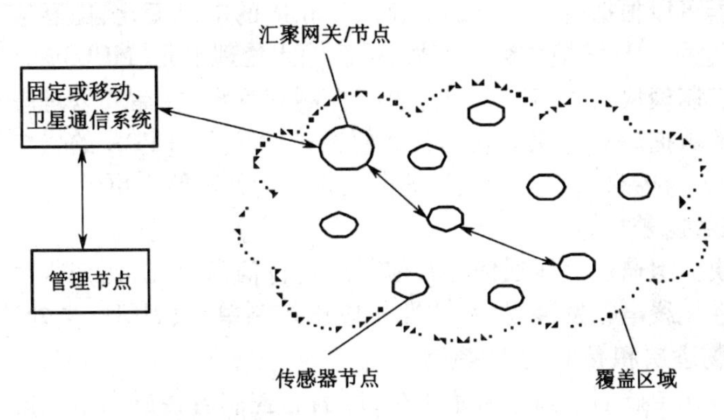

图8.6　WSN结构

1)传感器节点。无线传感器节点通常是一个微型的嵌入式系统,它的处理能力、存储能力和通信能力相对较弱,通过携带能量有限的电池供电。从网络功能上看,每个传感器节点兼顾传统网络节点的终端和路由器双重功能,除了进行本地信息收集和数据处理外,还要对其他节点转发来的数据进行存储、管理和融合等处理,同时与其他节点协作完成一些特定任务。目前传感器节点的软硬件技术是传感器网络研究的重点。

2)汇聚节点。汇聚节点的处理能力、存储能力和通信能力相对比较强,其用于连接传感器网络与Internet等外部网络,实现两种协议栈之间的通信协议转换,同时发布管理节点的监测任务,并把收集的数据转发到外部网络上。汇聚节点既可以是一个具有增强功能的传感器节点,有足够的能力供给和更多的内存与计算资源,也可以是没有监测功能、仅带有无线通信接口的特殊网关。

3)管理节点。管理节点也被称为用户节点,用户通过管理节点对传感器网络仅配置和管

(2)传感器节点的结构

传感器节点是一个微型的嵌入式系统,图8.7所示为传感器节点的硬件系统结构示意图。传感器节点主要由数据采集模块、数据处理和控制模块、通信模块和能量管理模块组成。

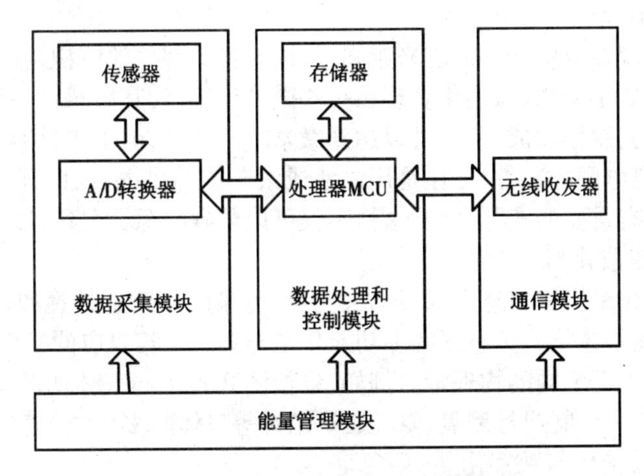

图8.7　传感器节点的硬件系统结构

数据采集模块与应用密切相关,主要包括采集物理信息的传感器和模拟/数字(A/D)转换部件。传感器可以根据物理环境的变化产生相应的电流变化,由感应器根据观察现象产生的模拟信号通过 A/D 转换成数字信号,然后输入处理单元(MCU)。

数据处理和控制模块负责对整个节点进行控制和管理、存储和处理本身采集的数据以及其他节点发来的数据。支持现有微设备如便携式计算机和 PDA 的操作系统不太适合传感器节点,这是由于为传感器节点所设计的微处理器的处理能力更低,只能做一些简单的数据处理,如滤波和数据融合等。

无线通信模块分组通过无线通信与其他节点进行信息交互,比如收发监测数据以及交换控制信息等。在无线电收发装置中,主要是以微控制单元(MCU)来处理信息,微控制单元(MCU)也用于物理层和 MAC 层的执行。

能量管理部件在传感器节点中必不可少,因为它控制着传感器节点的能量供给。能量管理部件必须清楚电池的电压变化情况,从而动态地适应系统的性能。能量管理部件的另一个特点就是当更换或增加能源时还可以用来管理新能源的性能。

运行在传感器节点上的软件系统可分为三个层次:操作系统层、系统服务层和应用层。操作系统层提供硬件访问接口和任务执行环境;系统服务层包括网络通信协议、能力管理、定位和定时等,主要为应用提供所需要的系统服务;应用层实现特定应用所需要的功能,包括对来自多个传感器节点数据进行融合等。

4. 传感器的发展

传感器本身就是物联网最基础的物理支撑层,是物与物互联的基础,物联网依靠传感器感知到每个物体的状态、行为等数据。随着物联网的发展,对传感技术也提出了更多的要求,比如传感器的智能化、小型化、集成化等。若物联网要大规模地得到推广,就需要人们身边的每个物体都能够联网,因此传感器还需要更低的功耗和更低的成本。其发展趋势表现在如下几个方面。

(1)开发新材料

传感器材料是传感器技术发展的物质基础,随着材料科学的快速发展,人们可根据实际需要,控制传感器材料的某些成分或含量,从而设计制造出用于各种传感器的新的功能材料。如用光导纤维制成压力、流量、温度、位移等多种传感器,用陶瓷制成压力传感器,用半导体氧化物制成各种气体传感器等。

(2)传感器的微型化与低功耗

目前各种测控仪器设备的功能越来越强大,同时各个部件的体积越来越小,这就要求传感器自身的体积也要小型化、微型化。现在一些微型传感器,其敏感元件采用光刻、腐蚀、沉积等微机械加工工艺制作而成,尺寸可以达到微米级。此外,由于传感器工作时大多离不开电源,在野外或远离电网的地方,往往是用电池或太阳能等供电,因此开发微功耗的传感器及无源传感器就具有重要的实际意义,这样不仅可以节省能源,而且可以提高系统的寿命。

(3)传感器的集成化与多功能化

传感器的集成化是指将信息提取、放大、变换、传输以及信息处理和存储等功能都制作在同一基片上,实现一体化。传感器的多功能化是与集成化相对应的一个概念,是指传感器能感知与转换两种以上不同的物理量。例如,将检测几种不同气体的敏感元件用厚膜制造工艺制作在同一基片上,制成检测氧、氨、乙醇、乙烯等气体的多功能传感器等。

(4)传感器的智能化与数字化

智能传感器是一种带有微处理器的传感器,与一般传感器相比,它不仅具有信息提取和转换等功能,而且具有数据处理、双向通信、信息记忆存储、自动补偿及数字输出等功能。智能传感器将具有更高级的分析、决策及自学功能,可完成更复杂的检测任务。

(5)传感器网络化

传感器网络化是传感器领域近些年发展起来的一项新兴技术,利用 TCP/IP 协议或其他协议使现场测量数据就近通过网络与网络上有通信 Negligence 的节点直接进行通信,实现了数据的实时发布和共享。由于传感器自动化、智能化水平的提高,多台传感器联网已推广应用,虚拟仪器、三维多媒体等新技术已开始实用化。传感器网络化的目标就是采用标准的网络协议,同时采用模块化结构将传感器和网络技术有机地结合起来,实现信息交流和技术维护。

8.2.3 中间件技术

随着网络应用的日益普及,软件应用的规模和范围无限扩展,许多应用程序需要在网络环境的异构平台上运行,由此带来的问题也越来越明显,如不同的硬件平台、不同的网络环境、不同数据库之间的相互操作及兼容问题;多种应用模式并存、系统效率过低、传输不可靠、数据加密、开发周期过长,等等;单纯依赖传统的系统软件或工具软件提供的功能已无法满足要求。另外,当客户机服务器方式的应用逐渐推广到企业级的关键任务环境时,便出现了一些问题,如系统可扩展性差、解析度低、维护代价高、安全性差、系统间通信功能较弱。为解决这些问题,中间件技术应运而生。

中间件(Middleware)泛指能屏蔽操作系统和网络协议的差异,能在异构系统之间提供通信服务的软件。

1. 中间件简介

中间件体系结构如图 8.8 所示。中间件的主旨是简化分布式系统的构造,其基本思想是:抽取分布系统构造中的共性问题,封装这些共性问题的解决机制,对外提供简单统一的接口,从而减少开发人员在解决这些共性问题时的难度和工作量。在构造分布系统的过程中,开发人员经常会遇到网络通信、同步、激活/去活、并发、可靠性、事务性、容错性、安全性、伸缩性、异构性等问题。基于目的和实现机制不同,实现的功能有如下分类。

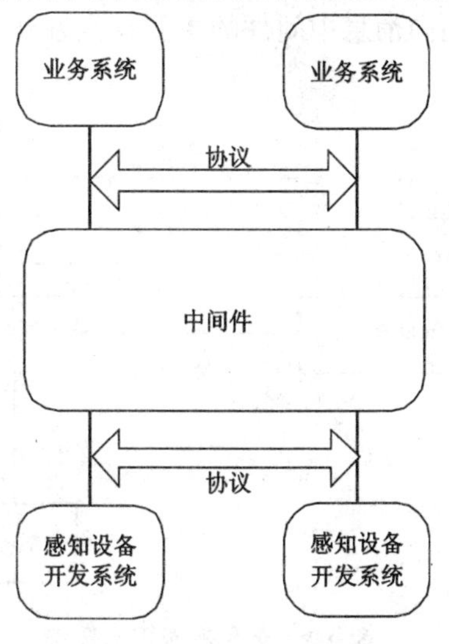

图 8.8　中间件体系结构

(1)远程过程调用

远程过程调用是一种广泛使用的分布式应用程序处理方法。一个应用程序使用 RPC (Remote Procedure Call Protocol)来“远程”执行一个位于不同地址空间里的过程,从效果上看和执行本地调用相同。事实上,一个 RPC 应用分为两个部分:Server 和 Client。Server 提供一个或多个远程过程;Client 向 Server 发出远程调用。Server 和 Client 可以位于同一台计算机,也可以位于不同的计算机,甚至运行在不同的操作系统之上。它们通过网络进行通信。相应的驱动和运行支持提供数据转换和通信服务,从而屏蔽不同的操作系统和网络协议的差异。在这里 RPC 通信是同步的,采用线程可以进行异步调用。

在 RPC 模型中,Client 和 Server 只要具备了相应的 RPC 接口,并且具有 RPC 运行支持,就可以完成相应的互操作性,而不必限制于特定的 Server。因此,RPC 为 Server 和 Client 分布式计算提供了有力的支持。同时,远程过程调用 RPC 所提供的是基于过程的服务访问,Client 与 Server 进行直接连接,没有中间机构来处理请求,因此也具有一定的局限性。比如,RPC 通常需要一些网络细节以定位 Server;在 Client 发出请求的同时,要求 Server 必须是活动的,等等。

(2)面向消息处理

面向消息指的是利用高效可靠的消息传递机制进行与平台无关的数据交流,并基于数据通信来进行分布式系统的集成。通过提供消息传递和消息排队模型,面向消息的处理可在分布环境下拓展进程间的通信,并支持多通信协议、语言、应用程序、硬件和软件平台。目前流行的面向消息的中间件产品有 IBM 的 MQSeries、BEA 的 MessageQ 等。

2. 中间件关键实现技术

中间件主要提供通信支持、并发控制以及各种公共服务,如何高效、经济地实现并应用这些功能,就是现有中间件技术与产品的关键技术。

(1)面向消息中间件

消息中间件通过消息交换支持分布应用的通信。在网络通信方面,客户使用消息中间件向服务器发送消息,该消息既可通知某个事件发生,也可请求服务器执行某个服务。如果是请求服务的消息,则消息中包含了相关的参数,而服务器处理完毕会返回一个包含结果的应答消息;在分布协调方面,面向消息中间件的主要特点在于支持异步的消息传输模式,如图 8.9 所示。

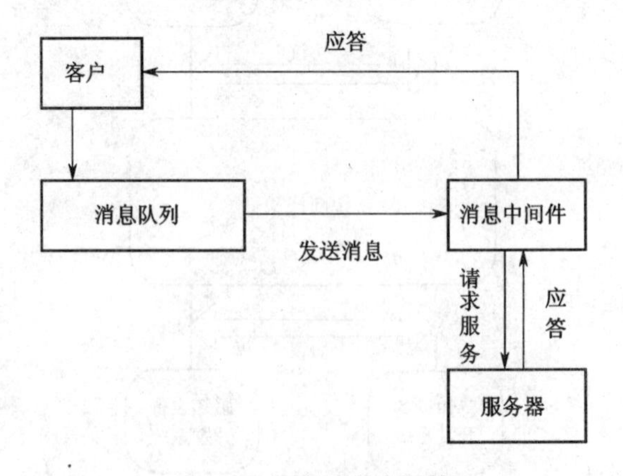

图 8.9 面向消息中间件

客户将待发送的消息交给消息中间件后,可继续处理其他业务,其后客户可在适当时刻查询结果是否返回。这种异步消息机制松散了客户与服务器之间的耦合关系,提高了系统的伸缩性。但是,这也导致客户与服务器之间的同步通信变得复杂,客户必须自己处理通信的同步。此外,消息中间件的另一个特点是支持组通信,即把同一条消息发送给多个服务器;在可靠性方面,面向消息中间件实现容错的主要途径就是实现消息队列,该队列将消息缓存到永久存储器中,从而保证消息的持久性。客户将消息输入队列后,如果服务器不可用,则队列将该消息保存,直至服务器重新可用,将消息发送给服务器后将从队列中删除该消息;在伸缩性方面,消息中间件对访问透明性的支持不是很好,因为客户往往使用消息中间件与远程构件通信,使用其他机制与本地构件通信。访问透明性的不足导致消息中间件对迁移透明性和复制透明性的支持也不够,进而导致伸缩性的实现变得复杂。另一个方面,消息队列必须由系统管理员设置,且消息队列的使用必须编码在客户代码和服务器代码中,这些都降低了整个系统的灵活性与适应性;在异构性方面,消息中间件对平台异构性的支持不够,因为编程人员必须手工编写消息的打包和解包代码。目前大部分消息中间件产品都支持多种编程语言。

(2)面向对象中间件

面向对象中间件是从过程中间件发展而来的,面向对象概念是其主要推动力,主流的对象中间件包括 CORBA(Common Object Request Broker Architecture)、RMI(Remote Method Invocation)和 DCOM(Distributed Component Object Model)。在网络通信方面,面向对象中间件支持分布化的对象调用请求和应答,即客户对象可调用远程或本地服务对象。客户对象必须拥有服务对象的引用,在分布协调方面,面向对象可调用远程或本地服务对象。客户对象必须拥有服务对象的引用,在分布协调方面,面向对象中间件默认的通信模式是同步调用请求,即客户对象调用服务对象后必须阻塞,直至返回应答。面向对象中间件还支持其他通信模式,如 CORBA3.0 支持同步调用、延迟同步调用、单项调用、异步调用等模式。面向对象中间件支持多种激活策略,如按需激活或始终处于激活状态,对象中间件还提供多种线程策略,如每到达一个请求就分配一个线程、每个服务对象分配一个线程、整个服务器使用一个线程池,等等。

3. 中间件与物联网

物联网中的中间件处于物联网的集成服务器端和感知层、传输层的嵌入式设备中。服务器端中间件称为物联网业务基础中间件,一般都是基于传统的中间件构建,加入设备连接和图形化组态展示等模块;嵌入式中间件是一些支持不同通信协议的模块和运行环境。中间件的特点是它固化了很多通用功能,但在具体应用中多半需要二次开发来实现个性化的行业业务需求,因此所有物联网的中间件都要提供快速开发工具。

8.2.4　云计算技术

近几年,随着互联网的快速发展,存储计算机能量消耗、IT 产业人员和硬件的成本不断提高,数据中心空间日益减少,原始互联网系统与服务设计已不能解决上述问题,互联网亟需新的解决方案。同时,企业必须充分利用、研究各种数据资源,才能更好地支持商业行为,数据的收集与分析必须建立在一种新的平台之上,这就是云计算的产生背景。

1. 云计算概述

云计算是一种全新的网络服务方式,将传统的以桌面为核心的任务处理转变为以网络为核心的任务处理,利用互联网实现想要完成的一切处理任务,使网络成为传递服务、计算力和信息的综合媒介,真正实现按需计算、多服务器协作。

云计算是全新的基于互联网的超级计算理念和模式,实现云计算需要结合多种技术,并且需要用软件实现将硬件资源进行虚拟化管理和调度,形成一个巨大的虚拟化资源池,把存储于个人计算机、移动设备和其他设备上的大量信息和处理器资源集中在一起,协同工作。

云计算就是把计算资源都放到互联网上,互联网即是云计算时代的云。计算资源则包括了计算机硬件资源(如计算机设备、存储设备、服务器集群、硬件服务等)和软件资源(如应用软件、集成开发环境、软件服务)。云计算有很多优点,体现在如下方面。

1)云计算提供了安全可靠的数据存储中心,终端用户不用再担心数据丢失和病毒入侵等问题。通过云后端专业的管理、可靠的存储技术和严格的权限策略,用户可以放心地使用云计算的服务。

2)云计算对用户端的设备要求低,使用方便,可以支持手机等无线通信设备。通过云可以在浏览器中直接编辑存储在云后端的文档,实现随时随地的接入。

3)云计算可以轻松实现不同设备间的数据应用与共享。在云计算的网络应用模式中,数据只有一份,保存在云后端,所有电子设备只需要连接互联网,就可以同时访问和使用同一份数据。

4)云计算为用户使用网络提供了更多的可能。它为存储和管理数据提供了更多的空间,也为完成各类应用提供了强大的计算能力。个人计算机或其他电子设备不可能提供无限量的存储空间和计算能力,但在云的后端,由数千台、数万台甚至更多服务器组成的庞大的集群却可以轻易地做到这一点。当用户把最常用的数据和最重要的功能都放在云上时,计算机、应用软件乃至网络的体系结构将会有很大的变化。

(5)云计算作为分布式计算的发展,比集中式计算有更好的性价比,用户可以节省开支,获得更多利益。另外,企业的很多应用都是分布式的,如工业企业应用、管理部门和现场不在一个地方的应用,云计算在为这些应用提供支持时有着天然的优势。

(6)云计算有着高度可扩展性,可以兼容不同硬件厂商的产品,兼容低配置及其外设以获得高性能,云服务提供商可以利用多台普通的个人计算机来代替高性能的大型机,有利于节省服务提供商的成本。

2. 云计算的架构

云计算是一个强大的“云”网络,连接了大量并发的网络计算和服务,可利用虚拟化技术扩展每一个服务器的能力,将各自的资源通过云计算平台结合起来,提供超级计算和存储能力,云计算体系结构如图 8.10 所示。

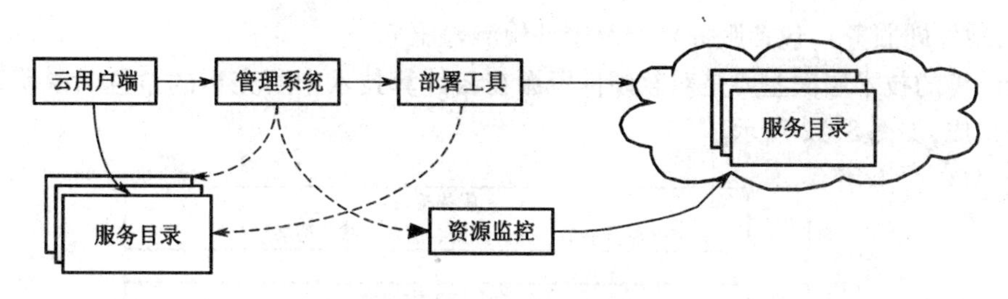

图 8.10　云计算体系结构

(1)云用户端

提供用户请求服务交换界面,是云端入口,用户通过 Web 浏览器可进行相应的任务管理及任务处理工作。

(2)服务目录

用户根据所有权限对服务进行选择、订制或退订等操作。

(3)管理系统和部署工具

提供相应的服务管理,包括计算资源管理、存储管理、配置管理等;同时调度资源和应用,动态地部署、配置和回收资源。

(4)监控

监控云系统的资源及使用情况,完成节点同步配置、负载均衡配置和资源监控,确保资源能顺利分配给合适的用户及系统的整体协调稳定。

(5)服务器集群

服务器集群由虚拟的或物理的服务器组成,是应用及服务的生产地点,负责高并发量的用户请求处理、大运算量计算处理、用户 Web 应用服务,云数据存储时采用相应数据切割算法实现并行方式上传和下载大容量数据。

在云计算中,根据其服务集合所提供的服务类型,整个云计算服务集合被划分为四个层次:应用层、平台层、基础设施层和虚拟化层。这四个层次每一层都对应一个子服务集合。图 8.11 所示为云计算服务体系结构。

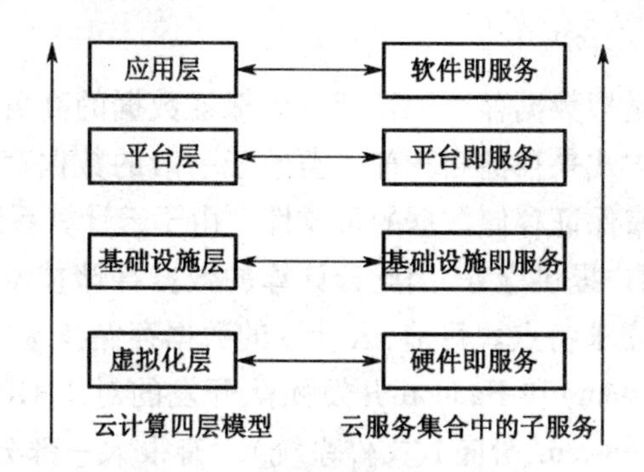

图 8.11　云技术服务体系结构

在云计算服务体系结构中各个层次与相关云产品对应。应用层对应 SaaS(Software-as-a-Service,软件即服务);平台层对应 PaaS(Platform-as-a-Service,平台即服务);基础设施层对应 IaaS(Infrastructure-as-a-Service,基础设施即服务);虚拟化层对应 HaaS(Hardware-as-a-

Service,硬件即服务),包括服务集群及硬件检测等服务。

云计算的技术层次主要是对软硬件资源在云计算技术中所充当的角色的说明,一般由四部分构成,如图 8.12 所示。

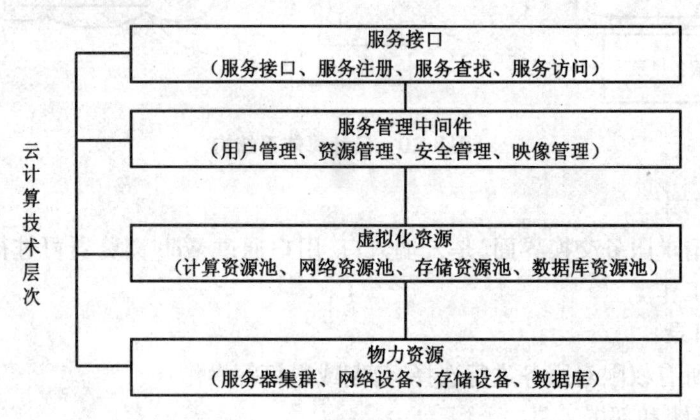

图 8.12 云计算技术结构

3. 云计算的关键技术

云计算是一种新型的超级计算方式,它以数据为中心,属于一种数据密集型的超级计算。在数据存储和管理、编程模式和虚拟化、云安全等方面具有特殊的技术。云计算的关键技术包括编程模式、资源管理技术、虚拟化技术、云安全技术等。

(1)编程模式

编程模式主要针对的是使用云计算服务进行开发的用户,为了使这些用户能方便地利用云后端的资源,使用合适的编程模式编写应用程序来达到需要的目的或提供服务,云计算中的编程模式应该尽量方便简单。最好使得后台复杂的并行执行和任务调度对编程人员透明,从而使编程人员可以将精力集中于业务逻辑。Google 提出的 MapReduce 的编程模式是如今最流行的云计算编程模式。现在几乎所有 IT 厂商提出的“云”计划中采用的编程模式都基于 MapReduce 思想。

(2)资源管理技术

云的资源管理主要是指数据存储和管理。为保证数据的高可用性和高可靠性,云计算的数据一般采用分布式方式来存储和管理。类似于一般的数据存储安全保证方法,云计算也采用冗余存储的方式来保证存储数据的可靠性。由于云计算系统需要同时满足大量用户的需求,并行地为大量用户提供服务,因此云计算的数据存储技术必须具有高吞吐率,分布式存储正好满足了这一需求特点。目前,云计算的数据存储技术主要有 Google 的非开源的体系 GFS(Google File System)和 Hadoop 开发团队开发的对于 GFS 的开源而实现的 HDFS(Hadoop Distributed File System,分布式文件系统)。有很大一部分 IT 厂商,包括 Yahoo、Intel、阿里巴巴的云存储计划采用的都是 HDFS 的数据存储技术。

云计算系统对大量数据集进行处理,需要向用户提供高效的服务,因此数据管理技术也必须能够对大量数据进行高效的管理。由于云计算的特点是对大量的数据进行反复的读取和分析,数据的读操作频率远大于数据的更新频率,因此可以认为云中的数据管理是一种读效率优先的数据管理模式。一般来讲,云计算系统的数据管理通常采用数据库领域中列存储的数据管理模式，即将表按列划分后存储。在现有的云计算的数据管理技术中，最著名的是Google的BigTable数据管理技术，同时Hadoop开发团队开发了类似BigTable的开源数据管理模块。由于采用列存储的方式管理数据会造成写的不方便，因此如何提高数据的更新速率以及进一步提高随机读效率是未来的数据管理技术需要解决的问题。

(3)虚拟化技术

虚拟化是云计算中一个非常关键的技术，也可以说是云技术区别于一般并行计算的一个根本性的特点。

虚拟化的一个抽象层运行着具有异构操作系统的多个虚拟机，且这些虚拟机在同一台物理机上独立并行运行，从而使物理硬件与操作系统彼此分离。

虚拟化技术很大程度地改变了企业的IT流程，提高了企业的工作效率。通过虚拟机的方式进行云计算资源的管理具有特殊的好处。由于虚拟机是一类特殊的软件，能够完全模拟硬件的执行，因此能够在上面运行操作系统，进而能够保留一整套运行环境语义。这样，可以将整个执行环境通过打包的方式传输到其他物流节点上，使得执行环境与物理环境隔离，方便整个应用程序模块的部署。

(4)云安全技术

云安全技术是P2P技术、网络技术、云计算技术等计算技术混合发展、自然演化的结果。云安全通过网状的大量客户端对网络中软件行为的异常监测，获取互联网中木马、恶意程序的最新消息，传送到服务器端进行自动分析和处理，再把病毒和木马的解决方案分发到每一个客户端。

未来杀毒软件将有效地处理日益增多的恶意程序。来自互联网的主要威胁正在由电脑病毒转向恶意程序及木马，在这样的情况下，采用的特征库判别法显然已经过时。云安全技术应用后，识别和查杀病毒不再仅仅依靠本地硬盘中的病毒库，而是依靠庞大的网络服务，实时进行采集、分析以及处理。整个互联网就是一个巨大的“杀毒软件”，参与者越多，每个参与者就越安全，整个互联网就会更安全。

越来越多的公司开始关注云安全技术。卡巴斯基、金山等著名的公司都在第一时间开始投入大量的研发力量进入这个领域，并取得了很多关键技术的突破。

云安全技术可以针对互联网环境中类型多样的信息安全威胁，在强大的后台技术分析能力和在线透明交互模式的支持下，在用户“知情并同意”(Awareness & Approval)的情况下在线收集、分析用户计算机中可疑的病毒和木马等恶意程序样本，并且定时通过反病毒数据库进行用户分发，从而实现病毒及木马等恶意程序的在线收集、即时分析及解决方案。云安全技术通过扁平化的服务体系实现用户与技术后台的零距离对接，所有用户都是互联网安全的主动参与和安全技术革新的即时受惠者，这体现了云计算的理念。

4. 云计算的应用

云计算的表现形式多种多样，对于众多服务，可以将云计算提供的服务细分为以下七个类型。

(1)SaaS

SaaS是指浏览器把程序传给成千上万的用户。从用户的角度看来，可以省去在架设服务器和软件授权上的开支；从供应商角度来看，缩减了程序的维护费用，能够降低成本。

软件厂商将应用软件统一部署在服务器或服务器集群上，通过互联网提供给用户。用户也可以根据自己的实际需要向软件厂商定制或租用适合自己的应用软件,通过租用方式使用基于 Web 的软件来管理企业经营活动。

在这种模式下,客户无须花费大量投资用于硬件、软件、人员,而只需要支出一定的租赁服务费用,通过互联网便可以享受相应的硬件、软件和维护服务。一般来讲,SaaS 在人力资源管理程序和 ERP 中应用得较为广泛。

(2)PaaS

PaaS 是指集成了 SaaS、HaaS(Hardware-as-a-Service)、DaaS(Data-as-a-Service)的复合系统,它把开发环境作为一种服务来提供。

PaaS 是提供开发环境、服务器平台、硬件资源等服务给用户,用户可以在服务提供商的基础上开发程序并通过互联网传给其他用户。PaaS 能够提供企业或个人定制研发的中间平台,提供应用软件开发、数据库、应用服务器、托管及应用服务,为个人用户或企业的团队协作服务。

(3)效用计算

效用计算(Utility Computing,UC)的思想很早就已提出,但是直到最近才在 Amazon、Son、IBM 和其他提供存储服务和虚拟服务器的公司中被明确使用起来。这种云计算是将多台服务器组成的“云端”计算资源(包括计算和存储)作为计量服务提供给用户,可将内存、I/O 设备、存储和计算能力整合成一个虚拟的资源池,为用户提供所需要的存储资源和虚拟化服务器等服务。

效用计算方式的优点在于用户只需要降低成本硬件,租用相应计算能力或存储能力,实现降低硬件开销的目的。

(4)管理服务

管理服务(Manage Service,MS)可以称作最古老的云计算运用之一。这种应用更多的是面向 IT 行业,而不是终端用户,常用于邮件病毒扫描、程序监控等。一些大型的公司集团可能使用这种服务。

(5)商业服务平台

商业服务平台(Commercial Service Platform,CSP)是 SaaS 和 MSP 的混合,提供一种与用户结合的服务采集器,是用户和提供商之间的互动平台,可以在一定程度上做到量身定做,如费用管理系统中用户可以订购其设定范围与价格相符的产品或服务;又如用户个人开支管理系统中,能够根据用户的设置来管理其开支并协调其订购的各种服务。

(6)云端网络服务

网络服务提供商 API 能帮助开发基于互联网的应用。云计算在工作和生活中最重要的体现就是计算和存储或者说是提供服务(一种网络服务)。

(7)互联网整合

互联网整合(Internet Intergration)指的是将互联网上提供类似服务的公司整合起来,以便用户能够更方便地比较和选择自己的服务供应商。Google 作为云计算的最大使用者,其提供的服务包括 Google 地球、地图、Gmail 等。

云计算的应用形式分类有很多种,以上使用的是比较简单的一种分类。从以上分类可以看到,从某种角度上来说,云计算确实是对已有的技术和概念的整合或者规范化。

8.3　物联网的主要应用

物联网前景非常广阔,它将极大地改变人们目前的生活方式。

2005 年,ITU 在一份报告中描绘出"物联网"时代的图景:当司机出现操作失误时,汽车会自动报警;公文包会提醒主人忘记带了什么东西;衣服会"告诉"洗衣机对洗涤剂和水温的要求;物流公司应用了物联网系统的货车后,当装载超重时,汽车会自动提示司机超载了,并且超载多少,若空间还有剩余,则告诉司机怎样搭配轻重货物;当搬运人员卸货时,一只货物包装可能会大叫"你扔疼我了",或者说"亲爱的,请你不要太野蛮,可以吗",等等。

物联网的应用主要体现在三个层面:①传感网络,即以二维码、RFID、传感器为主,实现"物"的识别;②传输网络,即通过现有的互联网、广电网、通信网或者下一代互联网,实现数据的传输和计算;③应用网络,即输入/输出控制终端,包括手机等终端。

1. 物联网应用领域

物联网用途广泛,遍及智能交通、环境保护、政府工作、公共安全、平安家居、智能消防、工业监测、农业管理、老人护理、个人健康等领域。在国家大力推动工业化与信息化融合的大背景下,物联网将是工业乃至更多行业信息化过程中一个比较现实的突破口。一旦物联网大规模普及,无数的物品需要加装更加小巧智能的传感器,用于动物、植物、机器等物品的传感器与电子标签及配套的接口装置数量将大大超过目前的手机数量。按照目前对物联网的需求,在近年内就需要按亿计的传感器和电子标签。专家预计,2011 年内嵌芯片、传感器、无线射频的"智能物件"将超过 1 万亿个,物联网将会发展成为一个上万亿元规模的高科技市场,这将大大推进信息技术元件的生产,给市场带来巨大商机。物联网目前已经在行业信息化、家庭保健、城市安防等方面有实际应用。

(1)智能电网

采用物联网技术可以全面有效地对电力传输的整个系统,从电厂、大坝、变电站、高压输电线路直至用户终端进行智能化处理,包括对电力系统运行状态实施监控和自动故障处理,确定电网整体的健康水平,触发可能导致电网故障发展的早期预警,确定是否需要立即进行检查或采取相应的措施,分析电网系统的故障、电压降低、电能质量差、过载和其他不希望的系统状态,并基于这些分析,采取适当的控制行动,如智能电网、路灯智能管理和智能抄表等。智能集中抄表设备的每个电表都通过无线模块与居民集抄管理终端联系,终端再将这些信息发给电力公司,从而不需要抄表员也可以掌握居民的用电缴费情况。

目前智能电网的主要项目应用有电力设备远程监控、电力设备运营状态监测、电力调度应用等。智能交通和智能物流主要应用于车辆信息通信、车队管理、商品货物监测、互动式汽车导航、车辆追踪与定位等。

(2)智能交通

将物联网应用于交通领域,可以使交通智能化。例如,司机可以通过车载信息智能终端享受全方位的综合服务,包括动态导航服务、位置服务、车辆保障服务、安全服务、娱乐服务、资讯服务等。交通信息采集、车辆环境监控、汽车驾驶导航、不停车收费等有利于提高道路利用率,改善不良驾驶习惯,减少车辆拥堵,实现节能减排,同时也有利于提高出行效率,促进和谐交通的发展。

“车—路”信息系统一直是智能交通发展的重点领域。继物联网之后,“车联网”又成为未来智能城市的另一个标志。车联网是指装载在车辆上的电子标签通过无线射频等识别技术,实现在信息网络平台上对所有车辆的属性信息和静、动态信息进行提取和有效利用,并根据不同的功能需求对所有车辆的运行状态进行有效的监管和提供综合服务。目前智能交通每年以超过1 000亿元的市场规模在增长,预计到2015年,交通运输管理将达400亿元。

(3)智能物流

在物流领域,通过物联网的技术手段可将物流智能化,物联网极大地促进了物流的智能化发展。在国家新近出台的《十大振兴产业规划细则》中明确物流快递业作为未来重点发展的行业之一,客观来说,快递业以其行业特征被视为最适宜同物联网结合的产业之一,这在国外已经有了很大尝试并已取得一定成绩。例如发展较快的智能快递,是指基于物联网的广泛应用基础,利用先进的信息采集、信息处理、信息流通和信息管理技术,通过在需要寄递的信件和包裹上嵌入电子标签、条形码等能够存储物品信息的标志,通过无线网络的方式将相关信息及时发送到后台信息处理系统,而各大信息系统可互连形成一个庞大的网络,从而达到对物品快速收寄、分发、运输、投递以及实施跟踪、监控等智能化管理的目的,并最终按照承诺时限递送到收件人或指定地点,并获得签收的新型寄递服务。

(4)智能家居

智能家居是利用先进的计算机、嵌入式系统和网络通信,将家庭的各种设备(如照明、环境控制、安防系统、网络家电)通过家庭网络连接在一起。一方面,智能家居让用户更方便地管理家庭设备;另一方面,智能家居内的各种设备之间可以通信,且不需要人为操作,自主地为用户服务。

我们意识到世界正在变“小”、地球正在变“平”,不论是经济、社会还是技术层面,我们的生活环境和以往任何时代相比都发生了重大的变化。当前的金融海啸、全球气候变化、能源危机或者安全问题,迫使我们审视过去,也正是各种各样的危机,使人类能够站在一个面向未来全新发展的门槛上——我们希望我们的生存环境也变得更有“智慧”,由此诞生了“智慧地球”、“感知中国”、“智能城市”、“智能社区”、“智能建筑”、“智能家居”等新生名词,它们将真正地影响和改变我们的生活。

(5)金融与服务业

物联网的诞生,把商务延伸和扩展到了任何物品上,摆脱了固定的设备和网络环境的束缚,真正实现了突破空间和事件束缚的信息采集。这使得“移动支付”、“移动购物”、“手机钱包”、“手机银行”、“电子机票”等概念层出不穷。

另外,通过将国家、省、市、县、乡镇的金融结构联网,建立一个金融部门信息共享平台,有效遏制传统金融市场因缺乏有效监管而带来的风险蔓延,维护国家经济安全和金融稳定。

(6)精细农牧业

把物联网应用到农业生产,可以根据用户需求随时进行处理,为实施农业综合生态信息自动检测、对环境进行自动控制和智能化管理提供科学依据。例如,可以实时采集温室内温度、湿度信号以及光照、土壤温度、二氧化碳浓度、叶面湿度、露点温度等环境参数,经由无线信号收发模块传输数据,实时对大棚温湿度进行远程控制,自动开启或者关闭指定设备。

在粮库内安装各种温度、湿度传感器,通过联网将粮库内环境变化参数实时传到计算机或手机进行实时观察,记录现场情况以保证粮库内的温湿度平衡。

在牛、羊等牲畜体内植入传感芯片,放牧时可以对其进行跟踪,实现无人化放牧。

(7)医疗健康

将物联网技术应用于医疗健康领域,可以解决医疗资源紧张、医疗费用高、老龄化压力大等各种问题。例如,借助实用的医疗传感设备,可以实时感知、处理和分析重大的医疗事件,从而快速、有效地作出响应。乡村卫生所、乡镇医院和社区医院可以无缝地连接到中心医院,从而实时地获取专家建议、安排转诊和接受培训。通过联网整合并共享各个医疗单位的医疗信息记录,从而构建一个综合的专业医疗网络。

(8)工业与自动化控制

以感知和智能为特征的新技术的出现和相互融合,使得未来信息技术的发展由以人类信息为主导的互联网向以物与物互联信息为主导的物联网转变。面向工业自动化的物联网技术是以泛在网络为基础、以泛在感知为核心、以泛在服务为目的、以泛在智能拓展和提升为目标的综合性一体化信息处理技术,并且是物联网的关键组成部分。物联网大大加快了工业化进程,显著提高了人类的物质生活水平,并在推进我国流程工业、制造业的产业结构调整、促进工业企业节能降耗、提高产品品质、提高经济效益等方面发挥了巨大推动作用。

(9)环境与安全监测

安全问题是如今人们越来越关注的问题。我们可以利用物联网开发出高度智能化的安防产品或系统,进行智能分析判断及控制,最大限度地降低因传感器问题及外部干扰造成的误报,并且能够实现高精度定位,完成由面到点的实体防御及精确打击,进行高度智能化的人机对话等功能,弥补传统安防系统的缺陷,确保人们的生命和财产安全。

此外,物联网还可以用于烟花爆竹销售点监测、危险品运输车辆监管、火灾事故监控、气候灾害预警、智能城管、平安城市建设;还可以用于对残障人员、弱势群体(老人、儿童等)、宠物进行跟踪定位,防止走失等;还可以用于井盖、变压器等公共财产的跟踪地位,防止公共财产的丢失。

(10)国防军事

物联网被许多军事专家称为“一个未探明储量的金矿”,正在孕育军事变革深入发展的新契机。物联网概念的问世,对现有军事系统格局产生了巨大冲击。它的影响不亚于互联网在军事领域里的广泛应用,将触发军事变革的一次重新启动,使军队建设和作战方式发生新的重大变化。可以设想,在国防科研、军工企业及武器平台等各个环节与要素设置标签读取装置,通过无线和有线网络将其连接起来,那么每个国防要素及作战单元甚至整个国家军事力量都将处于全信息和全数字化状态。大到卫星、导弹、飞机、舰船、坦克、火炮等装备系统,小到单兵作战装备,从通信技侦系统到后勤保障系统,从军事科学试验到军事装备工程,其应用遍及战争准备、战争实施的每一个环节。可以说,物联网扩大了未来作战的时域、空域和频域,对国防建设各个领域产生了深远影响,将引发一场划时代的军事技术革命和作战方式的变革。

当然,物联网的应用并不局限于以上领域,用一句话来说,就是“网络无所不在,应用无所不能”。但有一点是值得我们肯定的,那就是物联网的出现和推广将极大地改变我们的生活。

2. 物联网应用实例

在实际运用中，无锡传感网中心的传感器产品已经衍生出经济效应。据无锡媒体报道，上海浦东国际机场防入侵系统铺设了3万多个传感节点，覆盖了地面、栅栏和低空探测。多种传感手段组成一个协同系统后，可以防止人员的翻越、偷渡、恐怖袭击等攻击性入侵。国家航总局正式发文要求全国民用机场都要采用国产传感网防入侵系统。现将物联网在生活中的其他实例列举一二。

(1)电子收费系统

电子收费系统(Electronic Toll Collection，ETC)是用于公路、大桥和隧道的不停车收费系统。它主要利用自动车辆识别技术(RFID技术)，通过收费站的发射、接收装置读取和识别车辆上的射频标签或车辆牌照的信息，在不需要司机或其他收费人员采取任何操作的情况下，完成收费处理过程。

电子收费系统由三级构成：收费结算中心、收费站管理系统和收费车道子系统。它使高速公路对外呈封闭状态，使进高速公路的车辆都受到控制，收费车辆在入口、出口均要进行车型判别、通行券领取、费额判定缴费。该系统可以对营运收费进行严格监管，从而有效堵塞费款流失，及时掌握车流量、车型比例、营运收入等准确数据，对道路收费实行科学管理。

1)收费车道子系统。

收费车道子系统各设备的连接如图8.13所示。收费车道子系统包含的主要设备有车道计算机、专用键盘、显示器、车道控制器、收费员操作台、票据打印机、智能道闸、车道摄像机、费额显示器、字符叠加器、闪光报警器、雾灯、车道红绿信号灯、天棚灯、红绿交通灯、射频卡读写器、入口发卡器和出口收卡器。

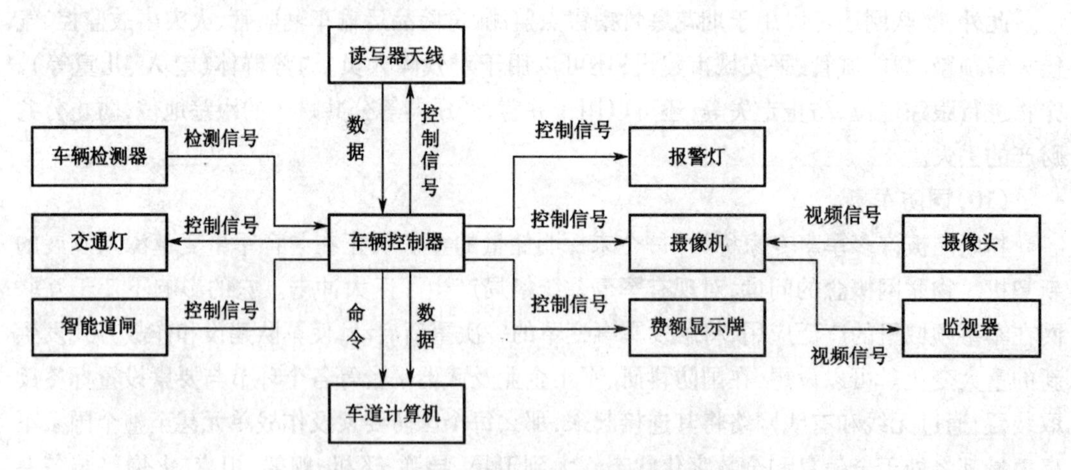

图8.13 收费车道子系统各设备连接图

收费车道子系统是独立完成收费作业处理、控制收费作业流程的系统。每个子系统相对独立，当系统网络中某个车道计算机系统发生故障和进行故障处理时，不影响其他车道计算机系统的正常收费作业，保障收费系统正常的收费作业。

2)收费站管理系统。

收费站管理系统的网络结构如图8.14所示。收费站管理系统主要由两部分组成：一部分是收费站控制室计算机，包括服务器及功能各异的工作站，如监视计算机、数据处理计算机、图形计算机等;另一部分是局域网,局域网采用星形以太网100 Base-T,传输线缆为UTP-5。由于收费车道与收费控制室计算机距离较远,为保证传输质量,这两部分之间采用以太网交换机通过多模光纤连接,距离一般在3 km以内,以防止信号过强引起反射,同时也可以降低成本。

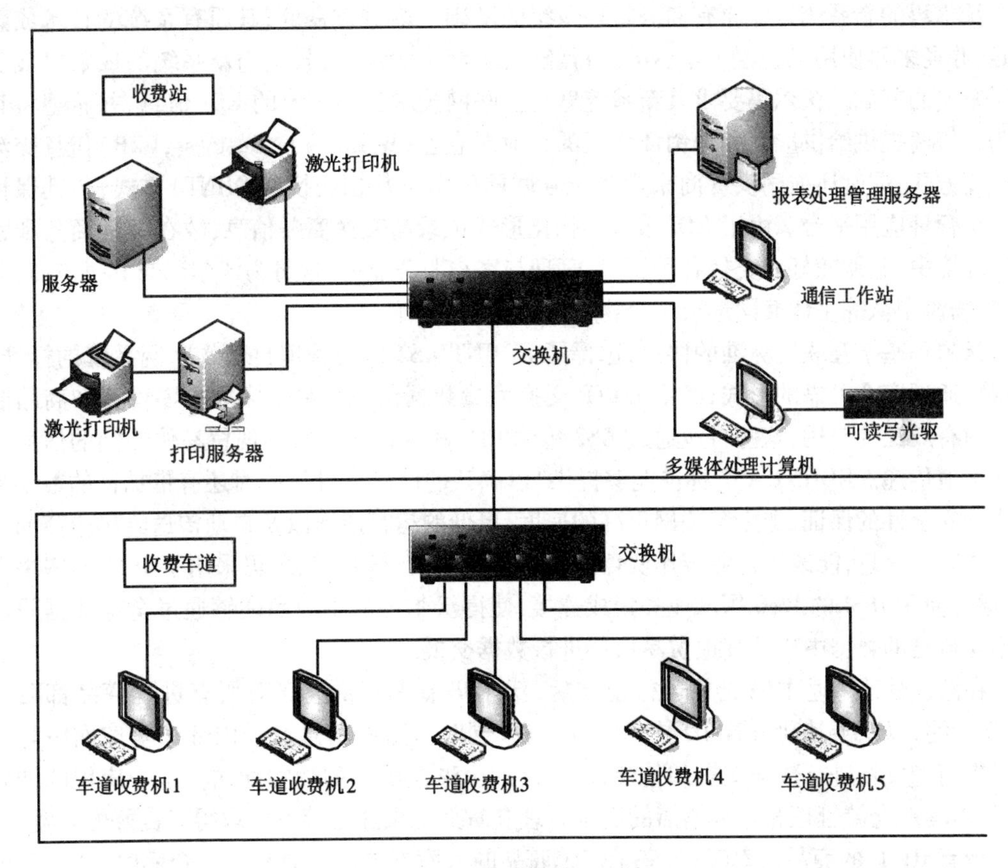

图8.14 收费站管理系统

可用3台集线器(收费车道和收费站一台)构成100 Base-T型快速以太局域网结构。所有车道计算机连接到两台10 Mbit/s或100 Mbit/s自适应共享式集线器;站内网络服务器、财务计算机、收费管理计算机、监视计算机、图像计算机连接到站内10 Mbit/s或100 Mbit/s自适应交互式集线器。车道集线器与站内集线器之间采用光纤连接。各收费车道计算机相互独立,无通信联系。

3)收费结算中心。

收费结算中心一般设在各市局监控大楼内,其组成与收费站管理系统机构相似,且网络结构形式和传输媒体完全相同。两级计算机系统之间的远程数据传输是通过高速路由器接入通信系统ONU(Optical Network Unit,光网络单元)上的2 Mbit/s接口实现的,收费数据流向主要为由低到高。

(2)沃尔玛的互联网交易系统

沃尔玛作为全球最大的零售连锁超市,早已形成一套完整的商务系统,同时还拥有自己的覆盖全球的卫星通信系统。通过卫星通信系统管理其旗下的每一个分店和物流车队,同时采用了电子数据交换(Electronic Data Switch,EDI)系统及时进行信息传递。为应对互联网时代的商业挑战,沃尔玛将其新的商务管理系统建立在互联网基础上,以进一步提高交易速度,降低交易成本,提高交易可靠性和安全性,并建立与供应商系统能够有更多动态联系的新系统,以适应物联网时代的购物管理需求。

沃尔玛的新系统是在原有商务管理系统的基础上渐进改良的,其原有系统的技术成熟稳定,并经多年使用已积累了丰富的运行经验,沉淀了大量数据,这为新系统的成熟发展奠定了坚实的基础。沃尔玛要求其新系统里有互联网技术传输传统的 EDI 信息,并希望将其变为零售商提供给供应商和分销商之间的企业对企业(Business to Business,B2B)信息交流的主要方式,同时还鼓励供货商采用基于互联网的电子数据交换(EDIINT)方式,与其保持同一个管理应用平台。由于 EDI 采用结构化形式记录与交换商务信息,故在移动商务和物联网环境中,它能较好地支持各种销售、管理与客户服务业务,这将为沃尔玛与其供应商、分销商、物流车队等主体共同形成一个物联网环境创造条件。

沃尔玛基于互联网标准的协议,选择了 EDIINT AS2 作为管理自己物联网系统的标准,以保障通过安全可靠的形式,经由 HTTP 交换大量数据信息。AS2 标准在零售业和商品制造业内有广泛的应用,这些行业通过 AS2 传输 EDI 和 XML 信息,实现贸易伙伴间的信息及时准确地传递。EDIINT AS2 标准能够提供“以确认的信息支付”,同时还有带加密的数字签名作为安全性的保证,加之互联网更高的速度、更低的运行成本以及自动传送给供应商和分销商之间的信息,能改进行业合作伙伴间传递信息的及时性。沃尔玛采用了 IBM 的解决方案,通过使用 IBM 的 Web 领域业务集成连接,使得沃尔玛的供应商能够通过全球数据同步网络与自己的数据中心及其他贸易伙伴进行数据交换。

在渐进性改造基本完成并运行稳定后,沃尔玛要求其供应商对所有进场商品都贴上 RFID 标签,以便于其利用 RFID 技术管理库存,同时将这些信息通过内部的全球网络与全球供应商和卖场进行数据交换和整合,以此调配全球范围内的货物配送。这一应用的结果是:沃尔玛在仓储管理和各分销店的后场管理和货架上架业务等方面取得了良好的效益。

带有 RFID 的商品入库时,改变了传统商品的入库方式。当商品运抵仓库时,仓库管理人员无须再像以前一样,一件件地清点、登记商品的品种、数量、等级、生产日期等详细信息,而是通过 RFID 识读器对整批货物登记信息,其过程及其简单。当货物入库时,因为每件商品上都带有 RFID 电子标签,且 RFID 芯片上载有大量数据,包含了仓储所需的所有商品信息,当整批货物通过 RFID 识读器时,就能自动将芯片上载有的大量商品信息数据采集到系统中去,如商品名称、数量、规格批号、生产日期、质量品级、商品产地、商品经销商等,无一遗漏,并迅速、准确地采集保存。这种收货方式不但能提高收货速度,也提高了各种商品信息记录的正确率,并且降低了人工成本,减少了差错给双方带来的损失。

8.4 物联网的发展

任何新兴产业都是建立在旧有产业的基础之上,但又不同于旧有产业,工业革命、互联网革命无不如此,今天我们站在了物联网的船头,互联网的影响力无处不在,很多人仍然抱有习惯性的思维,从互联网的角度看待和讨论物联网,而这正大大削弱和制约着物联网的创新发展。

物联网不仅仅是简单意义上的物物相联，它在更深的层次上是一个全球性的生态系统，在这个生态系统中，人类仅仅是其中非常小的一部分，但人类的参与是其中最重要的特征，参与的形式不再停留在基本的生存生活阶段，而会过渡到更高级的感知自然、认知自然、理解自然、顺应自然、利用自然的新阶段。如果说互联网的发展推动了人类对于自身的认识，那么物联网的发展将极大地提升人类认识自然、认识自身的能力，为人类重新融入自然、应对各种地质灾害、各种自然挑战提供保障，这些对于人类在地球上的长期生存、延续、发展具有重要意义。

在物联网时代，通过在各种各样的日常用品上嵌入一种短距离的移动收发器，我们在信息与通信世界里将获得一个新的沟通维度，从任何时间、任何地点的人与人之间的沟通连接扩展到人与物（Man to Machine）、物与物（Machine to Machine）之间的沟通连接。

移动计算和网络国际会议在1999年就将传感网视为21世纪人类又一个发展机遇；2005年，国际电信联盟（ITU）发布了《ITU互联网报告2005：物联网》，从此"物联网"的概念日渐深入人心。加拿大、英国、德国、芬兰、意大利、日本和韩国等国纷纷加大了对传感网研究的投入，"智慧地球"、"U-Japan"、"U-Korea"等项目陆续提出。

我国在此领域布局较早，中科院1999年启动了传感网研究，组成了2 000多人的团队，先后投入数亿元，在无线智能传感器网络通信技术、微型传感器、移动基站等方面取得了重大进展，目前已拥有从材料、技术、器件、系统到网络的完整产业链。我国的物联网相关研发水平与发达国家相比毫不逊色，是世界上少数能够实现物联网产业化的国家之一、国际标准制定的主导国之一。国家高度关注、重视物联网方面的研究，工业和信息化部会同有关部门正联合开展包括物联网在内的新一代信息技术的研究，以明确其新的发展方向，并形成支撑这些技术的新政策，进而推动整个经济的发展。中国电信的M2M（Machine to Machine）平台从2007年就开始搭建，建立在其基础上的系统应用横跨物流、交通、节能、环保、消防、车辆跟踪等多个行业。

2009年8月，温家宝总理在江苏无锡视察中科院物联网技术研发中心时指出，要尽快突破核心技术，把传感技术和TD技术的发展结合起来；2009年9月，《国家中长期科学和技术发展规划（2006—2020年）》和"新一代宽带移动无线通信网"重大专项中均将传感网列入重点研究领域；2009年9月，全国信息技术标准化技术委员会组建了"物联网"标准工作组。目前我国已经具备了建立物联网的主要条件，我国无线通信网络已覆盖城乡，安置在动物、植物、机器和物品上的电子机制产生的数字信号可随时随地通过无处不在的无线网络传送出去。"云计算"的运用，使数亿计的各类物品的实时动态管理变为可能。

近几年，各省市对物联网逐渐加深了了解，也看到了物联网给当地经济、民生等方面带来的积极促进作用，由此各种"物联网规划"文件纷纷出台，而"物联网示范工程（项目）"是规划内容必不可少的一项，规划明确指出物联网在许多领域要有所应用与突破。下面列举近几年全国一些重大物联网规划方案。①无锡重点建设十二大物联网示范工程。根据《无锡市物联网产业发展规划纲要（2010—2015年）》，无锡投资60亿重点建设的十二大物联网示范工程包括工业、农业、交通、环保、园区、电力、物流、水利、安保、家居、教育和医疗领域。②青岛实施七大领域物联网应用示范工程。根据《青岛市物联网应用和产业发展行动方案（2011—2015）》，未来5年将重点实施七大领域物联网应用示范工程，拉动产业快速发展。具体包括智能交通、数字家庭、食品安全、城市公共管理、现代物流、精准农业、生产制造七大领域。③上海开建十大物联网应用示范工程。2010年4月26日,上海市对外发布了《上海推进物联网产业发展行动方案(2010—2012年)》,将在上海建设10个物联网应用示范工程。具体包括环境检测、智能安防、智能交通、物流管理、楼宇节能管理、智能电网、医疗、农业、世博园区、应用示范区和产业基地。④杭州重点推进四类试点示范项目。根据《杭州市物联网产业发展规划(2010—2015年)》,杭州将重点推进四类试点示范项目:智能城市、智能生活、智能"两化"、智能环境监控。除了以上列举的几个城市出台的物联网发展规划之外,据不完全统计,目前全国已有28个省区市将物联网作为战略性新兴产业发展重点之一,各个省市都在抢先发展物联网产业,试图占据物联网战略高地。

物联网所涉及的关键技术,比如射频技术、分布式计算、传感器、嵌入式智能、无线传输及实时数据交换和互联网都是目前较为成熟的技术,并在相关领域已得到广泛的应用。物联网的新颖之处在于利用这些技术的交叉与融合,建立一个"物物"相连的网络,从而完成远程实时数据交换与控制,方便人们生产生活。

物联网是互联网应用的拓展与深化。物联网不是重新建设一套平行于互联网的系统,而是充分利用互联网所提供的信息高速公路,完成自身所具备的实时数据读取、信息交换、远程控制等特色功能。因此,物联网是互联网的创新应用。物联网的发展要依赖因特网的关键技术(如传感器技术、软件技术、嵌入式智能技术等)建立协调统一的标准,在政府的推动、政策的支持和行业的带动下加快发展,给人们的生活带来新的动力。

参考文献

[1] 王毅.物联网技术及应用[M].北京:国防工业出版社,2011.
[2] 暴建民.物联网技术与应用导论[M].北京:人民邮电出版社,2011.
[3] 伍新华.物联网工程技术[M].北京:清华大学出版社,2011.
[4] 李茹.揭秘物联网——技术及应用[M].北京:化学工业出版社,2011.
[5] 王志良.物联网工程概论[M].北京:机械工业出版社,2011.
[6] 黄桂田.中国物联网发展报告[M].北京:社会科学文献出版社,2011.
[7] 物联中国.http://www.50cnnet.com/index.html.